esquizoanalítica   do inconsciente   **Sibertin-Blanc**

**direito de
sequência
esquizoanalítica**   contra-antropologia
e descolonização
do inconsciente   **Guillaume
Sibertin-Blanc**

**direito de
sequência
esquizoanalítica**   contra-antropologia
e descolonização
do inconsciente   **Guillaume
Sibertin-Blanc**

**direito de
sequência
esquizoanalítica**   contra-antropologia
e descolonização
do inconsciente   **Guillaume
Sibertin-Blanc**

**direito de
sequência
esquizoanalítica**   contra-antropologia
e descolonização
do inconsciente   **Guillaume
Sibertin-Blanc**

**direito de
sequência
esquizoanalítica**   contra-antropologia
e descolonização
do inconsciente   **Guillaume
Sibertin-Blanc**

Direito de sequência esquizoanalítica
Contra-antropologia e descolonização do inconsciente
Guillaume Sibertin-Blanc

© Guillaume Sibertin-Blanc
© n-1 edições, 2022
ISBN 978-65-81097-37-0

Embora adote a maioria dos usos editoriais do âmbito brasileiro, a n-1 edições não segue necessariamente as convenções das instituições normativas, pois considera a edição um trabalho de criação que deve interagir com a pluralidade de linguagens e a especificidade de cada obra publicada.

COORDENAÇÃO EDITORIAL Peter Pál Pelbart e Ricardo Muniz Fernandes
DIREÇÃO DE ARTE Ricardo Muniz Fernandes
TRADUÇÃO© Takashi Wakamatsu
ASSISTÊNCIA EDITORIAL Inês Mendonça
PREPARAÇÃO Fernanda Pereira
EDIÇÃO EM LATEX Paulo Henrique Pompermaier
CAPA Luan Freitas

A reprodução parcial deste livro sem fins lucrativos, para uso privado ou coletivo, em qualquer meio impresso ou eletrônico, está autorizada, desde que citada a fonte. Se for necessária a reprodução na íntegra, solicita-se entrar em contato com os editores.

1ª edição | Novembro, 2022
n-1edicoes.org

Direito de sequência esquizoanalítica

Contra-antropologia e descolonização do inconsciente

Guillaume Sibertin-Blanc

tradução **Takashi Wakamatsu**

n-1
edições

I	**CONHECIMENTO PARANOICO E ORIENTAÇÃO CLÍNICA**	**7**
1	A esquizoanálise como simetrização teórica e como orientação na clínica	9
2	Soberania disciplinar e corpo do psiquiatra	33
3	O linguista, a língua e seu saber	65
II	**ÉDIPO NAS COLÔNIAS: *POST-SCRIPTUM* AO ANTI-NARCISO**	**107**
1	Colonização psiquiátrica e metáfora colonial do familiarismo	109
2	Descolonização do sujeito e resistência do sintoma em «Les Damnés de la terre»	127
3	Rumo ao inconsciente real	159
III	**VARIAÇÕES DA FUNÇÃO K: ESQUIZOANÁLISE DA ALIANÇA**	**185**
1	Por uma contra-antropologia esquizoanalítica	187
2	Kant, jurisdição do sexo e perversão conjugal	207
3	Kafka, o amor pelas cartas	229
IV	**CLÍNICA E METAFÍSICA; PARA INTRODUZIR O LEIBNISMO**	**261**
1	Do processo psicótico ao processo metafísico	263
2	Reconstruir um mundo	271
3	Habitar um mundo	283
4	(Se) manter à distância	309

Parte I

Conhecimento paranoico e orientação clínica

Capítulo 1

A esquizoanálise como simetrização teórica e como orientação na clínica

> Eu me insurjo [...] contra a filosofia.
> O que é certo é que é uma coisa finda.
> Embora acredite que ainda possa
> ressurgir daí um rebento.
>
> LACAN

O ponto de partida desse livro era uma interrogação sobre a ideia de uma "filosofia clínica" na obra de Gilles Deleuze, e na maneira como a instância problemática de tal filosofia poderia ajudar a delimitar em que sentido o pensamento deleuziano poderia ser dito – como toda filosofia, de maneira que cada uma o seja de seu modo singular – "findo". Tratava-se antes de refletir sobre a figura do filósofo "médico da civilização", aquela que Gilles Deleuze tinha elaborado uma primeira vez em 1962 em sua leitura de Nietzsche, mas que retomará extensivamente ao longo de seu trabalho, ainda que em configurações conceituais cambiantes que impedem de atrelá-la a considerações teóricas e práticas invariantes. Se, no entanto, alguma coisa parece se envolver em *Nietzsche et la philosophie*, ao ponto de que toda obra deleuziana, através de seus deslocamentos, suas retomadas e suas reorientações sucessivas, pode ser lida como uma série de desdobramentos de virtualidades que nela estavam envoltos, decerto que aí se decide não apenas uma matriz de conceitualização que não cessará de impor, tanto no campo filosófico como nas ciências humanas e sociais, suas linhas de demarcação crítica, mas mais radicalmente uma qualificação da operação do próprio conceito filosófico. Entorno das noções de "sintoma", de "interpretação", e de "relações de força", define-se de fato, não uma filosofia *da* clínica, mas sim uma *filosofia clínica*, na qual as tarefas se veem fixadas por uma atividade de "sintomatologia dos modos coletivos de existência", e de diagnóstico das formações sociais históricas, dos agenciamentos práticos que elas hegemonizam ou "minorizam", do ponto de vista das formas de subjetividade que aí se encontram produzidas, suscitadas ou reprimidas. Num certo sentido Deleuze jamais abandonará a ideia de que "os fenômenos, as coisas, os organismos, as sociedades, as consciências e os espíritos são signos, ou antes, sintomas, e remetem como tais a estados de força"; – de que a atividade filosófica tem por isso mesmo uma ligação interna e necessária com uma semiologia, que não se reduz a uma teoria dos signos linguísticos, mas que compreende a linguística como um de seus setores, uma proposição ou um sistema de enunciados sendo eles mesmos "um conjunto de sintomas exprimindo uma maneira de ser ou um modo de existência daquele que fala, ou seja, o estado de forças que alguém mantém ou se esforça por manter consigo mesmo e os outros";[1] – e que assim sendo estabelecem na criação conceitual uma avaliação discriminante dos modos coletivos de existência e uma analítica das relações de forças sociais, ideológicas e econômicas, que sobredeterminam as formas de subjetividade correspondentes, o que significa que fazem aí composições de sentido e de valor irredutivelmente múltiplos, de antemão sempre mergulhadas num campo *político*.[2]

O que, no entanto, não quer dizer que se possa comodamente desdobrar, como se fosse natural, o que Deleuze diz da qualificação nietzschiana do filósofo como sintomatologista dos modos coletivos de existência, sobre o trabalho filosófico do próprio

---

1. Gilles Deleuze, *Deux régimes de fous*. Paris: Minuit, 2003, p. 188.
2. Ver o *Manifeste du pluralisme*, enquanto doutrina do conceito, em Gilles Deleuze, *Nietzsche et la philosophie*. Paris: PUF, 1962, pp. 4-5: "Hegel quis ridicularizar o pluralismo, identificando-o a uma consciência ingênua que se contentaria em dizer 'isso, aquilo, aqui, agora' – como uma criança balbuciando suas mais humildes necessidades. Na ideia pluralista que uma coisa tem vários sentidos, na ideia que tem várias coisas, e 'isso e depois aquilo' para uma mesma coisa, vemos a mais alta conquista da filosofia, a conquista do verdadeiro conceito, sua maturidade e não sua renúncia nem sua infância."

Deleuze. A hipótese que sustenta as páginas que se seguem é justamente de que o dispositivo construído em 1962, longe de poder ser generalizado como tal, como se a sequência da obra não fosse mais que a aplicação diferida ou mesmo a continuação por outros meios, só atua aí efetivamente à força de alterar o enunciado deleuziano com relação à instância da filosofia clínica que ele define. E é precisamente isso o que torna a figura do filósofo médico da civilização tanto mais apta a problematizar as dificuldades conforme conheça a tarefa de uma sintomatologia dos modos coletivos de existência. Levando essa tarefa a sério, é possível adiantar que o deslocamento do dispositivo nietzschiano, de um lado como de outro, do encontro com Félix Guattari e de O *Anti-Édipo*, encontra um ponto de relativo equilíbrio na determinação – que é em grande parte uma programação, logo, uma antecipação de seus atos concretos – de uma prática analítica *sui generis*: a mesma que Guattari chama de "esquizoanálise", e mais especificamente, no conceito de *agenciamento* que, de O *Anti-Édipo* a *Mil platôs*, sustentará cada vez mais claramente as próprias coordenadas. Mas justamente, da filosofia clínica à análise dos agenciamentos, não somente "a filosofia" deixa de figurar, mesmo que indiretamente, como a instância dessa clínica especial (o que torna complexa a relação do enunciado deleuziano com a prática que ele determina como "clínico", e ao sentido que ele lhe dá), mas a referência ao sintoma e à sua interpretação permite a elaboração de um novo objeto teórico, os "regimes de signos", ao mesmo tempo em que a filosofia dos signos elaborada nos anos 1960 dá ensejo à *elaboração epistemológica de uma análise semiótica* como peça interna da análise dos agenciamentos. De modo que a hipótese aqui proposta tem por ponto focal um paradoxo. Ela sustentará que a instância de uma filosofia clínica, tal como *Nietzsche et la philosophie* fixa dela os principais argumentos, é mais determinante para a maneira com que Deleuze define a atividade filosófica conforme *essa mesma fica propriamente inacessível na própria enunciação filosófica deleuziana*: em primeiro lugar, porque depois da obra sobre Nietzsche, essa instância é descentralizada em regimes de enunciação não filosóficos mas *literários*, em seguida, porque após *O Anti-Édipo* essa instância é devolvida para a prática analítica da esquizoanálise, que é justamente mais uma filosofia. Em suma, a ideia de uma "filosofia clínica", já que entra inteiramente na determinação do conceito filosófico segundo Deleuze, esclarece em que sentido a filosofia deleuziana pode ser *finda*: não no sentido em que ela seria acabada, plenamente completa por ela própria e nela própria, nem no sentido em que ela seria ultrapassada, mesmo prescrita, mas no sentido em que marca nela mesma o limite de sua discursividade, que é também a borda a partir da qual se antecipa *outra prática analítica* capaz de reassumir essas exigências sobre um novo plano, em que a articulação do clínico e do político deixa de depender unicamente do pensamento por conceito.

Somente abordar essa filosofia clínica pelo que ela deveria introduzir, mas que só teria lugar pondo fim a essa filosofia destinada a desaparecer em sua intervenção, – abordá-la então, nomeadamente, por essa "esquizoanálise" da qual essa filosofia é apenas o *suplemento evanescente*, não apresenta à evidência uma tarefa mais confortável.[3] A coisa não pode ser simples quando se tem uma formação de filosofia, já que a esquizoanálise *não é uma "filosofia"*, mesmo que ela produza efeitos sobre o pensamento filosófico e singularmente sobre o pensamento da clínica. Mas a coisa não é simples também porque a esquizoanálise tampouco é uma clínica, uma clínica a mais que ambicionaria conquistar, ao lado da psiquiatria, ao lado da psicanálise, seu departamento próprio nos territórios da psicopatologia clínica. Diríamos antes uma clínica *de menos*, e uma filosofia *de menos*, alguma coisa como uma enunciação subtrativa cujo efeito é de des-saturar a completude imaginária que decerto confina sempre mais ou menos toda institucionalização de um conjunto de práticas e de discursos. A coisa não é simples ainda por uma terceira razão: *a esquizoanálise*

---

3. As páginas que se seguem fazem parte de uma primeira apresentação, a convite do doutor Pedro Serra e de Florent Gabarron-Garcia, nos Ateliês de trabalho da *Associacion Utopsy* (sessão de segunda-feira, 21 de novembro de 2011).

não pode ter dimensão institucional autônoma, mesmo que ela só se enuncie de um posto institucional, entendendo "a instituição" em sua dimensão socioantropológica mais ampla, o conjunto de códigos, das "lógicas práticas" e das construções simbólicas por meio das quais se regulam a reprodução das práticas sociais, os papéis e as funções que aí se distribuem, as identificações em que se apoiam os sujeitos atribuídos a esses lugares. Ela própria não faz instituição, no sentido de não tomar código algum nem para objeto nem para sujeito da enunciação, mas ter somente a consistência paradoxal de uma enunciação em ruptura, nas falhas ou nas rupturas dos códigos, ou seja, lá onde a completude imaginária da instituição deixa entrever o que tem o costume de recalcar: as relações de poder que desestabilizam, para o melhor e para o pior, o espaço de seus enunciados e de suas práticas.

Pois um processo que concerne interiormente o pensamento, mas que não se autoriza de nenhum código de enunciação identificável, que põe em debanda as condições simbólico-imaginárias de uma codificação institucional em geral, e que constitui por isso mesmo um ponto de fuga tanto nos sistemas das instituições sociais quanto no seio da instituição psiquiátrica em particular, cujo processo constitui de algum modo o sintoma político, é precisamente o que Deleuze e Guattari entendem por "esquizofrenia". Seja, pela comodidade de uma formulação liminar, uma possível entre outras, numa metáfora tópica: a esquizoanálise representa o *cuidado clínico no lugar da filosofia,* e representa *as relações de poderes no lugar da instituição,* mas só instancia um e outro na medida em que *representa a esquizofrenia no lugar da institucionalização da clínica psiquiátrica,* no ponto em que o sintoma do qual se sustem uma posição subjetiva funciona ao mesmo tempo como sintoma da própria instituição, efeito de iluminação das relações de força que aí se tramam, e produção de efeitos nessas relações de forças. Tal é precisamente o ponto de partida do livro publicado em 1972, *O Anti-Édipo,* e que testemunha a inscrição do pensamento esquizoanalítico nas problemáticas da psiquiatria institucional iniciada por François Tosquelles, Pascal Bonnafé, Jean Oury e pelo próprio Guattari.

Mas tal me parece também seu ponto de relance atual. Pois, quer cause regozijo ou inquietação, o fato é que esse livro é lido novamente. E o fato dele ser lido por uma nova geração de pesquisadores, por alguns clínicos, por outros filósofos de formação, e por alguns que são as duas coisas, merece atenção, a começar pela centralidade que tanto uns como outros tornam a dar ao campo problemático da psicoterapia institucional, pela inteligibilidade mas também pelas potencialidades práticas de O *Anti-Édipo*.[4] Unirei a isso, de minha parte, duas observações, uma concernindo a categoria de esquizofrenia, a outra o estatuto enunciativo da esquizoanálise.

a/ As evocações precedentes deixam precisas porque Deleuze e Guattari atribuem uma grande importância ao fato de que a esquizofrenia tenha sempre constituído uma categoria problemática da psicopatologia clínica, que ela tenha por vezes sido tomada por uma quimera nosográfica, ou que tenha podido servir de categoria-limite para pacientes que se considerava definitivamente inacessível a qualquer ato terapêutico que seja. Somente essa dificuldade, longe de dela se concluir a inoperacionalidade dessa categoria, fornece, ao contrário, o índice de sua necessidade, mas também a mudança de seu estatuto lógico, à custa

---

4. Mencionemos notadamente os trabalhos desenvolvidos por: Florent Gabarron-Garcia (além dos artigos mencionados mais adiante, sua síntese *Psycose, inconscient, politique: Inconscient réel et technique analitique*. Paris: Universidade de Paris 7 – Denis Diderot, 2014. Tese de doutorado); Marina Toledo Barbosa (*L'éthique chez Deleuze: Um corps qui évalue et experimente*. Paris/Rio de Janeiro: Universidade Paris Ouest-Nanterre/Universidade Federal do Rio de Janeiro, 2012. Tese de doutorado), Emma Ingala Gómes (*La structure et son envers: Une philosophie transcedentale chez Gilles Deleuze et Jacques Lacan*. Madri/Paris: Universidade Complutense de Madri/Universidade de Paris 7, 2013. Tese de doutorado), Fabrice Jambois (*Hégélianisme et schizo-analyse: L'idée de mort et la formation de la psychiatrie materialiste dans la philosophie de Gilles Deleuze*. Toulouse: Universidade Toulouse-Mirail, 2013. Tese de doutorado, atualmente publicada com o título *Deleuze et la mort: Chemins dans L'Anti-Œdipe*. Paris: L'Harmattan, 2016).

de uma torsão intelectual que é preciso conseguir manter tanto quanto possível. Ao identificar o pensamento esquizofrênico ao próprio processo do inconsciente (seguindo nisso uma sugestão de Bleuler, que tinha aliás tentado o próprio Freud), Deleuze e Guattari entendem o imitar dessa categorização nosológica. A operação, por si só, vale apenas sob a condição de se reconhecer a eficácia crítica desse processo de pensamento, tal como se orienta por uma *dupla passagem do limite*, enfraquecendo duas condições necessárias *a minima* para poder atribuir a esquizofrenia como a afecção *particular* de um sujeito: um código médico apto a determinar a particularidade da esquizofrenia entre os outros aspectos da vida psíquica; um eu especificável por estados que esse código permite qualificar, seja pela especificidade da perturbação que indicam, seja pela especificidade das causas de que são o efeito, seja pela especificidade do "mundo vivido" que exprimem. São essas precisamente as duas condições, e sua implicação recíproca, que o processo esquizofrênico leva a seu ponto crítico ou seu limite de validade.[5] Primeiramente, por um lado "subjetivo", coincide com uma transposição do limite do que pode ser vivido por um eu particular: sua universalidade não é extensiva, no sentido em que todo mundo seria esquizofrênico, mas intensiva, no sentido em que o processo esquizofrênico só pode ser predicado de um eu na extremidade de uma experiência na qual se dissipa o sujeito particular que a conduz (tal é a "viagem" esquizofrênica como "experiência transcendental da perda do ego", seguindo a expressão de Ronald Laing, ou do que lembrando Lenz de Büchner, Nijinsky ou as criaturas de Beckett, *O Anti-Édipo* nomeia "o passeio do esquizo"). De outro ponto de vista, digamos "objetivo", o processo esquizofrênico se confunde com o limite do que pode ser codificado nas formações de saber clínicos permitindo categorizar, logo, particularizar as doenças mentais no seio do conjunto dos aspectos da vida psíquica

---

5. Gilles Deleuze e Félix Guattari, *L'Anti-Œdipe: Capitalisme et schizophrénie*. Paris: Minuit, 1972, pp. 29-32.

e psicossocial. Em testemunho, sobre o plano estritamente sintomatológico, a resistência que a esquizofrenia opõe, justamente em virtude de sua "descrição necessária", à sua unificação nosográfica.[6] Testemunha igualmente – esse é o correlato no plano das disjunções de registro que supostamente articula esses sintomas em cadeias significantes – a extrema "fluidez" de enunciação esquizofrênica com relação aos códigos sociais, essa "perpétua reclassificação de todas as possibilidades" que observava Karl Jaspers em Strindberg.[7]

> O esquizo dispõe de modos de referência que lhe são próprios, porque dispõe primeiramente de um código de registro particular que não coincide com o código social ou só coincide com ele pra tirar sarro. O código delirante, ou desejante, apresenta uma extraordinária fluidez. Diríamos que o esquizofrênico passa de um código a outro, que *embanana todos os códigos*, num rápido deslizar, seguindo as questões que lhe são propostas, ora dando uma explicação e ora outra, nunca invocando a mesma genealogia, não registrando da mesma maneira o mesmo evento, chegando a aceitar, quando se lhe impõe e contanto que não esteja irritado, o código besta edipiano, sob o risco de lhe reatulhar com todas as disjunções que esse código era feito para excluir.[8]

Dessa eficácia crítica do pensamento esquizofrênico testemunha enfim a maneira com que seu processo, trabalhando nas formações sintomáticas como nas formações institucionais dos códigos clínicos e sociais, se inscreve pondo num impasse o esforço teórico para pensá-lo: impasse que reveste a forma de uma *al-*

6. "O problema é ao mesmo tempo aquele da extensão indeterminada da esquizofrenia e também o da natureza dos sintomas que constituem o conjunto. Pois é em virtude de sua própria natureza que estes sintomas parecem esmigalhados, difíceis de totalizar, de unificar em uma entidade coerente e bem localizável: por todo canto uma síndrome discordante, sempre uma fuga sobre si mesmo." (Gilles Deleuze, *Schizophrénie et société*. Paris: Encyclopaedia Universalis, 1975. Reedição: *Deux régimes de fou et autres textes*. Paris: Minuit, 2003, p. 22.)

7. "Strindberg dotava e demarcava a relatividade das opiniões, mas não fazia isso para tirar deduções, para tudo examinar, para alcançar uma realização de sua personalidade [...]. Sua vida interior não sugere uma totalidade humana, mas um conglomerado de pontos de vista a cada vez apaixonadamente defendidos." (Karl Jaspers, *Strindberg et Van Gogh, Swedenborg, Hölderlin: Étude psychiatrique comparative*, trad. fr. Hélène Naef. Paris: Minuit, [1922] 1953, p. 125.)

8. Gilles Deleuze e Félix Guattari, *L'Anti-Œdipe*, op. cit., pp. 21-22.

ternativa entre duas tentativas igualmente insuficientes. De um lado, renuncia-se logo de cara a atribuir a menor positividade ao processo esquizofrênico para apreender apenas, isolando-o, um efeito determinável do ponto de vista de um *eu*, efeito que se refere a formas ideais de causação, de compreensão ou de expressão encarregadas de dar conta somente daquilo que falta a esse eu, as deficiências ou as destruições que o afetam (deslocação funcional das associações e dissociação da pessoa, fragmentação da imagem do corpo, perturbação dos modos de espacialização e de temporalização do ser-no-mundo, perda da realidade...). A tentativa mais profunda para explicar a psicose sem recorrer ao pressuposto psicológico de um eu, aquela, estrutural, do que hoje se identifica como um "primeiro Lacan", mantém uma relação ambígua com esse ponto de vista negativo ou privativo sobre a esquizofrenia. Ela refunda a distinção freudiana entre neurose e psicose sobre a partilha do significado, sobre a qual traz a forclusão psicótica produzindo uma espécie de "buraco" na ordem simbólica da estrutura, "lugar vazio que faz com que o que está excluído no simbólico vá reaparecer no real de forma alucinatória". A compreensão negativa da esquizofrenia é confirmada, jamais contestada: "O esquizofrênico surge então como aquele que não pode mais *reconhecer* ou *expor* seu próprio desejo."[9] O que leva bem ou mal ao mesmo resultado ao qual levavam tanto a psiquiatria do século xix quanto a psicanálise nascente: à fixação de um sujeito supostamente afundado em um narcisismo impenitente, onde, os únicos recursos de que dispõe, são aqueles para se reconstruir, nas formas megalomaníacas da mania de grandeza e a hipertrofia do eu delirante, uma "neorealidade" que ainda é uma maneira de fugir da realidade verdadeiramente real – à maneira dos "primitivos". O fato de que os "selvagens" e os esquizofrênicos tenham sido objeto de uma comum fixação sobre um incorrigível "narcisismo"; que as lengalengas sobre as

---

9. Gilles Deleuze, *Schizophrénie et société*, op. cit., p. 24. Cf. Jacques Lacan, *Séminaire* iii: *Les psychoses* (1955-1956). Paris: Seuil, 1981, pp. 223-230.

histerias "autoplásticas" de uns como os impasses regressivos de outros tenham dado algumas horas de glória suplementares, alternativamente, à justificação científica da domesticação colonial, e à justificação não menos científica do niilismo terapêutico e do internamento asilar, eis que constitui um indício da necessidade de fazer em pedaços as concepções privativas ou negativas da esquizofrenia. Afinal de contas, que relação "civilizada" pode-se ter com pessoas que só têm relação consigo mesmas, e que preferem tatuar o corpo a transformar "adaptativamente" seu meio? E que relação terapêutica estabelecer com pessoas que não têm demanda, e que preferem suas identificações megalomaníacas a uma sã transferência na pessoa do analista?...

b/ Mas como romper com esses conceitos privativos ou negativos? Pra encurtar, nada mais esclarecedor aqui do que o regime de enunciação de *O Anti-Édipo*, tal como é apresentado desde a primeira página do livro. Regime de enunciação, de resto, bastante estranho, a coisa foi frequentemente ressaltada sublinhando a singularidade dessa escrita a um só tempo rápida e profusa, apressada e fluente, grandemente científica e vergonhosamente cavalheira, argumentada e "delirante". Além do que uma escrita, como sabemos, a dois, e até mesmo a muito mais levando em conta o protocolo material de elaboração do livro que misturou um mundo de gente. Mas o que tem primazia, o que é fundamental, na escrita e na leitura desse capítulo, é que antes de mais nada, ele não é escrito por Deleuze e Guattari, ou que já é a reescrita, num jogo de palimpsesto, de citação e discurso indireto livre bastante complexo, com as *Memórias de um neuropata* de Schreber, com *Le Pèse-nerfs* e *Para acabar com o julgamento de Deus* de Artaud, com Bataille, ou ainda D. H. Laurence e Henry Miller: a reescrita de uma outra escrita, a repetição de uma escrita outra, a escrita transformacional e o discurso indireto livre de alguma coisa como uma *teoria esquizofrênica do inconsciente*. Não apenas uma nova teoria da esquizofrenia, mas uma teoria esquizofrênica do inconsciente que é ao mesmo tempo uma esquizofrenização da própria atividade teórica. O essencial, desse ponto de vista, está dito desde a primeira página do livro:

> Isso funciona por tudo quanto é canto, ora desembestado, ora aos trancos e barrancos. Isto respira, isto esquenta, isto come. Isto caga, isso fode. Que leseira ter dito *o* isto. Tem mesmo é máquinas por tudo, é metáfora não: máquinas de máquinas, com suas acoplagens e conexões. Uma máquina-órgão plugou numa máquina-fonte: uma emite um fluxo, que a outra corta. O seio é uma máquina que produz leite, e a boca, uma máquina plugada nela. A boca da anoréxica hesita entre uma máquina de comer, uma máquina anal, uma máquina de falar, uma máquina de respirar (crise de asma). É assim que somos pau pra toda obra; cada qual com as suas maquininhas. Uma máquina-órgão para uma máquina-energia, sempre fluxos e cortes. O Presidente Schreber tem os raios de sol no cu. *Ânus solar.* E bote fé que isso rola; o Presidente Schreber sente alguma coisa, produz alguma coisa, *e pode fazer a teoria disso.*

Sublinhemos essa última frase: a esquizoanálise não pretende propor uma nova "teoria" clínica da esquizofrenia, sinceramente, não tem a menor necessidade de pretender isso: o próprio psicótico se encarrega disso. E é por essa razão que todo o primeiro capítulo de *O Anti-Édipo* será precisamente uma reescrita em palimpsesto das *Memórias* de Schreber, enunciando uma teoria psicótica das produções do desejo inconsciente. E já nas primeiras linhas do livro, *in media res*, a operação chamada de "ruptura-fluxo", ruptura de um fluxo permitindo a conexão com um outro, qualifica indissoluvelmente a operação desse "inconsciente esquizofrênico" e a operação da própria escrita do livro que intervém num processo de teorização que já começou, que não esperou uma instância de produção de saber homologado pel"*a*" psicanálise ou pel"*a*" filosofia, e que aqui se encontra cortada e reconectada, "traduzida" se quiser, num outro processo de escrita, aquele de *O Anti-Édipo*. Assim sendo, a esquizoanálise é, no final das contas, uma *operação de simetrização*, não entre um estado vivido obscuro a ele mesmo e um saber consciente de si, não entre um "estado" patológico e um "saber" clínico, mas entre a produção teórica do pensamento clínico que, ele próprio, já envolve uma teorização do desejo e das formações do inconsciente; envolve já as produções teóricas do tipo metapsicológico, que encontram suas superfícies de escrita ali mesmo no real, ou na história, na geografia, na arte etc. É pelo menos o desafio da esquizoanálise, que se apresenta então como um exercício de tradução, de transcrição, de *transfert*, do pensamento esquizofrênico no campo do pensamento clínico, integrando assim a equivocidade das palavras e a heterogênese do sentido como a condição positiva da própria tradução. Pelo menos daremos razão a Freud sobre esse ponto que o levou, na *Metapsicologia* de sugerir uma proximidade indesejável entre os esquizofrênicos e os filósofos.[10] Os esquizofrênicos pensam, e pensam até demais!

Somente, em vez de buscar aplicar aos psicóticos categorias pré-concebidas de identificação, de narcisismo ou de transferência, ou mesmo de função simbólica ou de Nome-do-Pai, para concluir que eles têm essas coisas de mais ou de menos, o problema, antes, é de saber como os próprios esquizofrênicos teorizam esses conceitos, quer os deixemos ou os ajudemos a fazê-lo, ao mesmo tempo em que produzem práticas esquizofrênicas da identificação, dos significados e da utilização dos nomes próprios (os Nomes da história). É sempre fácil de dizer que o esquizofrênico foge da realidade, regride a uma posição narcísica e permanece inacessível à transferência. A única coisa importante é conseguir fazer exatamente o contrário: entender a maneira como o esquizofrênico transforma a realidade da qual ele foge, seguir a maneira como esquizofreniza suas próprias identificações e o próprio narcisismo, e co-experimentar a maneira como já experimenta aí mesmo os modos de relação transferencial os

---

10. Essa "semelhança", de fato, se encontraria aí confirmada, sob a condição de tomar um novo sentido, pois ele conserva em Freud sobretudo um valor analógico, que faria encontrar tanto em uns como nos outros um tratamento das representações de palavra como de representações de coisas, testemunhando de uma comum destituição libidinal do mundo exterior, de um comum refluxo de uma libido narcísica sobre um eu palpitante e atrelado a um processo de pensamento encarregado de construir uma "neorealidade".

quais a disciplina asilar a muitíssimo tempo esmagou as virtualidades, mas que o conceito analítico de neurose de transferência continuou desconhecendo a essência.

Concluindo, recapitulemos sobre esses primeiros pontos: Compreender como uma transferência institucional é possível abrindo um campo analítico para a psicose, mas também como tal transferência institucional implica uma utilização esquizofrênica da própria transferência (iniciando uma reestruturação da metapsicologia da identificação, do simbólico, do narcisismo, na qual o pensamento esquizofrênico é co-produtor de teoria – ou de ficção teórica como o é a própria metapsicologia freudiana), e enfim como nessa dinâmica se lança a possibilidade para um sujeito de reconstruir sintomas nos quais um espaço de existência torna-se novamente suportável e negociável, sob o risco de que esses sintomas façam do recinto clínico uma caixa de ressonância de um real social histórico e das relações de poder sociais, econômicas e políticas no qual não se vê o que, senão por uma petição de princípio, dispensaria o campo psiquiátrico e os sintomas que deveria acolher. Tal é o objeto mesmo de *O Anti-Édipo*, e a maneira com que Deleuze e Guattari com esse livro quiseram contribuir às questões levantadas *in situ* pela psicoterapia institucional, *à La Borde* e alhures.

* * *

A sequência da primeira parte deste livro é uma primeira tentativa de utilização dessa operação de "simetrização", ou preferindo aqui o conceito deleuziano de *contre-effectuation* teórica, a partir de uma leitura cruzada de *O Anti-Édipo* e do curso dado por Foucault no *Collège de France* alguns meses após sua publicação, *Le Pouvoir Psychiatrique*. Mesmo os editores desse curso tendo preferido alusões pudicas, o leitor não terá trabalho algum para identificar como, entre as duas obras (desenvolvendo então um conjunto de transformações permitindo construir esse entre--dois) se opera uma *double torsion* da ligação da psicanálise e da psicoterapia institucional, que permite repensar a natureza e os desafios de sua articulação. Em uma conjuntura em que o fato histórico dessa articulação já não pode justificar a importância face às abordagens dominantes da clínica psicopatológica, esse tipo de tentativa, mesmo que não se subscrevesse o resultado aqui obtido, não me parece vã. Por um lado, Foucault opera em seu curso de 1973-1974 um gesto duplo: um visa libertar com toques sucessivos o modo como a genealogia do saber-poder psiquiátrico preparou a "ruptura" freudiana, esta última se encontrando relativizada, ou pelo menos re-circunscrita; o outro permite identificar na formação do saber-poder psiquiátrico um investimento direto do espaço institucional como tal, investimento marcado por uma lógica, nós o veremos, de cabo a rabo paranoica, e que pré-configura por isso o espaço no seio do qual virá se alojar a reproblematização do espaço clínico pela psicoterapia institucional, no jogo contraditório entre função terapêutica da instituição como tal e lógica estrutural de uma paranoia institucional. Mas essa dupla operação repousa, na genealogia foucaultiana, sobre uma aposta teórica precisa: a de re-escrever a história da psiquiatria "do ponto de vista dos loucos", o que significa mais produzir uma contra-história da psiquiatria a partir das modalidades descritivas e analíticas que tornam possível o local perspectivo dos alienados, que uma história antipsiquiátrica.

Desse triplo ponto de vista, torna-se então possível afirmar que Foucault, se não retoma claramente o programa esquizoanalítico como tal, faz na realidade mais e menos ao mesmo tempo: ele o desloca e o transforma, inscrevendo-o no campo historiográfico. Em outras palavras, produz uma variante genealógica dessa esquizoanálise que se autoformulava, em 1972, como uma esquizofrenização da escrita genealógica do sujeito ao mesmo tempo de uma análise do investimento esquizofrênico da historicidade. Aí onde Foucault acredita produzir uma história da psiquiatria que seria feita do ponto de vista dos loucos (e não do ponto de vista do saber-poder psiquiátrico), Deleuze e Guattari buscam uma escrita apta a tornar compreensível o investimento louco da história, o *patos* intensivo que põe o inconsciente diante da história, e do qual testemunha o delírio do "esquizo", ou antes, do qual o delírio testemunha para todo mundo, ou seja, para os processos esquizofrênicos do inconsciente como tal. É a partir desse excesso, dessa literalização tipicamente esquizoanalítica, que a dupla torção operada pela genealogia foucaultiana na problemática da psicoterapia institucional (restituindo ao corte psicanalítico a equivocidade de sua ligação com sua própria arqueologia psiquiátrica, reconduzindo o campo psiquiátrico à lógica paranoica de seu saber-poder) pode ser por sua vez redobrada, ou tomada na dupla torção do Anti-Édipo, materialista e esquizofrênica, uma tão "fictícia" quanto a outra.. À objeção trivial segundo a qual "o esquizo" de *O Anti-Édipo* é uma ficção, não há o que objetar: certo que é uma ficção, mas quanto a ela, nada há de trivial, porque ela inclui precisamente uma descrição de uma esquizofrenização da própria ficção, nem mais nem menos demente – de fato muito mais e muito menos demente – que a ficção freudiana do Édipo neurótico, que é o mesmo que a edipinização da ficção teórica emparelhando o pensamento psicanalítico ao romance familiar do neurótico. Dupla torsão, logo: *torsão perspectivista numa metapsicologia analítica* reescrita do ponto de vista da esquizofrenia, quer dizer, como uma variação transformadora da teoria analítica por meio de uma esquizofrenização do "discurso do inconsciente"(mas então a metapsicologia, longe de todo reducionismo "psicológico" ou mesmo "biopsíquico", torna-se por sua vez inseparável de uma metafísica, de uma antropologia, de uma sociologia, de uma tecnologia e de uma biologia elas próprias esquizofrenizadas – toda uma esquizopédia das ciências)[11]; *torsão perspectivista numa psiquiatria materialista* que reescreve a

---

11. Notaremos que no final das contas essa assustadora enciclopédia está distribuída seguindo as três sínteses *"machiniques"* do inconsciente esquizoanalítico: a síntese de produção (regulando a lógica do objeto-pulsão causa do desejo) não passa sem afetar os saberes *biológicos e tecnológicos* (e sua própria distinção); a síntese dita de inscrição ou de registro (regulando a lógica do [não]senso do desejo) toca diretamente as ciências linguística e teológica (e em última análise, a sua unidade na extrapolação da ideia uma "lógica do significante"); a síntese dita de consumação (regulando a produção de efeito-

materialidade histórica do ponto de vista de seus investimentos desejantes-delirantes. De fato, a "psiquiatria materialista" como a chamam Deleuze e Guattari, não significa somente substituir o campo psiquiátrico na ordem de suas determinações sociais e históricas, mas mais profundamente substituir a ordem das determinações sociais e históricas no campo dos investimentos inconscientes, aqueles mesmos onde o encarceramento asilar e químico esmaga as intensidades, ou seja, as singularidades ou pontos de suspensão subjetiva, no próprio gesto em que denega sua própria inscrição em um campo sociohistórico "objetivo".

Essa primeira parte se determina por uma extrapolação dessa primeira série de análise, voltando à questão da linguagem, na qual se pode fixar a culpável negligência em O *Anti-Édipo*. Revisito aqui esse *topos* por um retorno a outro diálogo à distância mantido entre Deleuze e Foucault em meados dos anos 1960-1970, e que trata da instabilidade produzida na "imagem da linguagem" que se deram nas ciências humanas (no sentido em que Deleuze falava da "imagem do pensamento" – mas é profundamente a mesma[12]), e decerto também na própria ideia de ciência linguística, pela santa trindade dos esquizolinguistas Raymond Roussel, Louis Wolfson e Jean-Pierre Brisset. Essa segunda leitura cruzada de Deleuze e Foucault é também o terreno de uma segunda simetrização esquizoanalítica da psicanálise, em benefício da qual retomo, sob um viés sensivelmente diferente, a hipótese heurística da qual Florent Gabarron-Garcia já adiantou alguns argumentos,[13] segundo a qual a esquizoanálise pôde funcionar como uma precipitação, um catalizador do deslocamento de um inconsciente

-sujeito do desejo inconsciente) investe sobre um modo intensivo os saberes históricos, geopolíticos e historicopolíticos. É evidentemente um "tópico" completamente outro daquele do Real, do Simbólico e do Imaginário.

12. Para perceber isso basta sobrepor o capítulo 3 de *Différence et répétition*, de Gilles Deleuze e o platô "Postulats de la linguistique" em *Mil platôs*, de Gilles Deleuze e Félix Guatarri.

13. Ver Florent Gabarron-Garcia, "L'anti-Œdipe, un enfant fait dans le dos de Lacan, père du sinthome", *Chimères*, Paris, DIFPOP, n. 72, 2010; e Florent Gabarron-Garcia , "Jouissance et politique dans la psychanalyse chez Lacan et chez Deleuze-Guattari", *Cliniques méditerranéennes*, Toulouse, ERES, n. 85, 2012.

simbólico para um "inconsciente real" no último ensino de Lacan. O que examino por minha vez partindo da questão do "procedimento linguístico" na psicose onde se antecipa a questão de uma "lalíngua", que não entra nas historiografias procurando o que conduz do estruturalismo ao pós-estruturalismo – nem mesmo a um pós-estruturalismo já "em germe" no estruturalismo –, de modo que a instauração habitualmente consagrada do primeiro na fundação saussuriana da linguística moderna pôde encontrar na louca pesquisa de Saussure nos anagramas uma notável contra efetuação: um ponto de fuga psicótico que desde o início só poderia fugir do espaço de problematização estruturalista-pós--estruturalista do *signo*.

A segunda parte examina uma questão levantada pela reabertura em curso da problemática esquizoanalítica: a questão de sua *política*, o que quer dizer também, em seu cara-a-cara crítico, a política implicitamente atuante na "edipianização" da subjetividade. Além disso, insisti no fato que, em O *Anti-Édipo*, o problema da luta das classes continuava sendo um horizonte político--histórico essencial à argumentação do programa esquizoanalítico.[14] Mesmo que aí não tenha encontrado contra-argumento algum que tornasse necessário voltar a essa tese, em revanche, estou mais sensível ao fato de que a questão da política sustentada pela crítica dos agenciamentos edipianos de subjetivação não recebe, no livro de 1972, uma resposta *única*. Tomo aqui como ponto de referência essa impressionante proposição pseudo-clausewitziana: "Édipo, na gente mesmo, é a colonização perseguida por outros meios, é nossa formação colonial íntima", para interrogar as implicações de tal enunciado por meio de uma dupla descentralização. Um passa pelo esclarecimento, no curso de Foucault de 1973-1974, de uma articulação singular da questão do familiarismo com a utilização de uma *metáfora colonial* em que ele identifica a recorrência no discurso psiquiátrico desde o

---

14. Guillaume Sibertin-Blanc, *Deleuze et l'Anti-Œdipe: La production du désir*. Paris: PUF, 2009.

século xix, e da qual desenvolvo a hipótese de que ela permite reler os recursos de Deleuze e Guattari em 1972 às antropologias do etnocídio, singularmente aos trabalhos de Robert Jaulin sobre os procedimentos de "familiarização" cujas técnicas de disciplinaridade apuram as miras evangelizadoras dos missionários (em ocorrência na América Latina). O outro trata da invenção, por Fanon, de uma articulação inédita da violência política a trabalho do sintoma, que tem por contraponto a questão – indecifrável talvez, o que não quer dizer que possamos nos poupar de propô-la – dos modos de incidência do sintoma nos processos de subjetivação política, difratando então uma luz espantosa sobre a apropriação que Deleuze e Guattari fazem de Fanon, vendo nele precisamente o primeiro agrimensor de um campo esquizoanalítico, no qual a situação colonial constitui o lugar inaugural, e cá pra nós o horizonte permanente.

Essas duas descentralizações não se sobrepõem, isso se daria pela heterogeneidade dos lugares antropológicos e históricos aos quais eles remetem, e às fenomenologias da violência colonial que lhes dão Jaulin e Fanon. Mas de um ao outro o problema de cernir as transformações e destruições coloniais das economias subjetivas, implica em se voltar sobre a maneira com que a tarefa de uma descolonização permanente do desejo inconsciente se inscreve no coração da metapsicologia antiedipiana do livro de 1972. A começar pelo primado que essa contradescrição esquizoanalítica dos processos do inconsciente confere à questão da *raça*, à qual Deleuze e Guattari subordinam até mesmo os jogos da própria sexuação,[15] induzindo à ideia de que são os investimentos

---

15. Ver Gilles Deleuze e Félix Guatarri, *O Anti-Édipo: Capitalismo e esquizofrenia*, trad. port. de Joana Moraes Varela e Manuel Maria Carrilho. Lisboa: Assírio & Alvim, 2004, p. 89, página essencial sobre esse ponto: "Dir-se-ia assim que nessas transformações, passagens e migrações intensas, nessa grande deriva que percorre o tempo nos dois sentidos, tudo se mistura: – países, raças, famílias, nomes familiares, nomes divinos, nomes históricos, geográficos e até pequenos acontecimentos. [...] Mas *se* tudo se mistura assim, e em intensidade, não há confusão de espaços e formas, visto que estes são desfeitos em proveito de uma ordem, a ordem intensa, intensiva. Que ordem é esta? O que, em primeiro lugar, se reparte sobre o corpo sem órgãos são as raças, as culturas e os seus deuses. Ainda ninguém prestou a devida atenção ao quanto o esquizo faz história, alucina e delira a história

inconscientes da raça que devem, antes de mais nada, suportar a repartição das montagens libidinais sobre o eixo assimétrico de suas polaridades intensivas (emaranhadas, de "disjunção inclusa" ou de devir) e extensivas (identificantes, de "disjunção exclusiva", opositivas ou hierárquicas).

As duas últimas partes retornam, por dois vieses diferentes, à esquizoanálise como teoria e prática de simetrização contra-analítica, tendo como ponto de partida uma observação que compartilho com uma pá de gente: *Capitalismo e esquizofrenia* um de seus mais poderosos esclarecimentos, nos últimos vinte anos, na pluma, não de um filósofo (digo: de profissão), nem de um psicanalista (digamos: muito menos), mas de um antropólogo. E que é em si um fato intelectual da mais alta importância, e ao mesmo tempo uma questão repetida para o tipo de objeto constituído pelo díptico de Deleuze-Guattari, *O Anti-Édipo* e *Mil platôs* (entre os quais é preciso acrescentar, por razões que surgirão na terceira parte, *Kafka: por uma literatura menor*). Essa importância se deve seguramente e antes de tudo ao restabelecimento singular que operam as *Metafísicas Canibais* do amazonista brasileiro Eduardo Viveiros de Castro[16] entre as disciplinas antropológica e filosófica, através de uma dupla reescrita dos desafios filosóficos da antropologia estrutural (incluindo uma reproblematização ao mesmo tempo crítica e inventiva da litigiosa diferencial "pós"-estruturalista, encontrando uma de suas fontes já no próprio estruturalismo lévi-straussiano) e da eficácia da conceitualidade guattaro-deleuzina quando, tomando muito a

---

universal, e emigra nas raças. Todo o delírio é racial, mas não forçosamente racista. Não que as regiões do corpo sem órgãos 'representem' raças e culturas. O corpo pleno não representa absolutamente nada. Pelo contrário, são as raças e as culturas que designam regiões que há sobre esse corpo, isto é, zonas de intensidade, campos de potenciais. No interior desses campos produzem-se fenômenos de individualização, de sexualização."

16. Esse livro mesmo (Guillaume Sibertin-Blanc, *Deleuze et l'Anti-Œdipe*, op. cit.), e seguramente o punhado de textos que o prepararam, o "precipitaram", sobretudo: Éric Alliez (dir.), "Les pronoms cosmologiques et le perspectivisme amérindien" in: *Gilles Deleuze, une vie philosophique*. Paris: Les Empêcheurs de penser en rond, 1998; Casper Bruun Jensen, Kjetil Rodje (eds.), "Intensive Filiation and Demonic Alliance" in: *Deleuzian Intersections: Science, Technology, Anthropology*. Oxford: Berghan Book, 2009, pp. 210-253.

sério sua própria utilização de muitos trabalhos antropológicos da época, mergulha-a em certas correntes de transformação da disciplina iniciadas em meados dos anos 1970-1980.[17] Mas gostaria de começar aqui a provar essa importância sob outro viés, interrogando o tipo de repotencialização teórica e crítica do programa esquizoanalítico que a solicitação de Viveiros de Castro coloca na ordem do dia. Se há uma questão repetida, é preciso, no entanto, começar por reconhecer que a flecha apanhada e a direção visada ainda são pra mim um baita enigma. É porque, sem ignorar a reflexão de fundo que chamaria o problema enfim aqui em jogo, aquele das condições atuais de uma hipotética rearticulação entre pesquisas antropológicas, psicanalíticas e filosóficas, prefiro dar à minha proposta um circuito mais circunscrito em seu objetivo, mas também mais experimental em sua tentativa, testando *in situ* o tipo de prática de escrita e de leitura que torna possível, na filosofia, as transformações recíprocas de certos traços da contra-antropologia viveirana e da contrapsicanálise de Deleuze e Guattari. (Se a esquizoanálise, repetindo, não se reduz a uma "antipsicanálise", o programa contra-antropológico toma, primeira e evidentemente, seu sentido na – e como uma variação crítica da – antropologia disciplinar).

A terceira parte propõe nesse sentido um re-exame de um dos contrastes vigorosamente construído por Viveiros de Castro entre os dois volumes de *Capitalismo e esquizofrenia*, acentuando a distância entre duas maneiras de repartir as polaridades intensiva e extensiva da racionalidade (ou os polos do devir da representa-

17. Em primeiro lugar na antropologia amazônica – e além da contribuição de Viveiros de Castro precisaríamos ter em conta aqui a recepção institucional singular da obra de Deleuze e Guattari no Brasil –, mas igualmente (as *Metafísicas Canibais* de Eduardo Viveiros de Castro, op. cit., fazem a isso muitas alusões) na antropologia melanesiana, então de maneira indireta e por meio de convergências conceituais retrospectivas (sejam os trabalhos de Roy Wagner sobre os Daribi desde o início dos anos 1970, ou os de Marylin Strathern sobre os Hagen alguns anos mais tarde). O trabalho de Barbara Glowczewski com os Warlpiri do deserto australiano mereceria um exame específico, tendo em conta sua afinidade intelectual explícita desde os anos 1980 com Guattari e Deleuze (ver Barbara Glowczewski, "Guattari et l'anthropologie: aborigènes et territoires existentiels", *Multitudes*, n. 34, 2008/3, pp. 84-94).

ção, ou da "maquinaria pulsional" do desejo inconsciente de sua inscrição nas montagens significantes de uma ordem simbólica) sobre o eixo filiação-aliança. Precipitando de numerosos trabalhos de americanistas dos últimos trinta anos, Viveiros de Castro sublinhou como esse eixo tradicional da sociologia do parentesco, vendo-se sobredeterminado em contexto ameríndio pela polaridade consanguinidade/afinidade, tinha levado a introduzir o conceito de uma "afinidade potencial": uma afinidade intensiva e antiparentélica, encontrando seu esquematismo característico em relações predatórias extragrupais e transpecíficas (de caça, guerreira e canibal), como esquema de alteridade relacional irredutível às codificações simbólicas e psicológicas, sociológicas e fantasmáticas da família. Somente lá onde O *Anti-Édipo* privilegia, no plano antropológico como no plano metapsicológico, uma *filiação intensiva* (ilustrada pela famosa mitologia Dogon colocada aqui na posição de mito antiedipiano por excelência) em contraste com o sistema extensivo das alianças entre grupos e entre pessoas diferenciadas em uma representação social. *Mil platôs* privilegiará, ao contrário, uma *aliança intensiva* que dá sua formulação conceitual mais acabada à ideia de devir. Reavalio nessa terceira parte esse deslocamento, não só a partir do deslize de seu rebatimento antropológico (do primado "africanista" do problema da genealogia da filiação em 1972, ao primado "amazônico" do problema das afinidades entre heterogêneos e das alianças "contranatureza" em 1980), mas sobretudo seguindo uma série de deslizes *internos* à crítica da razão psicanalítica, e tomando como fio condutor a inflexão, de 1972 a 1980, da crítica dos paralogismos da triangulação edipiana para a crítica das modalidades da aliança fixadas na norma ao mesmo tempo jurídica, econômica, moral, sexual e enunciativa, da *conjugalidade*. O que testemunham, a partir de O *Anti-Édipo*, a releitura kantiana do direito conjugal, depois em 1975 sua subversão pela prática epistolar de Kafka,[18] e de uma a outra a radicalização da crítica da teoria ben-

18. Mas os dois estão preparados, ao mesmo tempo em que a questão de uma determi-

venistiana da enunciação (sua "personologia linguística" ou o "narcisismo dialógico" que predetermina o jogo dos conceitos de sujeito da enunciação e sujeito do enunciado)[19]. O fato de que seja do *interior* dessa curva que emerge o problema das "alianças contranatureza" (seguindo a expressão teológica-jurídica que reativa em Kant o problema da submissão da sexualidade ao discurso do direito), e o problema do devir-animal (seguindo a ideia de um objetivo da escrita kafkiana aos impasses do próprio contrato epistolar concebido como um agenciamento anticonjugal), não é, seguramente, o menos intrigante. Ao menos permite deixar aberta a questão da eficácia crítica da contra-antropologia – a começar pela teoria amazônica da afinidade potencial – sobre a antropologia implícita do pensamento psicanalítico do sexual.

A quarta e última parte deste ensaio busca pôr à prova outro modo de inscrever filosoficamente a tentativa contra--antropológica, definida como tarefa de "descolonização permanente do pensamento" (aí compreendido o pensamento do desejo inconsciente), que o autoproclamou "viração ontológica da antropologia" em curso, onde a anexação ao discurso ontológico dos problemas epistemológicos da disciplina se dão com o esmagamento dos desafios políticos da antropologia sob o projeto finalmente autocentrado do "renovo da metafísica" (em termos de antinarciso, pode-se talvez fazer melhor). Quanto ao texto que será aqui privilegiado, é fato que não foi escolhido ao acaso; mas é antes a multiplicidade das razões de voltar nele que comanda essa escolha. Aos olhos do perspectivismo ameríndio articulado

---

nação intensiva da aliança, se já não está no trabalho de Deleuze sobre Proust (e Albertine), ao menos em sua apropriação da obra romanesca de Pierre Klossowski. Em *Les Lois de la Hospitalité*, é com um mesmo gesto que Deleuze identifica, desde 1969, o conceito de disjunção inclusa e um pensamento do *casal*, de uma conjugalidade "superior" (ou se preferirmos, "perversa"), elevada ao grau de condição do pensamento (experiência transcendental). Ver Gilles Deleuze, *Logique du sens*. Paris: Minuit, 1969, pp. 255-256 (mencionando igualmente Proust).

19. Sobre o "cogito linguístico" de Benveniste, e sua ligação interna com um pensamento do *casal*, ou da conjugalidade como "cogito a dois", ver a descrição da semiótica "pós--significante" em Gilles Deleuze e Félix Guattari, "Sur quelques régimes de signe" [5ème plateau] in: *Mille Plateaux*. Paris: Editions de Minuit, 1980.

por Viveiros de Castro – essa "ficção antropológica em que a antropologia que a produz é bem real" [20] –, tentarei ficcionar o *Leibniz* de Deleuze, aquele da dobra barroca, como a recomplicação filosófica dessa antropologia, ou seja – arrisquemos tomando fôlego: como uma contraefetuação metafísica da contraefetuação antropológica do conceito ameríndio do conceito. Como uma homenagem à leibiniziana Déborah Danowski, em contraponto à interpelação de Viveiros de Castro. Se é absolutamente essencial aqui lembrar "os fundamentos ameríndios do estruturalismo",[21] apostarei aqui no interesse não completamente acidental de manter o fundamento leibniziano da construção deleuziana do estruturalismo, em sua combinação complexa de metafísica perspectivista, de combinatória algébrica e de variação contínua, de geometria projetiva e de topologia da *implicatio*, de teoria dos signos e de pensamento da transformação e em transformação (metamorfoses e anamorfoses).[22] Simplesmente tentar fabular *Le Pli. Leibniz et le baroque* como uma reescrita por Leibniz dessa "dupla torsão" antropológica e filosófica, ameríndia e deleuziana do conceito, só se pode fazer levando em conta uma diferença, (tudo está evidentemente nessa diferença). Se a escrita antropológica é uma anamorfose discursiva das antropologias indígenas (à semelhança do plano de imanência das *Mytologiques*), *Le Pli* seria aí essencialmente uma anamorfose sintomatológica e clínica,

20. Eduardo Viveiros de Castro, "O Nativo Relativo", *Mana*, v. 8, n. 1, 2002, p. 123: "A experiência, no caso, é a minha própria, como etnógrafo e como leitor da bibliografia etnológica sobre a Amazônia indígena, e o experimento, uma ficção controlada por essa experiência. Ou seja, a ficção é antropológica, mas sua antropologia não é fictícia."
21. Eduardo Viveiros de Castro, *Métaphysiques Cannibales*. Paris: Presses Universitaires de France, 2009, p. 12, citando Anne Christine Taylor, "Don Quichotte en Amérique" in Michael Izard (dir.), *Lévi*-Strauss. Paris: Éditions de L'Herne, 2004, p. 97.
22. O fato é que desde 1967 (em *À quoi reconnaît-on le structuralisme?*), e mais massivamente ainda no ano seguinte em *Différence et répétition*, é, em sua maioria, na linguagem da metafísica leibniziana que Deleuze escreve a "filosofia" do estruturalismo. Mas essa simples constatação ganha todo seu sentido – toda sua importância problemática – quando a confrontamos a essa outra observação, que é em grande parte na mesma linguagem que se escreve em 1972 a crítica esquizoanalítica do estruturalismo. Viveiros de Castro dá indicações decisivas sobre essa questão nas *Métaphysiques cannibales*, op. cit., pp. 116-119.

esquizofrênica e esquizoanalítica. Fazer do *Pli* a última "explicação" de Deleuze com o estruturalismo – que, como se deve, não deve se explicar demais, ou não pode fazê-lo sem por outro lado se complicar, sem "se implicar" em outras dobras –, implica então fazer certificar a transformação propriamente esquizoanalítica do estruturalismo (e de sua crítica): sobretudo aquela operada em *O Anti-Édipo*. É nesse sentido que a reescrita do *Pli* que tento aqui – uma escrita transformacional desse livro como sendo ele-próprio já uma dupla transformação do estruturalismo (e de suas implicações epistemológicas e políticas) e da psicanálise (e de suas implicações políticas e clínicas) –, ficciona a metafísica leibniziana como um processo sintomático: o processo de um sintoma psicótico em que o advento crítico ao mesmo tempo resulta de, responde a, e repete performativamente, a crise histórica da Europa renascentista e a transformação correlativa do racionalismo clássico e da questão da alteridade provocada pela "Descoberta do Novo Mundo" ("o Barroco é um longo momento de crise" – mas quem disse que saímos dessa bendita crise?).

Capítulo 2

Soberania disciplinar e corpo do psiquiatra
Genealogia de uma paranoia institucional

Partamos da ideia, sem dela neutralizar de antemão a estranheza, segundo a qual só pode haver aí institucionalização de uma clínica das psicoses, logo, institucionalização do acolhimento do sintoma até o ponto em que o sintoma pode radicalmente fracassar sua elaboração, ao preço de uma *esquizofrenização permanente da instituição*. Dela depende a própria ideia da esquizoanálise, apresentada em 1972, como *orientação na clínica*. Pois é nessa qualidade que ela inicia, não apenas um pensamento singular da esquizofrenia, mas uma esquizofrenização do pensamento, o que deve significar ao mesmo tempo esquizofrenização das linhas de singularização subjetiva do sintoma, e esquizofrenização do pensamento clínico em seus modos de referência práticos e institucionais. Sem dúvida alguma Deleuze e Guattari visaram aqui um problema que, segundo eles, se punha diretamente na psiquiatria, e em uma abordagem das psicoses submissa às vigilâncias da psicoterapia institucional, esta se definindo nem tanto como um "tipo" de terapêutica entre outras, mas por uma maneira de abordar as práticas terapêuticas existentes (terapia medicamentosa, psicoterapia ou terapia analítica, ergoterapia, terapia grupal etc.) por meio dos mecanismos institucionais que lhes condicionam e lhes dão lugar. Seja a ideia de que não há tratamento possível para a "loucura" (o vocábulo preserva toda sua necessidade para marcar com uma alteridade o que conserva de irredutivelmente não especificável ou de não categorizável) sem um "tratamento" da própria instituição clínica, sem uma análise permanente de seu funcionamento e de seus tipos de relações não somente estatuárias ou regulamentárias, mas subjetivas, históricas e existenciais, simbólicas e imaginárias, em que é ao mesmo tempo o lugar e o suporte, enfim, sem o trabalho incessante para conquistar uma "plasticidade" sobre a instituição para manter, com toda incerteza e contingência que isso supõe – e que tende precisamente a denegar a percepção tecnocrática, regulamentar e econômica do fenômeno institucional –, o esforço jamais definitivamente adquirido da escuta das singularidades subjetivas da loucura. Para reintegrar *O Anti-Édipo* nesse campo problemático, para lê-lo então como ele próprio pedia – como um livro *clínico* –, a bipolaridade esquizofrenia/paranoia, que Deleuze e Guattari subtraíam ao saber nosológico para reintegrá-la ao coração dos processos primários do inconsciente, encontra aí um novo relevo, ao mesmo tempo em que o alinhamento do saber clínico sobre os saberes do inconsciente, encontra-se aí reinquirido. O inconsciente esquizofreniza e paranoísa, sem que pra isso precise fazer intervir uma forclusão; ele pensa esquizofrenicamente e paranoicamente até no pensamento clínico, no pensamento da prática clínica, nos saberes e institucionalizações dessa prática.

Os psiquiatras são os primeiros a sabê-lo, e frequentemente eles próprios fazem menção de constelações paranoides que afetam problematicamente seu trabalho. Alguns chegam a recordar a insuficiência de fazer alusão a isso, e de dizer que sabem em que se firmar psicologizando as dificuldades do pessoal médico. Que evoquem a flutuação dos circuitos da demanda, as dificuldades para manipular uma transferência demasiado manifesta, a angústia da equipe asilar, até mesmo, para aí se amparar, as pulsões de domínio barganhadas de passagens ao ato de encerramento no microsadismo das vexações e brutalizações cotidianas, todas coisas muito necessárias a elucidar – não é certo que a análise institucional se encontre suficientemente orientada para tanto. Um leitor de *O Anti-Édipo* parece ter tido uma abordagem um pouco mais complexa do problema que coloca para a clínica psiquiátrica uma paranoia institucional. No momento em que se publicava o primeiro tomo de *Capitalismo e esquizofrenia*, Foucault principia seu quarto curso no Collège de France, *Le Pouvoir psy-quiatrique*. Se ele se inscreve visivelmente na continuidade das reflexões abertas por sua célebre tese *Raison et déraison: Histoire de la folie à l'age classique*, esse curso se apresenta mais claramente ainda no campo contemporâneo das reflexões críticas de Robert Castel, Roger Gentis, do próprio Guattari (a compilação de artigos *Psychanalyse et transversalité* publicado um pouco antes, em 1972). Ele constitui de fato um poderoso apoio a uma orientação esquizoanalítica na crítica das psicoses. Ao menos, tal é o fio condutor da leitura aqui proposta.

A razão de fundo é antes de tudo que Foucault, com seus próprios meios, empreende precisamente uma operação de simetrização análoga àquela evocada precedentemente. Fala disso explicitamente no fim de uma de suas lições: fato que já se fez uma história da psiquiatria, e até mesmo várias; mas sempre as fizemos *do ponto de vista* da própria psiquiatria, o que vem a dizer, do ponto de vista do psiquiatra que ocupa a posição de poder no seio da psiquiatria. Só se fizeram histórias psiquiátricas da psiquiatria, logo, histórias em que a psiquiatria (e seu saber) é ao mesmo tempo o objeto e o sujeito, e onde o psiquiatra (portador desse saber) é um agente em última instância. A tarefa a que Foucault se propõe é de experimentar uma história da psiquiatria que fosse descentrada com relação a esse ponto de vista, adotando outro, precisamente aquele dos "loucos", e de medir as incidências de tal contra-história nas gêneses psiquiátricas da psiquiatria. Com base nessa declaração de "tomada de partido" – fazer uma história da psiquiatria que não fosse centrada no psiquiatra, mas no louco, logo, *tomar o partido dos loucos na teoria*, nessa teoria historiográfica da constituição do campo psiquiátrico que Foucault desenrola em seu curso de 1973-1974 –, seu estudo genealógico torna-se então dos mais esclarecedores se aceitamos ler aí uma espécie de análise institucional desse processo de constituição, o que seria dizer, uma análise da lógica de poder imanente ao alicerce sobre o qual alguma coisa como um campo psiquiátrico pôde, justamente, se institucionalizar. Daí, torna-se possível extrair do trabalho de Foucault uma mais-valia em benefício da reflexão sobre a necessidade *permanente* das questões levantadas pela psicoterapia institucional. Desdobrando a genealogia foucaultiana sobre o programa esquizoanalítico, pode-se esboçar algo como uma esquizoanálise da instituição psiquiátrica nascente, para iluminar o que Foucault demonstra sem formular assim: a saber, que a instituição psiquiátrica asilar nasceu e se desenvolveu como uma instituição objetivamente paranoica, seguindo uma lógica interna, se traduzindo na coerência de suas práticas e de seus discursos em um aniquilamento furioso de qualquer relação transferencial. O que traz à luz do dia sua genealogia do saber-poder psiquiátrico, através de uma análise dessa "protopsiquiatria" (concretamente nessa sequência que se estende dos dois últimos decênios do século XVIII até os anos 1840 – simbolicamente a lei de 1838 sobre as condições do internamento psiquiátrico), é uma paranoia estrutural, constitutiva da racionalidade psiquiátrica e da lógica de institucionalização que essa racionalidade informa, constituindo uma camada decerto permanente, ou ao menos uma tendência interna permanente, da clínica psiquiátrica, de modo que seria ilusória a pretensão de poder ultrapassá-la de uma vez por todas, mas que reclama por isso mesmo uma vigilância permanente para saber reconhecer e contrariar seus efeitos, deixando ver em seu negativo o sentido do chamado a uma esquizoanálise da instituição: uma esquizofrenização da análise institucional capaz de contraefetuar essa racionalidade paranoica.

Acrescentaria, apenas para fechar esse preâmbulo, que essa hipótese produz um efeito de recíproco esclarecimento entre *O Anti-Édipo* e *O Poder psiquiátrico*. Da análise foucaultiana, ela explica algumas focalizações (veremos, por exemplo, pelo lugar que Foucault concede à questão do "corpo do psiquiatra"); mais geralmente, ela leva a reproblematizar algumas teses massivas do foucauldismo, tocando em particular a distinção entre poder de soberania e poder "disciplinar". Em troca, ela traz algumas luzes sobre a tese forjada em O *Anti-Édipo*, desconcertante à primeira vista, de uma posição soberano-paranoica interna ao espaço analítico do processo do inconsciente.

Agora, pra cortar caminho, atalharei de maneira um pouco esquemática na análise foucaultiana, para dela conservar apenas alguns pontos salientes:

1. Uma hipótese de trabalho genealógico: não há história psiquiátrica do nascimento da psiquiatria

Primeiramente, a análise de Foucault é uma análise institucional da protopsiquiatria, mas não é uma história intrainstitucional da psiquiatria, pela simples razão de que o advento da psiquiatria moderna na virada dos séculos xviii e xix *não* encontrou suas condições de possibilidade em uma instituição clínica preexistente (justamente não existia dela um análogo), nem mesmo em um saber preexistente da "loucura", da "alienação" ou das "doenças mentais", tais como serão descritas e analisadas ulteriormente, e só poderão sê-lo precisamente sobre a base de um campo psiquiátrico já parcialmente constituído. Mais radicalmente, não é sequer possível encontrar as condições de formação do campo psiquiátrico em uma história da clínica e das instituições médicas em amplo sentido: o fato de que a psiquiatria tenha sido ligada, desde sua primeira institucionalização na virada do século xviii para o xix, ao campo médico, testemunha em contra, segundo Foucault, da *heterogeneidade interna* que atravessa a psiquiatria desde o início, em parte entre seu estatuto administrativo e institucional, em parte entre suas práticas e discursos. Por um lado, a psiquiatria se inscrevia desde seu ato de nascimento institucional como um setor no bojo geral da medicina, da qual recebia os títulos e as pretensões de saber que já tinha conquistado a medicina somática graças ao desenvolvimento da anatomia e depois da fisiopatologia. Mas nos tratados dos grandes psiquiatras que se multiplicaram a partir dos anos 1810, constatamos não somente que a prática psiquiátrica tal como começa a se codificar na virada do século XVIII para o XIX, não é a aplicação de um saber médico preexistente, mas que diferente disso testemunha que não há esforço algum para se conformar ao modelo epistemológico e terapêutico que já se tinha imposto em medicina. Contrariamente ao que uma ilusão retrospectiva poderia fazer crer, ela não é de modo algum a colocação em prática de conhecimentos psicopatológicos que por assim dizer já estavam ali. Se "o asilo foi bem o lugar de formação de várias séries de discursos", se é exatamente a partir dessas observações que se pôde constituir quadros sintomatológicos, categorizações nosográficas e modelos etiológicos, resulta que "nenhum desses discursos, nem nosográfico, nem anatomo-patológico não serviu de modo algum de guia na formação da prática psiquiátrica":[1]

> De fato, essa prática, pode-se dizer que ela se manteve muda [...] no que ela não deu lugar durante anos e anos a qualquer coisa que se assemelhasse a um discurso autônomo que fosse outra coisa que o protocolo do que já tinha sido dito e feito. Não houve verdadeiras teorias da cura, nem mesmo tentativas de explicá-la; aquilo foi um corpo de manobras, de táticas, de gestos a fazer, de ações e reações a desencadear, em que a tradição se perpetuou através da vida asilar, no ensinamento médico, e com apenas, como superfície de emergências, algumas dessas observações das quais já citei um bocado. Corpo de táticas, conjuntos estratégicos, é tudo que podemos dizer da maneira com que os loucos foram tratados.[2]

Nada de desprezo, no entanto: que se trate de práticas "mudas", de "protocolos" de gestos, não quer dizer que se trate de práticas impensadas, de práticas que não teriam sido objeto de reflexão por parte daqueles que a elas se dedicaram, mas somente que essa reflexão não se articulava em um saber modelado naquele da medicina psicológica, nem nesse saber de tipo psicopatológico que se constituirá mais tarde no século XIX. É nessas observações e nesses protocolos, eles próprios não formalizados, que se des-

---

1. Michel Foucault, *Le Pouvoir Psychiatrique: Cours au Collège de France, 1973-1974*. Paris: Gallimard/Seuil/EHESS, 2003, p. 164.

2. Ibid., p. 164.

prende um "saber" subjacente, uma racionalidade implícita de práticas protopsiquiátricas: esse saber que Foucault qualifica justamente de *tático* mais que de médico, de *estratégico* mais que de terapêutico. Veremos logo logo o sentido mais preciso. Mas nos guardaremos também de acreditar que Foucault quer dizer aqui que a protopsiquiatria não teria tido nada a ver com qualquer finalidade terapêutica. O problema é antes de tudo determinar como a institucionalização da psiquiatria induziu certa concepção do ato terapêutico, como aí se definiram as vias e os instrumentos de uma "cura", a partir de suas práticas. Em suma, como a arquitetura disciplinar de suas práticas as conduziu a determinar o processo terapêutico?

2. Hipótese construtivista: A genealogia psiquiátrica envolve uma história das práticas de poder exercidas sobre o corpo

Para compreender o tipo de racionalidade que organizava as práticas da psiquiatria de institucionalização em curso, é preciso então partir destes próprios tratados, das práticas que relatam, dos protocolos de cura que narram, e dos argumentos dos quais tiram as razões, mesmo quando sua lógica não é objeto de uma teorização sobre um plano reflexivo distinto. Ora, o que é massivamente exposto, relatado, descrito pelo menu nos grandes tratados dos Pinel, Fodéré, Esquirol, mais tarde ainda François Leuret, é, incansavelmente à extensão de centenas e milhares de páginas, uma história de poder, singularmente de tomada do corpo: não de todo um corpo anatômico visando a localização de uma afecção patológica, mas de corpo tratando-se de registrar posturas, vigiar as condutas, de isolar, de organizar os movimentos no espaço e as mudanças no tempo, de notificar as absorções e as dejeções, de controlar as agitações. O que é exposto nas narrativas de cura dos primeiros grandes tratados de psiquiatria durante quase trinta anos é um jogo de luta, de intervenção e de resistência em torno do corpo do alienado. No entanto, não é que essas práticas ou essas formas de intervenção sobre o corpo vigiado, descrito, controlado, inserido em arquiteturas espaciais e em empregos de tempo minuciosos, tenham surgido naquele momento e naquela instituição. Muito pelo contrário, e essa é a razão pela qual não é possível fazer uma história psiquiátrica da psiquiatria. O campo psiquiátrico encontra antes suas condições de emergência em uma *forma específica de poder*, uma nova "economia" do exercício do poder, que logo de cara sobredeterminou a relação psiquiátrica, como relação terapêutica, de outra dimensão não terapêutica, no entanto, condicionando a formação de uma clínica psiquiátrica: uma dimensão de relação de forças, de afrontamento e de submissão, que não veio se inserir em adendo, ou *a posteriori*, sobre as primeiras edificações asilares, mas que ao contrário constituiu o alicerce, a base sobre a qual essas edificações puderam começar a aparecer. Um poder que se define, não com relação a uma *psique* "doente", mas, ao contrário, por certa tomada do *corpo* "indócil"; um poder que se caracteriza, não por uma ligação qualquer com uma operação terapêutica análoga àquela da medicina somática, mas por um conjunto de técnicas para vigiar, condicionar, adestrar e disciplinar, os gestos, as condutas, os comportamentos dos corpos; enfim, um poder que surgiu não na nova instituição asilar, mas em toda uma série de espaços da sociedade medieval e clássica, que pouco a pouco se generalizou ao mesmo tempo em que se desenvolvia, por um lado, a constituição das grandes instituições do Estado moderno (a instituição militar, a instituição policial-judiciária, as fábricas da produção industrial, e logo depois as instituições escolar, penitenciária e psiquiátrica), por outro lado, o desenvolvimento do capitalismo industrial.[3] É esse regime de poder que Foucault chama o "poder de disciplina", "poder disciplinar", "tecnologia disciplinar" ou "microfísica do poder".

É inútil aqui retomar mais detalhadamente a famosa noção foucaultiana do poder disciplinar, senão para notar que seguramente ela motiva a proposição de Foucault de manter, no lugar e posição da famosa cena na qual a historiografia e a psiquiatria frequentemente selou seu mito de origem, aquela de Pinel libertando os alienados de sua cadeia no hospital geral de Bicêtre ou da Salpetriêtre, outra vinheta, certamente menos gloriosa, em todo caso menos nutrida nos ideais emancipadores do período revolucionário, outra cena contraefetuando o mito de origem por um "fantasma institucional", como teria dito Guattari, que é também um fantasma originário, recalcado como se deve: a "cena de cura" do rei Georges III, internado em 1788. Foucault a lê como uma cena de entronização real, mas parodiada, ironizada e finalmente radicalmente invertida, o que dá a ela o valor simbólico de marcar, através do tratamento asilar do monarca, uma destituição da soberania como tal em proveito de uma nova forma geral de poder. Se isso ilustra a hipótese genealógica segundo a qual as técnicas disciplinares, longe de ser um efeito entre outros da instituição asilar nascente, constitui, ao contrário:

> [...] o alicerce de relações de poder que constituem o elemento nuclear da prática psiquiátrica, a partir do qual, de fato, veremos em seguida se construir os edifícios institucionais, surgir discursos de verdade, a partir de que veremos também se implantar ou se importar certo número de modelos.

De fato, através da cena de cura de Georges III, o que é posto em cena alegoricamente é precisamente a destituição, não ape-

---

3. Ver Michel Foucault, *Le Pouvoir Psychiatrique*, op. cit., pp. 72-74, sobre o papel das técnicas disciplinares no problema histórico da "acumulação dos homens", correlativo (mas distinto) do problema da "acumulação do capital". É uma tese que Foucault retomará várias vezes, desde o ano seguinte em seu curso *La société punitive*, depois em 1975 em *Surveiller et punir*, ainda em 1976 em *Histoire de la sexualité I: La Volonté de savoir*. Sobre essa questão, ver Stéphane Legrand, *Les Normes chez Foucault*. Paris: PUF, Collection Pratiques théoriques, 2007.

nas de um soberano que ficou louco, mas de um tipo de poder em proveito de outro: um "poder de soberania", históricamente dominando até o limiar da época moderna, é destituído por um novo "poder de disciplina, procedendo seguindo uma economia de poder completamente outra, e da qual as práticas no seio da nova instituição asilar marcaria um limiar de cumprimento e de integração orgânica à sociedade ocidental moderna. Retornarei todavia a essa cena de cura, que não esgota essa leitura alegórica, ou que é mais sobredeterminada, pedindo uma leitura laminada. Por ora sublinhemos, mais importante que uma tese global e homogeneizante sobre "a sociedade disciplinar", a tentativa de assinalar a racionalidade específica segundo a qual as técnicas disciplinares serão postas em prática na instituição psiquiátrica nascente. O que importa não é que se tenha a disciplina por todo lado, mas que ela nunca se dá da mesma maneira, mobilizada a cada vez em problemáticas específicas articuladas a outras hete-rogêneses (é nesse quadro que Foucault desenvolve sua análise sobre a articulação precoce da disciplina asilar e da instituição fa-miliar, que precisará confrontar com a questão do "familiarismo" em O Anti-Édipo).

3. Da disciplina como clínica ao poder psiquiátrico em manobra

A análise que faz Foucault de uma cura conduzida pelo psiquiatra François Leuret, e relatada em seu *Traitement moral de la folie* publicado em 1840, logo, na finaleira dessa sequência histórica que Foucault chama a "protopsiquiatria", permitirá extrair, a esse respeito, alguns elementos significativos.

Em primeiro lugar, na prática protopsiquiátrica da qual a cura de Leuret oferece um exemplo detalhado, a dimensão curativa ou terapêutica não está ligada a um protocolo de intervenção especificada no seio da instituição. A ação médica, a eficácia te-rapêutica, o processo curativo, é, ao contrário, coextensivo ao conjunto de dimensões do aparelho institucional e das tomadas ou meios de ação que dão à equipe asilar o corpo do paciente: o espaço arquitetural, e seu sistema de distribuição espacial das circulações possíveis e impedidas, das compartimentações e dos reagrupamentos, e sobretudo, dos isolamentos; "uma série de constrangimentos próprios à vida asilar: a disciplina, a obediência a uma regra, uma alimentação definida, horas de sono, de trabalho", resumindo, toda uma gestão disciplinar dos movimentos no espaço e do emprego do tempo, das obrigações e das tarefas, seguindo um ótimo de saturação que não deixa brecha, sombra de vazio ou incerteza: enfim, instrumentos físicos de constrangimento, e toda "sorte de medicação psicofísica, ao mesmo tempo punitiva e terapêutica, como a ducha, a poltrona rotatória etc":[4]

> Pode-se dizer que o asilo tal como o vemos funcionar através de uma cura como essa, é um dispositivo para curar no qual a ação do médico faz corpo absolutamente com a instituição, as regras, as construções. Trata-se, no fundo, de uma espécie de grande corpo único em que as paredes, as salas, os instrumentos, os enfermeiros, os vigias e o médico são elementos que, seguramente, desempenham funções diferentes, mas que têm como função, essencialmente, desempenhar um efeito de conjunto.[5]

Em segundo lugar, se as técnicas disciplinares dão os "instrumentos" – as práticas, as possibilidades de ação sobre os corpos asilados –, elas mesmas não se dão conta da utilização que delas é feito, do tipo de racionalidade que comanda a maneira como estes instrumentos são utilizados, com que objetivo, contando com que efeitos. Tal é precisamente o objeto que a prestação de conta da cura de Leuret permite esclarecer – remeto às páginas 144-145 para a descrição do caso de um "certo S. Dupré", e páginas 145-163 para a determinação de "certo número de dispositivos ou de manobras que Leuret nunca teoriza, e a respeito dos quais não dá explicação alguma que fosse fundada seja sobre uma etiologia

---

4. *Le Pouvoir Psychiatrique*, op. cit., p. 143.
5. Ibid., p. 163 (Notaremos na passagem que, nesse grau de generalidade, a psicoterapia institucional não dirá outra coisa, se bem que num sentido exatamente invertido – veremos porquê).

da doença mental, seja sobre uma fisionomia do sistema nervoso, seja, de forma geral, sobre uma psicologia da loucura. Demonstra simplesmente as diferentes operações que tentou", e das quais Foucault retém quatro tipos principais: a instauração de um *desequilíbrio de poder*, recorrendo a todas as alavancas disciplinares para impor uma relação hierárquica, ou mais exatamente uma "unilaterização" radical da relação médico-paciente de modo que este último seja o máximo possível submetido à vontade do médico como única vontade "real" (essa operação em certo sentido condensa todas as outras, ou todas as outras nela se referem para secundá-la e reforçá-la); uma manobra da "reutilização da linguagem", que em Leuret testemunha todo um conjunto de táticas para reinculcar e impor ao paciente a função dos nomes próprios, condição para a identificação das coisas e das pessoas, condição também e sobretudo da autoidentificação, logo, da atribuição a uma identidade fixa referenciável administrativa e socialmente, da interpelação (obediência, resposta, compromisso, confissão...); uma manobra de "ajustamento ou organização das necessidades", sobretudo pelo estabelecimento de "um estado de carência cuidadosamente conservado pelo doente" (vestuário, alimentação, trabalho, liberdade...), supondo suscitar no paciente o sentido da "realidade daquilo que precisamos"; uma manobra de "o enunciado da verdade", regulada por operações determinadas a fim de constranger o paciente a uma assunção subjetiva de elementos impostos pelo psiquiatra (em nome de "a realidade"): memórias de infância e outros episódios de sua existência já consignados pela psiquiatria e mobilizando "todo o sistema da família, do emprego, do estado civil, da observação médica".[6]

6. Ibid., p. 159.

4. O cerne da luta: poder da loucura, superpoder psiquiátrico

Antes de entrar mais detalhadamente nessas "manobras", cada qual mereceria um exame mais minucioso; notemos que elas são todas – é seu denominador comum mais manifesto – articuladas a uma *posição de realidade*. Ela todas se mostram em nome de uma realidade que o paciente teria perdido, e à qual seria necessário religá-lo e recordá-lo.

É elucidando esse último ponto que se esclarece porque Foucault recorreu a esse termo altamente significativo para caracterizar a racionalidade prática da protopsiquiatria, aquela da manobra, na qual a denotação militar deve-se entender no sentido mais literal: arte do deslocamento de forças, de seu reagrupamento e de sua distribuição em vista de sua aplicação vitoriosa em pontos taticamente determinados, para vencer uma resistência e submeter uma força adversa. Seria errôneo considerar que a instância posta por Foucault para descodificar toda a terapia protopsiquiátrica em termos de "manobra", e de "manhas", de "táticas" e de "estratégias", enfim, que todo esse léxico polemológico pertence a uma grade de análise achatada pelo genealogista, do exterior, por assim dizer, sobre seu objeto de estudo. É bem o contrário disso o tipo de racionalidade utilizada pelos "protopsiquiatras" que, desde o começo, engajou essa dimensão de luta como uma dimensão inerente a seu campo de atividade, ao que devem confrontar, e aos desafios que se dão através desse afrontamento. É que, de fato, os protocolos de atividade transcritos em todos esses tratados que marcam a primeira metade do século XIX mostram certa face da loucura, certa maneira de compreender a alienação mental: nem tanto como uma patologia, como uma doença, mas primeira e fundamentalmente como uma *força*, como um *poder*, o que significa também, como a expressão polêmica de uma *vontade* opondo uma adversidade, uma hostilidade latente ou declarada, de qualquer modo, algo como um desafio, uma contestação e uma ameaça. Tal é o ponto para o qual convergem as análises da protopsiquiatria nas cinco primeiras sessões do Curso, em que Foucault anuncia o motivo logo de início: se a medicina psiquiátrica deve ser primeira e essencialmente uma manha, um conjunto de táticas, um sistema de manobras, é certo que aí se dá:

> [...] algo que é um perigo, algo que é uma força. Para que o poder (psiquiátrico) se desdobre assim com tanta da manha [...], pois é, muito verossimilmente há no coração mesmo desse espaço um poder ameaçador que se deve dominar ou vencer. Com outras palavras, se chegamos aí a tal disposição tática, é certo que o problema, antes de ser, ou antes, para poder ser aquele do conhecimento, da verdade da doença e de sua cura, deve antes ser um problema de vitória. É um campo de batalha que se organizou efetivamente nesse asilo.[7]

Dessa ideia nodal derivam vários elementos. De primeiro, essa codificação da loucura em termos de vontade hostil ou renitente, em termos de poder e de adversidade, esclarece a concepção prática (não teorizada num "discurso autônomo que fosse algo além do protocolo do que foi dito e feito") do efeito terapêutico esperado. Cuidar e curar, isso será em última instância fazer dobrar-se essa vontade renitente, fazê-la ceder reduzindo-lhe a força. Se a loucura é força anárquica, "desembestada", "força não dominada", então todo efeito terapêutico passará necessariamente pelo adestramento dessa força e o readestramento da vontade que o sustem; qualquer clínica será primeira e prioritariamente empreendimento de *domínio*, imposição e inculcação de uma disciplina se tornando mestre dessa força anárquica e desregrada. O encarregar-se clínico da loucura será fundamentalmente essa aptidão a exercer sobre ela um poder que a priva de seu próprio poder, sujeitando a vontade que a assombra até anulá-la, anulando seu poder. Correlativamente, é esse poder emprestado à loucura que esclarece, não apenas as diferentes "manobras" ou "táticas" de intervenção psiquiátrica, mas a base ou horizonte estratégico que lhes dá sentido, sua razão de ser e seu objetivo último. Se

7. Ibid., p. 8.

nos perguntarmos no que consiste esse poder da loucura, ou a loucura enquanto sua realidade, é fundamentalmente nada mais que um poder, vemos então que as práticas protopsiquiátricas se articulam com a ideia desse poder ser um poder de oposição à realidade, afirmando o irreal, querendo a irrealidade (querer paradoxal que encontra sua expressão genérica na protopsiquiatria e até tarde no século xix, no delírio). Isso significa que os psiquiatras, metafísicos sem o saber, teriam uma teoria implícita disso que é "a realidade"? Trata-se antes, segundo Foucault, de compreender como essa determinação da loucura (repitamo-lo, uma determinação prática: uma maneira de definir o que é a loucura pela própria maneira com a qual se intervém sobre isso que se identifica como loucura) se correlaciona a uma determinação inversa, mas simétrica, do ato psiquiátrico, a saber, de ser ele também um poder, um contra poder a opor ao poder da loucura. Só uma coisa, o que se pode opor, para reduzir e destruir uma vontade afirmando a irrealidade, senão a realidade em pessoa? Qual poder opor ao poder da loucura – e fundamentalmente, veremos em instantes, a esse poder louco de pretender ter um poder que não se tem –, senão a própria realidade, *contanto que se saiba fazer funcionar a realidade como poder*, que se saiba dar à realidade o poder da realidade.

Pode-se voltar então, pois ela encontra aí uma segunda significação, para a cena inaugural com a qual Foucault começa seu curso, e que ele substitui à vinheta tradicional com a qual por hábito se ilustrava o nascimento da psiquiatria moderna. A cena do internamento do rei Georges iii não tem apenas esse valor simbólico que lhe atribuímos, emblematizando a mutação do regime de poder, a passagem de um "poder de soberania" a esse "poder de disciplina" que constituirá o alicerce material e prático sobre o qual se edificarão as primeiras instituições asilares e as primeiras formas da clínica psiquiátrica. O valor simbólico dessa cena se duplica no interior desse novo espaço asilar. De fato, nesse novo espaço, o poder de soberania que incarna Georges iii não é apenas destituído, ou devolvido ao anacronismo de uma idade finda.

Ele é tanto quanto, sob o novo olhar da protopsiquiatria, a figura por excelência da própria loucura. O poder da loucura aparece aqui em toda sua nudez, no momento em que esse rei é despido dos hábitos e aparatos da soberania, literalmente despido: esse poder da loucura é primeiramente a loucura de pretender ter um poder quando não o temos, de afirmar um poder ilusório, de se querer rei quando não se é.[8] Se a loucura não tem outra realidade além de seu poder, seu poder não tem outra realidade além dessa vontade feroz e obstinada de afirmar um poder irreal. A matriz da racionalidade prática do tratamento na protopsiquiatria está aí: *fazer funcionar a loucura como poder*, não como uma realidade simplesmente outra ou simétrica à irrealidade obstinadamente afirmada pela loucura, mas uma realidade *mais real*, se assim podemos dizer, que a simples presença da irrealidade – um "mais de realidade", como diz Foucault, fazendo funcionar a realidade como sobrepoder, contra a pretensão por definição exorbitante do poder da loucura. Isso se deve entender ao menos em dois sentidos.

> Dar à realidade um poder constrangedor, [é] antes de tudo, de algum modo tornar essa realidade inevitável, imponente, fazer funcionar a realidade como poder, dar à realidade esse suplemento de vigor que lhe permite alcançar a loucura, ou ainda esse suplemento de distância que vai lhe permitir atingir até esses indivíduos que dela fogem ou desviam, e que são os loucos. É então um suplemento dado à realidade.[9]

Justo lá onde a realidade, precisamente, é fugidia, e escapa ou é desfeita pelo "louco". Mas isso quer dizer também uma segunda coisa – segundo aspecto do poder psiquiátrico:

> [...] validar o poder que se exerce dentro do asilo como sendo muito simplesmente o poder da própria realidade. O poder intra-asilar, tal como funciona no interior desse espaço organizado, que se pretende conduzido; e em nome de que se justifica como poder? Em nome da própria realidade.[10]

8. À qual faz eco "a curiosa definição do louco dada por Fodéré que dizia que é aquele que se acredita 'acima de todos os outros'" (Ibid., p. 8).
9. Ibid., p. 172.
10. Ibid.

A manobra de base da psiquiatria nascente, na qual todas as outras táticas são modalidades e formas derivadas, pode se formular como uma manobra de "intensificação da realidade", como a colocação em prática de um *suplemento* da realidade, de um *acréscimo* de realidade, em suma, como um empreendimento para tornar a realidade, se assim podemos dizer, ainda mais real que a própria realidade, a fim de destruir a adversidade que lhe opõe a irrealidade da vontade louca. Diríamos que essa referência à "a realidade" é perfeitamente tautológica: o psiquiatra a invoca como aquilo que é preciso opor ao irreal "desejado" pela loucura, mas essa realidade é nada mais nada menos que aquilo que o psiquiatra define como tal através de sua prática. Mas essa "tautologia asilar" não é de modo algum um vício da análise, é ao contrário uma dimensão objetiva do poder-saber no seio do qual a psiquiatria nasce institucionalmente. Por um lado:

> [...] o médico recebe do próprio dispositivo asilar certo número de instrumentos que têm a função, essencialmente, de impor a realidade, de intensificá-la, de acrescentar à realidade esse suplemento de poder que vai lhe permitir abocanhar a loucura e reduzi-la, logo, dirigi-la e governá-la. Esses suplementos de poder acrescentados pelo asilo à realidade, são a dissimetria disciplinar, a utilização imperativa da linguagem, a organização da penúria e das precisões, a imposição de uma identidade estatuária na qual o doente deve se reconhecer, a des--hedonização da loucura. Eis os suplementos de poder com os quais a realidade, graças ao asilo e com o próprio jogo do funcionamento asilar, poderá impor sua influência sobre a loucura.

Mas em compensação, todas essas táticas não são simplesmente um suplemento de poder acrescentado à realidade, é:

> a forma real da própria realidade. Ser adaptado ao real, [...] querer sair do estado de loucura, é precisamente aceitar um poder que se reconhece como intransponível e renunciar à toda-potência da loucura. Deixar de ser louco, é aceitar ser obediente, é poder ganhar sua vida, reconhecer--se na identidade biográfica que formaram de nós, é cessar de sentir prazer na loucura. De modo que [...] o instrumento pelo qual reduzimos a loucura, esse suplemento de poder acrescentado à realidade para que ela domine a loucura, esse instrumento é ao mesmo tempo o critério

da cura, ou ainda, o critério da cura é o instrumento com o qual se cura.

Logo, pode-se dizer que há nisso uma grande tautologia asilar em que o asilo é aquele que deve dar uma intensidade suplementar à realidade, e, ao mesmo tempo, o asilo é a realidade em seu poder nu, é a realidade medicamente intensificada, é a ação médica, o poder-saber médico que tem como única função ser o agente da própria realidade.[11]

Tiremos de tudo isso três observações para apoiar a ideia anunciada que, aos olhos de uma análise institucional, o que aqui é descrito não é mais que uma lógica objetivamente paranoica. Antes de ser encontrada no asilo, a paranoia estrutura a lógica interna do campo psiquiátrico desde quando ele se ordena a essa função de *suplemento* conferido à realidade como poder, que tem por reverso essa tarefa de suplementar uma realidade recusada ou "perdida" por esse poder que instancia a própria intervenção psiquiátrica.

a/ A topologia do espaço psiquiátrico Antes de mais nada essa tautologia asilar é aquela que se incarna em uma topologia complexa do espaço psiquiátrico nascente com relação ao espaço social. Por um lado, o asilo "deve funcionar como um meio fechado, absolutamente independente de todas as pressões que podem ser aquela da família etc. Logo, um poder absoluto", o mais defensivamente blindado contra toda influência exterior. Mas simultaneamente:

> esse asilo, que é inteiramente seccionado, deve ser em si próprio a reprodução da própria realidade. É preciso que as construções pareçam o máximo possível com habitações comuns; é preciso que as relações das pessoas no interior do asilo se assemelhem às relações dos cidadãos entre si... Logo, reduplicação no interior do asilo do sistema da realidade.[12]

E mais que sua reprodução ou simples reduplicação, deve ser sua reconstrução por um poder mais possante que o da realidade "exterior" (familiar, profissional, social etc.). A realidade psiquiá-

11. Ibid., pp. 164-165.
12. Ibid., pp. 172-173.

trica sendo nada mais que o poder que deve ocupar a posição do real no seio da irrealidade da loucura: deve ela própria ser a construção de uma "neorrealidade", como um cavalo de Tróia no seio do desmoronamento do real em que se obstina a loucura.

b/ A aporia da realidade psiquiátrica Em segundo lugar, essa tautologia asilar não pode funcionar sem uma aporia interna, constitutiva, que é nada mais que o reverso dessa mesma tautologia objetiva. Chamemos *a aporia da realidade psiquiátrica* a tensão, e até mesmo a contradição permanente que não cessará de agitar o pensamento psiquiátrico ao longo de todo o século xix, a partir do momento em que ela abordará a loucura e o afrontamento da loucura, segundo esse eixo da realidade, dessa realidade que é preciso intensificar, multiplicar, suplementar, para fazer dela um poder capaz de abolir o poder da loucura. Aporia mesmo, primeiro porque essa perspectiva exporá o poder psiquiátrico à tarefa contraditória de ter que, antes de tudo, dar uma forma de realidade à loucura. Essa entidade por definição dissimuladora, falsificadora, essa potência de desrealização da realidade que é a loucura, vai impor à psiquiatria uma tarefa das mais singulares e das mais urgentes, em que se flagra seu contraste com a medicina fisiológica. Estamos diante, efetivamente, de dois tipos de relações diferentes para com a doença, ou para dizê-lo mais precisamente, dois *tipos de problemas* colocados pela doença para a instância médica. Seguindo o modelo epistemológico-clínico que se impõe na medicina fisiológica a partir dos séculos xviii e xix, a ação médica repousa sobre um dispositivo com duas cabeças: uma, tributária do surgimento da anatomia e da fisiologia patológicas, é a indicação de uma lesão localizada no interior do organismo permitindo indexar, na materialidade observável do corpo, "a própria realidade da doença"; a outra, articulando nessa referência anatômica a leitura sintomatológica da série de signos que possibilita um diagnóstico diferencial das doenças, e que, uma vez revelada a realidade anatômica da doença, dá à intervenção médica seu pivô. Mas eis que a psiquiatria, longe desse modelo psicopatológico, se depara logo de saída com um problema completamente diferente. Se "a prática, o diagnóstico psiquiátrico se desenvolve aparentemente bem em certo grau como diagnóstico diferencial de tal doença em relação àquela outra, mania ou melancolia, histeria ou esquizofrenia etc.", essa atividade permanece "superficial e secundária com relação à verdadeira questão colocada em qualquer diagnóstico da loucura", não se trata de "saber se tal ou tal forma de loucura" mas "se é ou não loucura".[13] Com outras palavras, qualquer intervenção psiquiátrica, tal como se organiza no plano prático (mesmo se isso não é tematizado num plano de reflexividade teórica distinta e autônoma), tal como se codifica praticamente, é condicionada pelo problema de um *diagnóstico absoluto*, na medida em que "o campo diferencial no interior do qual se exerce o diagnóstico da loucura não é constituído pelo leque de espécies nosográficas, ele é simplesmente constituído pela escanção entre o que é ou não é a loucura".[14] Não temos uma indicação orgânica de lesão revelando previamente uma doença, apoiado nessa base, um trabalho de diagnóstico diferencial. Temos uma tarefa de "decisão", de diagnóstico binário entre loucura e não loucura, que deve ele próprio ser repetido e refeito, tanto no diagnóstico diferencial (como "atividade secundária"), como na eventual busca de indicação de uma lesão orgânica.[15] O momento do diagnóstico absoluto, da decisão da loucura ou da não loucura, longe de ser definido de uma vez por todas para dar lugar em seguida a um diagnóstico diferencial e à determinação de um tratamento, vai ao contrário tornar-se coextensivo ao conjunto do processo clínico, e nele

---

13. Ibid., pp. 268-269.

14. Ibid., p. 268.

15. É o que salienta Foucault a respeito da questão da paralisia geral, "que foi uma das grandes formas nas quais se acreditou poder determinar as relações entre a doença mental e o organismo" (Ibid., p. 269).

se estender em todo seu comprimento, penetrando todas as escanções da duração terapêutica. De onde o aspecto singular que tomará esse processo clínico:

> O problema da psiquiatria será precisamente constituir, instaurar uma provação ou uma série de provações de modo que possa responder a essa exigência do diagnóstico absoluto, quer dizer, uma provação tal que dê realidade ou irrealidade, que inscreva no campo da realidade ou que desqualifique como irreal o que se supõe ser a loucura.[16]

Para lutar contra o poder da loucura de conseguir afirmar a irrealidade, é preciso começar por dar realidade à própria loucura. Será esta a função do interrogatório, da confissão etc., ou seja, de todas essas "provações" através das quais se reinicializa ao longo de todo internamento o diagnóstico absoluto da loucura. Mas isso já é a função da própria materialidade do espaço asilar, constituir a loucura como realidade, contra a irrealidade que afirma a loucura. O que aqui está em jogo, é nada mais que *esse real em que a instância psiquiátrica está supostamente firmada no seio do mundo irreal da loucura*. Pois efetivamente apenas essa "realização" da loucura pode autentificar *o psiquiatra como psiquiatra*; apenas essa operação da psiquiatria conferindo realidade à loucura pode dar realidade à psiquiatria. Ao ponto de podermos afirmar que se nessa arquitetura institucional fundadora o alienado é inacessível à menor relação transferencial, em revanche, a instância psiquiátrica está carregada com uma transferência massiva aos olhos de seu "objeto". Por exemplo, testemunhariam essas fórmulas fascinantes, em que se percebe a angústia do psiquiatra vendo a loucura contaminar com sua irrealidade o campo psiquiátrico como tal, e até mesmo sua própria pessoa! O diretor do asilo de Saint-Yon escreve, em 1861:

16. Ibid., p. 269.

A cada dia, no asilo que dirijo, louvo, recompenso, censuro, imponho, constranjo, ameaço, puno; e por que cargas d'água? Será que até eu sou um insensato? E tudo isso que faço todos meus colegas também fazem, num salva um, pois isso deriva da natureza das coisas.[17]

E a natureza das coisas não pode ser insensata também? Eis que a circulação entre poder e realidade não pode ser plenamente amarrada sem que subsista uma ameaça correlativa, que não se situa mais no plano da loucura como recusa ou negação da realidade, mas que se atém ao fato da *indecidibilidade* da própria loucura e de seus contornos: o risco que a irrealidade afirmada pela loucura torna indiscernível, na própria máquina asilar, e até na subjetividade do psiquiatra, a partilha da realidade e da irrealidade. É bem isso o que condicionará, seguindo uma genealogia relativamente distinta da evolução do saber médico, o posicionamento no coração das relações de poder internas ao espaço psiquiátrico de todas essas "provações" evocadas precedentemente, que sejam tais que possam responder à exigência de um "diagnóstico absoluto", "quer dizer, uma provação que seja tal que dê realidade ou irrealidade, que se inscreva no campo da realidade ou que desqualifique como irreal o que se supõe ser a loucura",[18] e que por isso mesmo tenha condições de fundar e garantir, não apenas a realidade do campo psiquiátrico e do próprio psiquiatra contanto que se defina com relação a esse objeto:

> Na medicina orgânica, o médico formula obscuramente este pedido: mostra-me teus sintomas e direi qual é a tua doença; na provação psiquiátrica, o pedido do psiquiatra é muito mais pesado, muito mais sobrecarregado, olha só o babado: com isso que és, com tua vida, com o que se lamenta a seu respeito, ..., com o que fazes e dizes, forneça-me os sintomas para, não que eu venha a saber que doença tens, mas para que eu possa em face de ti ser um médico. O que significa que a provação psiquiátrica é uma dupla provação de entronização. Ela entroniza a vida de um indivíduo como tecido de sintomas patológicos, mas ela entroniza incessantemente o psiquiatra como médico, ou a instância disciplinar suprema como instância médica. Pode-se dizer,

17. Ibid., p. 172.
18. Ibid., p. 269.

consequentemente, que a provação psiquiátrica é uma perpétua provação de entrada no hospital. Por que não se pode sair do asilo? Não se pode sair do asilo, não porque a saída é longe, mas porque a entrada está perto demais. Não se para de entrar no asilo, e cada um desses encontros, cada um desses enfrentamentos entre médico e doente recomeçam, repetem indefinidamente esse ato fundador, esse ato inicial que é aquele pelo qual a loucura vai existir como realidade e o psiquiatra vai existir como médico.[19]

Tal espaço, do qual não se pode sair não porque não se encontra a saída, mas porque nunca se deixa de nele entrar, ou que nunca entramos suficientemente bem para poder nem que fosse entrever o problema da saída, é evidentemente um espaço kafkiano, tal como vemos em *O Processo*, e mais ainda em *O Castelo*. Enfim, recapitulemos: a tautologia asilar tem por reverso o risco permanente de se ver interiormente fragilizada, ameaçada do interior do corpo que ela mesma instaura, como se a realidade do campo psiquiátrico arriscasse ser investida de cabo a rabo pela loucura, invadida por todo seu poder de delírio, revirada por seu poder de desrealização, e de sacudir em seu contrário, o hospital como última nau à deriva... Como se a loucura fizesse vacilar o *campo do real* que deve encarnar, para a loucura, face à loucura e contra a loucura, o aparelho psiquiátrico...

c/ Corpo sem órgãos, corpo do rei, corpo do psiquiatra

Qual é então o operador que permite conjurar essa contaminação e resolver essa insolúvel aporia do combate entre realidade e irrealidade? É esse operador o que Foucault vai reconhecer no "corpo do psiquiatra". Afinal do que se trata? Notemos primeiramente o que a importância dada pela prática e o pensamento protopsiquiátricos ao corpo do psiquiatra tem de paradoxal aos olhos da lógica disciplinar do campo psiquiátrico em vias de constituição. É preciso voltar uma última vez ao internamento e tratamento do rei Georges iii. Se Foucault pode ler aí alegoricamente o desmoronamento do poder soberano, com os atributos

19. Ibid., pp. 270-271.

simbólicos e as cerimônias rituais de seu poderio, em proveito de um poder disciplinar, é que aí ele vê a ilustração da inversão, de um pra outro, do *eixo de individualização do poder*. No poder de soberania, a instância altamente individualizada, a instância esclarecida, apresenta a instância que funciona ao mesmo tempo como fonte de discurso e como objeto permanente de discurso, é seguramente o próprio soberano, e o corpo altamente simbolizado e ritualizado do soberano. No outro extremo do corpo social, os sujeitos do soberano, aqueles sobre quem "se aplica" seu poder, são relativamente pouco individualizados, e só se tornam visíveis nos momentos de exceção em que se confrontam com o próprio soberano (a cena do castigo sendo o paradigma e o momento de máxima intensidade da individuação do sujeito, que só é individualizado, e cuja individualidade é mera fixação sobre uma singularidade somática, no momento efêmero em que esse sujeito é submetido à vingança soberana, e seu corpo quebrado e *apagado*)[20]. Mas quanto ao poder disciplinar, repousa sobre uma inversão radical desse eixo de individuação do poder: são os sujeitos que, sendo a ele submissos, são apesar disso capturados em redes de vigilância contínua, de máquina de escrever inscrevendo permanentemente seus gestos e comportamentos, de interrogatórios e de exames registrando suas conformidades e seus desvios para com as normas a que estão sujeitos, em suma, toda uma aparelhagem operando continuamente sua individualização, "a fixação" dessa individualidade sobre a singularidade do corpo, e uma produção de saberes tendo por objeto essa unidade individualidade-singularidade somática.[21] Quanto à outra extremidade do eixo de poder, aquele de seu exercício ou de sua colocação em prática, ele se torna, ao contrário, desindividualizado e desencarnado. O poder não carece mais, para sua eficácia, de se encarnar em um corpo ritualizado e espetacular; sua economia não repousa mais sobre a apresentação de seu detentor, sobre

20. Ver sobre esse ponto as famosas páginas de abertura de *Surveiller et punir*, de Michel Foucault, sobre a tortura de Robert-François Damiens.

21. Michel Foucault, *Le Pouvoir Psychiatrique*, op. cit., pp. 48-59.

sua intensidade e visibilidade, mas, ao contrário disso, sobre seu anonimato e sua transparência. Tal é o ponto que Foucault sublinha precisamente no tratamento ao qual é submetido o rei Georges III, pego nas malhas de um poder psiquiátrico anônimo:

> Sem nome e sem rosto, um poder que é repartido entre diferentes pessoas... um poder que se manifesta sobretudo pela implacabilidade de um regulamento que sequer se formula, já que, no fundo, nada é dito, e está tão bem escrito no texto que todos os agentes do poder ficam mudos. É o mutismo do regulamento que vem de alguma maneira tapar o vazio deixado pela descoroação do rei.[22]

É igualmente o que Foucault encontrará de exemplar no projeto arquitetural do *Panopticon* de Jérémy Bentham:[23]

> O diretor não tem corpo, pois o verdadeiro efeito do *Panopticon* é ser tal que, mesmo não havendo ninguém, o indivíduo em sua célula não apenas se acredita, mas se sabe observado, que ele tenha a experiência constante de estar num estado de visibilidade por um olhar – que se está lá ou não, pouco importa. O poder, consequentemente, está desindividualizado. Em último caso, essa lanterna central poderia estar absolutamente vazia, que o poder se exerceria do mesmo jeito. Desindividualização, desincorporação do poder, que não tem mais corpo nem individualidade, que pode ser seja lá o que for.[24]

E, no entanto, só nos resta ficar espantados com as marcas do poder de soberania que se reintroduzem no coração do campo protopsiquiátrico, e isso desde a "cena de cura" de Georges III. Sua leitura alegórica, como o vimos, fazia dela o emblema de uma mutação radical na economia do poder no fim da idade clássica, seja a passagem de um regime de poder de soberania a esse regime de poder anônimo, desindividualizado e "desincorporado" das disciplinas. Tal "passagem" deixa, no entanto, entrever um singular beneficiário, que vai desempenhar de um jeito novo certos aspectos do poder soberano *no interior* do novo espaço disciplinar: o próprio psiquiatra. Desde o início do curso, Foucault

22. Ibid., p. 23.
23. Ibid., pp. 75-81.
24. Ibid., p. 78.

sublinha a importância conferida pela psiquiatria nascente ao corpo do psiquiatra. Fodéré, por exemplo, descreve seu aspecto nestes termos, em 1817:

> Um belo físico, ou seja, um físico nobre e másculo, é talvez, em geral, uma das primeiras condições para se ter êxito em nossa profissão; é indispensável sobretudo diante dos loucos para se lhes impor. Cabelos castanhos ou grisalhos, olhos vivos, um porte orgulhoso, os membros e o peito anunciando a força e a saúde, traços fortes, uma voz imponente e expressiva: tais são as formas que fazem, em geral, um grande efeito sobre indivíduos que se acreditam acima de todos os outros. Decerto o espírito é o regulador do corpo; mas não é o que vemos primeiro, e ele precisa de formas exteriores para arrastar a multidão.[25]

Por que estas descrições tão minuciosas do corpo do psiquiatra, de sua postura e de sua musculatura, das expressões de seu rosto e dos traços de caráter que devem tornar imediatamente visíveis, de toda essa semiótica do corpo do médico e da impressão que deve produzir toda sua pessoa? É que primeiramente sobre esse corpo repousa logo de cara a possibilidade de inscrição da loucura, essa vagabunda que aproveita a menor brecha para fugir do real, num campo clínico fechado. O corpo do psiquiatra também funciona, na protopsiquiatria, como o operador central entorno do qual gira a primeira influência do aparelho psiquiátrico sobre o alienado brabo, recém-internado:

> A primeira realidade com que o doente se depara, e que de algum modo é através da qual os outros elementos da realidade serão empurrados goela abaixo, é o corpo do próprio psiquiatra. [...] toda terapêutica começa com a aparição do psiquiatra em pessoa, em carne e osso, que se ergue de supetão diante de seu doente, seja no dia de sua chegada, seja no dia em que começa o tratamento, e pelo prestígio desse corpo do qual é correto dizer que ele deve ser sem defeito, que deve se impor por sua própria plástica, seu próprio peso. Esse corpo deve se impor ao doente como realidade ou como aquilo através do que vai passar a realidade de todas as outras realidades; é a esse corpo ao qual o doente vai ser submisso.[26]

25. François Fodéré, *Traité du délire*, citado por Michel Foucault, *Le Pouvoir Psychiatrique*, op. cit., pp. 5-6.
26. Ibid., p. 179.

Sublinhemos aqui o quanto o internamento mostra-se aí regulado por um cerimonial que, em seus traços estruturantes, se assemelha a um ritual de soberania. O que está em jogo primeira e efetivamente é produção de uma assimetria radical – tão radical quanto aquela que Foucault analisará na cena soberana, por exemplo, na economia punitiva do Antigo Regime, a do castigo do condenado ao suplício. A inscrição do alienado nessa relação radicalmente assimétrica é antes de tudo a instauração de uma relação que exclui qualquer reciprocidade, e que, no entanto, visa a construir uma cena comum no seio da qual o paciente se tornará acessível às influências do médico, em outras palavras, no seio da qual o louco se tornará um "doente". Não é uma relação de troca, de reciprocidade, ou de transferência entre duas pessoas. É uma relação em virtude da qual o alienado deve, ao contrário, ser sujeitado, por uma submissão sem mais, à "vontade do Outro" na qual deve-se abolir sua própria vontade louca.[27] Essa *vontade do Outro* nada mais é que a vontade do psiquiatra tal como ele deve ser *imediatamente visível e legível em seu corpo*, tão intransigente, intangível, inflexível, incontornável, quanto deveria ser a própria Realidade.[28] Até o ponto em que o alienado não deve ter, ele próprio, outra vontade além da vontade desse Outro que se ergue diante dele. Longe da desencarnação ideal de um poder disciplinar funcionando otimamente no anonimato de seus regu-

27. "A realidade à qual o mal deve ser confrontado, a realidade à qual sua atenção distraída de sua vontade em insurreição, deve se dobrar e pela qual ele deve ser subjugado, é antes o outro, enquanto centro de vontade, enquanto foco de poder, o outro enquanto detém, e deterá sempre um poder superior ao do louco. O mais de poder supervalorizado em relação ao poder do louco. Eis o primeiro jogo da realidade ao qual é preciso submeter o louco" (Ibid., p. 173), e esse jogo é um jogo *soberano*, e não disciplinar.

28. Essa "vontade do outro", essa vontade estrangeira ou exterior que é preciso impor ao alienado, atua também como operador para estatuir sobre a "realidade do irreal da loucura", sabendo que é no mesmo momento que o louco é sujeitado à vontade todo--poderosa do psiquiatra, e que a loucura pode ser dissolvida como loucura, quer dizer, reconduzida no paciente a algo como uma vontade secreta, um desejo subjacente, não formulado, não dito e não dizível, que permite recodificar a loucura em *desejo*, o delírio em *vontade*, e de fazer do louco um homem doente de e por sua vontade (vontade maligna, ou malvada, ou fraca – vontade de não querer curar-se, vontade de não querer recobrir "a realidade").

lamentos e de suas arquiteturas de vigilância e de sanção, o campo psiquiátrico reativa, no coração de seus dispositivos disciplinares, esse momento eminentemente soberano de um corpo "supravisível", *arqui-visível*, no qual se fusionam o poder e a realidade, a realidade do poder e o superpoder conferido a essa realidade.

Desde então, o corpo do psiquiatra, como suporte e agente de tal "superpoder" soberano (entendendo daí, de novo, um poder se exercendo em nome do real, uma instância do próprio real intensificado como poder), é o que permite fazer funcionar o conjunto da própria máquina asilar como realidade e como poder coercitivo dessa realidade que deve ser erguida contra a loucura, e contra a irreal realidade afirmada pela loucura. Desse ponto de vista, é preciso falar dos "dois corpos do psiquiatra", ou do duplo valor desse corpo, como se falava dos "dois corpos do rei" na tradição jurídica medieval.[29] O corpo do psiquiatra é esse corpo físico que os Tratados dos primeiros psiquiatras se aferram a descrever minuciosamente. Mas é também o "corpo" do próprio asilo, da máquina asilar em suas dimensões complexas, seu espaço material e sua arquitetura concreta, seu pessoal e suas organizações estatuárias, sua cenografia institucional e a dramaturgia de suas lutas, suas ações e toda sua eventualidade interior...[30]

> A marcação médica no interior do asilo é essencialmente a presença física do médico; é sua omnipresença, é, no grosso, a assimilação do espaço asilar ao corpo do psiquiatra. O asilo é o corpo do psiquiatra, alongado,

---

29. Seguramente que faço referência ao famoso estudo de Ernst Kantorowitcz consagrado à matriz cristológica de toda uma série de instituições medievais em que o corpo do rei valia ao mesmo tempo como corpo pessoal e físico, e como corpo espiritual (o "corpo" do Reino), sua unidade contraindo a dupla significação de soberania. Foucault reinterpreta estas análises no início de *Surveiller et punir*. É verossímil acreditar que Foucault tenha aqui em mente o conceito de "corpo do déspota" forjado por Gilles Deleuze e Félix Guattari, em 1972, em uma perspectiva diferente daquela de Kantorowicz. (Ver Gilles Deleuze e Félix Guattari, *L'Anti-Oedipe*, op. cit., em particular o capítulo 3 "Sauvages, Barbares, Civilisés", desenvolvendo as valências paranoicas desse "corpo", o que a análise de Foucault prolonga deslocando totalmente o ponto de aplicação.)

30. Para toda essa análise do "corpo do psiquiatra", ver em particular Michel Foucault, *Le Pouvoir Psychiatrique*, op. cit., pp. 179-186.

distendido, levado às dimensões de um estabelecimento, prolongado a tal ponto que seu poder vai se exercer como se cada parte do asilo fosse uma parte de seu próprio corpo, comandado por seus próprios nervos.

Delírio de Schreber? Ou realidade delirante do corpo do próprio Fleissing?... Essa fusão dos dois aspectos do corpo do psiquiatra – corpo físico e maquinaria asilar – deve se manifestar não somente no momento da "entronização" constantemente reproduzida e reiterada do alienado no espaço psiquiátrico ao qual ele deve ser de agora em diante integralmente sujeitado. Ela se manifesta igualmente pelo caráter omnipresente do psiquiatra (outro traço, dizendo de passagem, da lógica paranoica que comanda o funcionamento objetivamente paranoico do asilo protopsiquiátrico):

> O corpo do psiquiatra deve estar presente por tudo quanto é lado. A arquitetura do asilo – tal como foi definida no decorrer dos anos 1830-1840 por Esquirol, Parchappe, Girard de Cailleux etc. – é sempre calculada de modo que o psiquiatra possa estar virtualmente por todo lado. Ele deve poder com um único olhar ver tudo, em um único passeio vigiar a situação de cada um de seus doentes; deve poder, a cada instante, fazer uma revista completa do estabelecimento, dos doentes, do pessoal, ele próprio: deve ver tudo, e devem lhe relatar tudo: o que ele próprio não vê, os vigias, inteiramente a seu dispor, devem lhe dizer, de modo que, perpetuamente, a cada instante ele é omnipresente no interior do asilo: ele abarca com seu olhar, com sua orelha, com seus gestos todo o espaço asilar.
>
> O corpo do psiquiatra deve, além do mais, estar em comunicação direta com todas as partes da administração do asilo: os vigias são no fundo os mecanismos, as mãos, de qualquer modo, os instrumentos que estão diretamente entre as mãos do psiquiatra. [...]
>
> Creio que, no total, pode-se dizer que o corpo do psiquiatra é o próprio asilo; a maquinaria do asilo e o organismo do médico, no final das contas, devem formar uma única e mesma coisa. E é isso o que dizia Esquirol em seu tratado *Das doenças mentais*: "O médico deve ser, de algum modo, o princípio de vida de um hospital de alienados. É por ele que tudo deve ser colocado em movimento: dirige todas as ações, chamado que é a ser o regulador de todos os pensamentos. É a ele, como centro de ação, que deve se apresentar tudo o que diz respeito aos habitantes do estabelecimento."[31]

31. Ibid., pp. 179-180.

Ao mesmo tempo em que ele vem instanciar fisicamente, materialmente, visualmente essa "vontade do outro", ao mesmo tempo em que deve encarnar a dramaturgia da batalha contra a loucura, em tudo dando seu suporte concreto ao saber psiquiátrico – saber ao mesmo tempo da realidade da loucura, e da irrealidade da loucura mergulhando em vontades e desejos profundos –, e tudo isso constituindo o elemento central dessa série de provações de verdade, o corpo do psiquiatra vai funcionar como essa *pars totalis* que encarna a instituição em sua totalidade. E ele vai encarná-la na medida em que o todo da instituição, seus regulamentos, seu espaço material, seu pessoal, suas ações, serão percebidas como manifestações e prolongamentos de seu corpo-sem-órgãos. Esse lugar central outorgado ao corpo do psiquiatra, que vale não somente por sua singularidade somática no espaço asilar, mas mais profundamente porque *ele metonimisa esse espaço em sua integralidade*, deve-se compreender em função da estratégia terapêutica iniciada precedentemente: uma estratégia que consiste em fazer da realidade um poder constritivo, intensificar a realidade a ponto de fazer dela um poder capaz de combater e vencer a loucura como afirmação da irrealidade. E se a loucura não deixa de ameaçar, de contaminar com sua irrealidade a realidade do aparelho psiquiátrico (logo, da realidade como tal, cujo aparelho psiquiátrico deve ser o lugar-tenente no mundo da loucura), sendo assim, esse aparelho psiquiátrico só pode sustentar essa luta se suplementando em um corpo ele próprio intransigente, capaz de sustentar o corpo-a-corpo com a loucura.[32]

No entanto, longe de resolver a aporia da constituição do campo psiquiátrico a pouco ressaltada, a articulação da psiquiatria sobre o corpo do psiquiatra não pode mais que deslocá-la. Na sequência do curso, Foucault analisará a maneira com a qual, a partir dela, abre-se uma cena de antagonismo – uma "microfísica" das resistências que opõem os asilados ao poder psiquiátrico, ou

---

32. Ver sobretudo Michel Foucault, *Le Pouvoir Psychiatrique*, op. cit., p. 214-216, sobre o corpo-a-corpo do psiquiatra e do idiota, e à identificação do psiquiatra à figura do mestre na "colonização da idiotia" pelo poder psiquiátrico.

seguindo o termo de Félix Guattari, toda uma "micropolítica" institucional que tomará necessariamente como figura central um corpo-a-corpo, do corpo do psiquiatra ao corpo do alienado. É nessa perspectiva que se orienta nas últimas sessões do Curso sua análise da "crise da histeria" que desestabiliza o saber-poder psiquiátrico nos anos 1860-1870, e em particular sua interpretação do grande problema com o qual se deparará Charcot: *simulações*, pacientes simulando sua loucura. Recolocando implicitamente em cena as formalizações lacanianas do "discurso do mestre" e do "discurso da histérica" como que para melhor circunscrever o sítio original, Foucault indica duma só lapada a maneira com que a psiquiatria, que tinha primeiramente se organizado e pensado sobre esse eixo do conflito entre a realidade (psiquiátrica) e a irrealidade (afirmada pela loucura), choca-se então com o problema, até então excluído na marra, da *verdade* da loucura, ou daquilo que se enuncia de verdade nestas construções somáticas. Em torno do corpo da histérica por um lado, em torno do estatuto do sintoma por outro lado, toda a segunda parte do curso será assim consagrada ao aprofundamento dessa crise do poder psiquiátrico, e aos novos "jogos da verdade" aos quais ela dará lugar quando o tipo de saber-mestre forjado pela protopsiquiatria se encontrará cada vez mais incapaz de manter como eixo do internamento e do "tratamento" dos "alienados" essa Realidade em nome da qual exercia seu poder. Mas o problema disso que se enuncia como verdade da loucura no discurso da loucura, enquanto ela se depara com um campo de poder institucional e social no qual ela não é simplesmente o efeito, mas o analisador, é precisamente o ponto de vista que eu lembrava anteriormente, que a esquizoanálise tencionava ocupar, traduzindo ou transferindo no pensamento clínico o que os esquizofrênicos dizem da clínica e da sociedade, e teorizando o desejo e o inconsciente, ao menos quando se sabe organizar o espaço tornando tal palavra e tal pensamento possíveis, a começar pela tarefa, decerto permanente, de *desparanoisar a instituição psiquiátrica*.

Capítulo 3

O linguista, a língua e seu saber
Conhecimento paranoico ou esquizologia

Algo parece se passar em uma região nada menos que marginalizada da paisagem intelectual francesa, em algum momento entre 1969-1971, e nas paragens da língua. Talvez uma consequência do que se tinha apresentado alhures, em Bataille em particular, em Artaud certamente, em Beckett também, talvez já em Roussel, e que foi recalcado pelo paradigma do simbólico "ordem" ou "função". Se apesar de tudo fosse preciso marcar com uma ruptura, justamente simbólica, essa consequência, não o localizaria entre dois ou mais autores, nem mesmo entre diferentes "períodos" de um mesmo autor, mas no seio de um livro ele próprio rachado, de uma fenda ainda mais inquietante por esse livro, dizem, ter sido escrito na pressa de alguns meses que um prognóstico vital deixava a seu autor: nesse momento de *Logique du Sens* em que, riscando de uma sentença predita lógica elaborada entorno dos paradoxos constitutivos do sentido, e de sua utilização por Lewis Caroll, Gilles Deleuze escreve: "nem uma página de Artaud contra todo Lewis Caroll." Mas antes de certificar uma n-ésima *rodada* neste século que já tão abundantemente fizemos virar até o rodopio, precisaria dispor os incidentes em sua dispersão, em seus empreendimentos não totalmente estrangeiros uns aos outros, mas suficientemente distintos, e por vezes francamente divergentes: em 1970, a publicação de *Schizo et les langues* e seu prefácio "esquizológico" por Deleuze; alguns meses mais tarde, a publicação de *Grammaire* de Jean-Pierre Brisset, e seu prefácio "angélico" por Foucault, ele próprio retomando e prolongando a "Esquizologia" de Deleuze, que retomava e prolongava o ensaio

65

de Foucault sobre Raymond Roussel publicado quatro anos antes. Ainda em 1970, enquanto Lacan pronuncia sua *Radiofonia*,[1] Lyotard sustem a tese, que será publicada no ano seguinte com o título *Discurs, figures*, ao mesmo tempo em que Jean Starobinski edita alguns extratos dos cadernos de Saussure sobre os anagramas tirados de seus comentários tão estranhamente enviesados, os quais Lacan introduz em seu seminário (*ou pior...*) "lalingua", que retrabalhará o ano seguinte em *Encore*, na qual aparece o que, ao que creem ainda alguns lacanianos, o lacanismo engendrou de pior: *O Anti-Édipo*.[2]

Pra começar, daremos algumas referências muito gerais. Cada um desses empreendimentos, à sua maneira, repõe em jogo os saberes da língua, aquilo de que a língua é objeto, mas também aquilo que a língua suporta ignorando qualquer objetivação, o que colocava inevitavelmente o problema da relação, ou da não relação, do desacordo entre os dois. Mas cada uma reativava ao mesmo tempo uma reflexão, que remontava a pouco antes no século, e que era essencialmente desenvolvida "em estado prático", no coração da escrita literária, sobre as relações entre linguagem e esquizofrenia. Uma dessas impulsões maiores se achava no encontro das vanguardas, suas lutas contra o academismo e também contra o romantismo, com a psicanálise freudiana, exemplarmente nos experimentos do surrealismo e do dadaísmo. A psicanálise freudiana produzia aí seus efeitos, nem tanto pelo que ela pode dizer acerca da literatura, que por sua concepção inédita do sintoma como produção e maquinação da carta. Mas justamente, em terceiro lugar, todos os autores evocados, Fou-

---

1. Uma versão disso está exposta por Lacan em seu seminário de 9 de abril de 1970, retomando uma gravação feita na noite anterior para a La Radio-Télévision Belge, que a difundiu em junho do mesmo ano. Uma terceira versão será reescrita para sua publicação em *Scilicet* 2/3, dezembro de 1970.

2. Precisaríamos dar lugar igualmente a Roland Barthes e sua "escuta" dos anagramas em suas obras: *Erté ou A la lettre* (1971) ("é, em suma, que a poesia é dupla: fio sobre fio, letra sobre letra, palavra sobre palavra, significante sobre significante", *oeuvres*, v. II, p. 1231); *Saussure, le signe, la démocratie* (1973), que termina fazendo dos anagramas o inverso da linguística; *Rasch* (1975); *Roland Barthes par Roland Barthes* (1975).

cault, Deleuze, Loytard, inclusive Lacan, pareciam se cruzar ao menos nesse ponto: a insuficiência da fórmula freudiana que permite por certo tempo articular os tratamentos esquizofrênico e poético da linguagem: o esquizofrênico trataria as (representações de) palavras como (representações de) coisas.[3] A menos, talvez, que se trate das tantas maneiras de re-investigar o que o enunciado freudiano conserva de enigma, além da operação redutora a que lhe submeteu o primeiro Lacan.[4] Michel Arrivé trouxe esclarecimentos a esse respeito, desdobrando as camadas de elaboração sucessivas da noção de *Wortvorstelung* desde os estudos sobre a afasia de 1891 até os ensaios metapsicológicos de 1915 (em particular "O inconsciente"), cruzando as análises do processo primário de *A interpretação dos sonhos* com a reflexão sobre a linguagem dos esquizofrênicos.[5]

Mas é preciso dar uma importância particular a uma última observação. Que os primeiros dentre eles, Foucault e Deleuze, se tenham voltado para os "delírios das línguas", faria pensar em uma consequência de amplitude mais larga. As elucubrações de saber de Brisset são contemporâneas da intervenção inaugural de Saussure na ciência linguística. E o são também de uma súbita volta de interesse, na clínica, pelos delírios glossolálicos, que já tinham chamado a atenção dos psiquiatras nos anos 1840, de modo que, abstração feita das fontes religiosas e místicas do fenômeno glossolálico, não deram lugar a uma categorização nosológica específica. Quando os psiquiatras topam com isso novamente na virada do século, a coisa surpreende e intriga de outro modo: estes se põem a interpelar os linguistas, e a lhes perguntar... se se

---

3. É até mesmo um dos pontos de partida da leitura deleuziana de Louis Wolfson, e a introdução do conceito de "procedimento linguístico".

4. Ver em particular Jacques Lacan, *Séminaire* vii: *L'Ethique de la psychanalyse* (1959-1960). Paris: Seuil, 1986, pp. 55-57 e seguintes.

5. Ver, de Michel Arrivé: "Freud et l'autonymie" in Jacqueline Authier-Revuz, Marianne Doury, Sandrine Reboul-Touré (dir.), *Parler des mots: le fait autonymique du discours*. Paris: Presses Sorbonne Nouvelle, 2003, pp. 317-333; "Langage et inconscient chez Freud: représentations de mots et représentations de choses", *Cliniques méditerranéennes*, n. 68, 2003; *Linguistique et psychanalyse*. Paris: Méridiens-Klincksieck, 1986; *Langage et psychanalyse, linguistique et inconsciente*. Paris: puf, 1994; *Le linguiste et l'inconscient*. Paris: puf, 2008.

trata, sim ou não, de uma língua! Trata-se da transformação de uma língua existente, ou mesmo de uma língua inventada, mas direitinho, sim ou não, de uma *língua*? Saussure, Thodore Flournoy, Victor Henry debruçaram-se sobre o problema (o famoso caso de Hélène Smith). Mas eram os psiquiatras que interpelavam assim os linguistas, não somente na posição de sujeitos de suposto saber, mas como detentores de uma metalinguagem – o que era uma coisa completamente diferente que simplesmente esse "belo exemplo de colaboração entre psicólogos e linguistas" do qual Jakobson (gostamos de lembrar, como ele próprio o fazia, seu interesse pela glossolalia), a respeito da colaboração de Flournoy e Saussure, se felicitará, entronizando as "manifestações individuais, delirantes, da glossolalia" no domínio dessas anomias psicopatológicas da linguagem nas quais deve buscar novos recursos a análise estrutural.[6] Decerto é verdade que "não existe metalinguagem"; mas já existe tanta da coisa que não existe... Inclinaria-me a ver o humor da coisa por outro viés: sabendo que essa metalinguagem que os psiquiatras pediam aos linguistas como sendo seu saber, os próprios linguistas podiam, teriam podido, mas também *não podiam* reencontrá-lo nesses delírios em que se põem a "falar em línguas". E fazer valer esse falar como o saber próprio das línguas. Seria preciso dizer que o delírio das línguas é a única metalinguagem, mas que performa a linguagem ao ponto de torná-la intratável por seu próprio saber linguístico. Desde então tudo se passa como se essa cena filosófica da virada dos anos 1960-1970, por sua relação com a literatura, e por sua relação com a clínica e a psicanálise, se tornaria ela própria a cena analítica do *desejo de saber* que suportava desde a origem a linguística estrutural, essa linguística que pretendia precisamente desqualificar a questão da origem, que só pôde fazê-lo recalcando

---

6. Roman Jakobson e Linda Waugh, *La Charpente phonique du langage*. Paris: Minuit, 1980, p. 262: "Em todo caso, quaisquer que sejam os resultados nesse caso preciso, eis um belo exemplo de colaboração entre psicológos e linguistas que deveria ser imitada e inspirar novas pesquisas quanto à análise estrutural das manifestações individuais, delirantes, da glossolalia."

seu próprio fantasma originário (veremos isso com Brisset, mas também com os anagramas saussurianos), *uma esquizoanálise do desejo do linguista*, procedendo por uma *esquizofrenização de seu significante*, quer dizer, do significante de seu saber, ele próprio erigido na posição de "significante-mestre".[7] Além do que, isso poderia conduzir a colocar a hipótese de que o que muda, entre as reflexões iniciadas no começo do século e a virada dos anos 1960-1970, é o campo do paradigma patológico: do problema das *afasias* (tomando dois marcos simbólicos, o estudo sobre as afasias de Freud e de Jakobson), àquele, precisamente, dos delírios de língua. Lacan lembra o essencial do que se passou nos primeiros, provocando nesses dizeres o que, pela psicanálise, nela se antecipava de linguística:

> Vemos quanto o formalismo foi precioso para sustentar os primeiros passos da linguística. Mas de qualquer forma, é com tropicões nos passos da linguagem, em outras palavras, na palavra, que ela foi "antecipada". Que o sujeito não seja aquele que saiba o que fala, quando finalmente se diz alguma coisa com a palavra que lhe falta, mas também no disparate de uma conduta que ele acredita sua, isso não torna afável de alojá-la no cérebro no qual parece que o que ajuda é ele estar dormindo (ponto que a atual neurofisiologia não desmente), eis como evidência a ordem de fatos que Freud chama o inconsciente. Qualquer um que a articule, em nome de Lacan, diz que é isso ou nada.[8]

Mas nos perguntamos se, nos delírios das línguas, não se está em jogo precisamente algo de natureza a tornar negligenciáveis as justas sempre louváveis das "antecipações" e das primazias no calendário das grandes descobertas: um deslocamento de um regime de autonomia a outro, de um tipo de discurso sobre as palavras nos lugares em que faltam ou enfraquecem, a um tipo de discurso tomado às palavras lá onde estas desfazem a estrutura de linguagem na qual deviam fazer efeito. Não o

---

7. Ou isso que Lacan, desde *L'Envers de la psychanalyse* (*Seminário 17: O avesso da Psicanálise*), identifica em sua combinatória dos "quatro discursos" como a determinação de base do "discurso universitário".

8. Jacques Lacan, *Radiophonie*, op. cit.

nome barrado, oculto, censurado, desviado em fissura ou traço de espírito, em suma, a palavra-ato-falta-do-ponto-de-vista-do--significado-consciente-o-qual-tem-sucesso-do-ponto-de-vista--da-cadeia-significante-inconsciente. Mas a palavra descarregada, proliferando sobre si própria, enxameando através de toda linguagem, desegmentando-a em uma massa não "amorfa", mas líquida e turbilhonante, re-segmentando-a fazendo-a vomitar imagens sonoras, visuais, posturais e teatrais assustadoras, invadindo o inconsciente até fazê-lo perder o latim, lições de retórica, metonímias e metáforas aí compreendidas.

É verdade que o próprio Lacan se esforçou por sustentar o que aqui sugiro, demarcar duas hipóteses irredutíveis numa mesma e única formula, mas cujo aspecto contorcido só é visível quando volta sobre seu enunciado prínceps do inconsciente simbólico, para lhe fazer tornar verdadeiro um som radicalmente inédito: "O inconsciente, o ser 'estruturado *como uma* linguagem', ou seja, lalíngua que ele habita, está sujeito ao equívoco no qual cada um se distingue. Uma língua entre outras não é mais que o total dos equívocos que ficaram pra contar história."[9] Empenhando-se a reavaliar o que Lacan pôde recolher da linguística de Damourette e Pichon, Michel Arrivé sublinhou a liga do conceito lacaniano de *lalingua*, definida como "total dos equívocos", ao fenômeno linguístico da sisemia homofônica, para sustentar que *in fine* a noção lacaniana de lalingua vem definir o "modelo da estrutura do inconsciente".[10]

Seria dizer que ele volta a sustentar o inconsciente "estruturado como uma linguagem" e "estruturado sob o modelo da *linguagem*"? O que põe ao menos dois problemas: saber no que *lalíngua* faz estrutura; e saber o que, de *lalíngua*, pode fazer "modelo". Sobre o primeiro ponto, Patrice Maniglier adiantou notas sugestivas apontando o quanto, de Saussure a Freud, e de Freud a Saussure, a concepção saussuriana do sistema linguístico encon-

---

9. Jacques Lacan, "L'Étourdit", *Scilicet*, n. 4, 1973, p. 47.
10. Michel Arrivé, "Pichon et Lacan: quelques lieux de rencontre", *Histoire Epistémologie Langage*, v. 11, n. 11, 1989, p. 126.

trava em seu conceito nodal de "signo", não o operador de uma correspondência biunívoca entre as relações entre significantes e as relações entre significados, mas, pelo contrário, uma maneira de inscrever, já então, sua *duplicidade* constitutiva, localizando assim nas próprias estruturas do sentido – nessa *lalingua* em que adoramos ver o transcendental de nossa antropologia da comunicação, da relação, da comunidade das significações partilháveis –, tanto quanto a fonte de todas as equivocidades, aprofundando qualquer relação com um quiproquó, qualquer comunicação com um não dito ou com um sobredito, qualquer significação comunitária com um não senso circulando ao longo de suas malhas litigiosas.[11] Ou essa "boa nova", regozija-se Maniglier, de "que psicanálise e literatura levam à linguística":

> Os atos de linguagens não remetem a significações, mas determinam os signos. [Ora] o signo se define pela lógica singular dessa determinação – que Freud chama "determinação plural". Trata-se aí de uma definição do signo: se o sonho tem um sentido, se ele faz signo, é porque é sobredeterminado. Sabe-se que o capítulo sobre o trabalho do sonho começa pela noção de condensação: "nunca se está completamente seguro de ter interpretado um sonho, mesmo quando uma solução parece satisfatória e sem lacuna, é sempre possível que esse sonho tenha tido ainda outro sentido." Até mesmo, acrescenta Freud, essa interpretação é rigorosamente interminável [...]. A sobredeterminação é o próprio mecanismo de produção do sentido. A relação do texto manifesto com o texto latente não é uma relação de codificação no sentido estrito, porque não faz corresponder a cada elemento de um texto, outro elemento do outro, por uma correspondência biunívoca: "o sonho não é uma projeção fiel ou uma projeção ponto por ponto do pensamento do sonho". A cada elemento do sonho corresponde uma multidão de ele-

---

11. Patrice Maniglier, "Surdétermination et duplicité des signes: de Saussure à Freud", in *Savoirs et clinique*, Transferts littéraires, n. 6, oct. 2005. Maniglier reencontra assim o que já tinha se constituído como o traço mais radical da semiologia pós-saussuriana por Roland Barthes, além da simples polissemia: "E pra fim de papo: ao contrário do que se esperava, não é a polissemia (o múltiplo do sentido) que é louvada, procurada; é justamente a amfibologia, a duplicidade; o fantasma não é entender tudo (seja lá o que for), é entender *outra coisa...*" (Roland Barthes, *Roland Barthes par Roland Barthes*. Paris: Essais, 1975, p. 73); e com relação aos anagramas saussurianos: "É, como notou Benveniste, a descoberta da "duplicidade" da linguagem que dá todo o valor à reflexão de Saussure" (Roland Barthes, *Le Bruissements de la langue*. Paris: Seuil, 1984, p. 23).

mentos dos pensamentos do sonho: "cada um dos elementos do sonho é sobredeterminado, quer dizer, representado várias vezes nos pensamentos do sonho." Pois o que aí se dá, é que Freud, além disso, diz que os pensamentos do sonho, são nada mais que as próprias relações dos elementos: "O que nos é fornecido pelo pseudopensamento do sonho, são os próprios pensamentos que provocaram os sonhos, ou seja, seu conteúdo, e não suas relações mútuas, relações que são na verdade todo o pensamento." Isso significa que o que é um signo depende de sua relação com os outros signos (de sua posição em uma rede simbólica), e logo, que a sobredeterminação é o próprio modo de determinação dos signos – e que é por causa dela (ou graças a ela) que o signo faz signo, remetendo sempre a outros signos. Pois é, duas teses que fazem todo o problema ao mesmo tempo especulativo e técnico da descoberta freudiana: de um lado o signo (a coisa a dizer) é determinado por sua posição nas redes significantes; por outro lado, ele pertence sempre a várias redes significantes ao mesmo tempo, que não podem ser superpostas, em outras palavras, a partir das quais não se pode estabelecer uma espécie de forma abstrata na qual seriam conservadas as relações, em detrimento dos termos. A sobredeterminação é o que mais se aproxima daquilo que a psiquiatria mostra dos mecanismos da linguagem.[12]

O problema, no entanto, é que o "procedimento psicótico", ou o "procedimento linguístico" na psicose, no sentido em que Foucault e Deleuze procuram pensar, já não tem nada a ver com a sobredeterminação do signo, e *a fortiori* com o devir interminável da interpretação que daí resulta (já é penoso, como diria Backett, pensar que isso tenha começado). Precisamos concluir daí um fracasso do signo? Deleuze e Foucault apostam, ao contrário, na liberação de um poder a-semiológico do signo, em que uma das principais modalidades é o poder de *homofonia* por ela introduzir processos ao mesmo tempo sonoros e materiais impossíveis de se inscreverem em uma *fonologia*. O jogo do signo não é mais aquele da duplicidade que lhe confere os mecanismos de condensação. É talvez, senão um abandono de qualquer "retórica" ou de qualquer semiologia dos tropos, ao menos uma retórica completamente diferente que emerge do fundo da linguagem, nesse "momento" em que ela ainda não faz, em que já não faz mais, linguagem. Se a

12. Patrice Maniglier, op. cit.

psicanálise e a literatura (mas quais) trazem à linguística a boa nova, o procedimento psicótico lhe promete o anticristo, e só lhe oferece uma tarefa destrutiva: por exemplo, como escreveu Deleuze do empreendimento de Wolfson, dizer-lhe esse pequeno segredo, de que o único desejo inconsciente da linguística, o que deveria ser sua única tarefa, mesmo que seja pelo amor da língua, é "destruir a língua mãe", à semelhança da tradução wolfsoniana que, "implicando uma decomposição fonética da palavra, e não se fazendo numa língua determinada, mas em um magma que reúne todas as línguas contra a língua mãe, é [dela] uma destruição deliberada, uma aniquilação consentida"... Mas deixemos Wolfson por instante. Algumas figuras podem tomar aqui valor geral de não fazer vir à tona do discurso os mecanismos da linguagem, mas pelo contrário, erodir esses mecanismos, não de fazê-la surgir em uma superfície epifânica, mas de fazê-la ranger até a usura. Mais que a condensação metafórica, prolifera o poder da epanortose, como esse interminável esmiuçamento da linguagem sobre si mesma que só se corrige à custa de se subtrair, que só se acresce se roendo, e só persevera andando de ré, para tender, não para o branco mallarmaico de um puro silêncio em que a linguagem ainda se apraz a mirar seu limite, mas um ruído, um grito abafado, um coaxo, um grunhido de uma boca ainda cheia de palavras devoradas. Pare de comer suas palavras! Diz o professor de poesia. Mas as figuras a-tropicas, da epanortose, do esmiuçamento, do bocejo, só vivem dessa manducação averbal, que nem liga para o fino trabalho da segmentação fônica, e não tem nem a regra da escola nem o escalpelo cirúrgico do sabichão para impedi-la de esmagar os sons, remexendo os pedaços duros e os líquidos, hesitando ainda um instante para acabar a devoração ou para regurgitá-las e abandoná-las à palavra, ainda por cima supondo, como diria Molloy, que isso faça alguma diferença. O que vem a ser interminável, não é a interpretação dos signos dúbios, é essa precisão de signos em que as redes e as correntes tornaram-se tão lisas e cortantes que nada mais seguram, e que é preciso então triturar interminavelmente, para nada dizer, a supor que é melhor que nada, para não terminar, a supor que "esse" tenha só começado: peça a Malone para contar seus sonhos, ou a Molloy para associar livremente, só pra ver qualé.

Tiremos disso essa conclusão, convenho que um pouco rudemente, que se lalíngua nada mais é que o total dos equívocos, ela é aquilo mesmo que torna qualquer ciência linguística impossível, e constitui menos seu objeto que a pedra de tropeço anômica e monstruosa na qual deveria topar bem no momento em que acredita encontrar seu objeto.[13] Isso levaria a considerar que, para que uma ciência linguística seja possível, o "sistema" da língua não pode compreender os recursos do equívoco sem compreender também os constrangimentos que lhe inibem o jogo. É a perspectiva que adotará Lyotard em *Discours figures*, o que se poderia chamar, extraviando a expressão de Foucault, sua hipótese repressiva, prestando atenção na maneira com que a língua esmaga as virtualidades "figurais" que aí se ocultam apesar dela. Mas é igualmente a perspectiva de Jean-Claude Milner quando demonstra que, dessa lalíngua, "uma língua, entre outras", a singularidade nunca reúne a particularidade que permitiria inscrevê-la como *uma* entre outras línguas, no seio de um universal da linguagem articulável ou "calculável" em um sistema linguístico. Disso é preciso concluir que se o signo linguístico é constitutivamente dúplice, o sistema de uma língua jamais poderá sê-lo de fato. E é precisamente isso que distingue uma língua de lalíngua. Não que uma seja singular e a outra universal, mas ao contrário disso, no sentido em que "uma língua" só se particulariza especificando o universal da língua como sistema linguístico, ali onde lalíngua é

13. Aí, Michel Arrivé ("Pichon et Lacan: quelques lieux de rencontre", op. cit., p. 126) encontra "a justificação teórica da prática do jogo de palavras homofônico no discurso lacaniano. Se o inconsciente está estruturado como uma linguagem, *lalangue*, onde reina a homofonia, e se, além disso, não existe metalinguagem, o único modo de dizer o inconsciente será de se dobrar a todas homofonias da língua". Arrivé, traz à questão das relações entre psicanalista e linguística contribuições importantes na posição de linguista lendo Lacan; evidentemente não podemos recriminá-lo por não se perguntar o que seria da linguística se o linguista o fizesse. É preciso ver então onde isso se estrinça: Wolfson exemplarmente, Brisset também, e a meu ver igualmente, ao mesmo tempo, o próprio Saussure.

sempre singular, anomia criadora e criada – nunca "modelo" do que quer que seja, mesmo do inconsciente. Simplesmente, todo problema está aqui: para se distinguir de lalíngua, uma língua, ou seu saber, podem muito bem se satisfazer aqui com *criterium* epistemológico,[14] bastando para circunscrever a questão transcendental *sob que condição uma ciência das línguas é possível?*[15] Mas isso ainda não nos diz nada acerca da maneira com que lalíngua se distingue de uma língua, a assimetria de sua relação tornando-a irreversível. É justamente o que não se pode regular, para Deleuze e Foucault, com alguma posição de "critério", ou o que faz com que essa distinção ou essa diferenciação não pertença ao registro pacificado de uma simples decisão teórica. Ela só pode se esclarecer pela intervenção, a cada vez singular, de um "procedimento linguístico", ou *contralinguístico*, intervindo ao mesmo tempo na língua com uma contraefetuação esquizofrênica de sua estrutura, e no saber linguístico com um contrassaber que o parodia, o humoriza e, pondo em jogo sua impossibilidade, faz da impossibilidade de um saber linguístico o próprio objeto de seu saber, ou antes o que é preciso "performar" em uma elucubração

---

14. Ver, por exemplo, a análise de Milner das "estratificações" do objeto linguístico, permitindo de aí conjurar o trabalho do equívoco: Jean-Claude Milner, *L'Amour de la langue*. Paris: Seuil, 1978; Verdier, 2009, cap. 1.

15. Simplifico aqui exageradamente. Partindo do problema que Lacan tinha extrapolado da aporia da lógica aristotélica concernente à negação levando ao universal, e compreendendo então o "não todo" de lalíngua como aquilo que a língua deve incluir para se totalizar, mas que não pode incluir sem fazer cair sua própria totalização imaginária, Jean-Claude Milner demonstra que esse *criterium* epistemológico inscreve-se necessariamente sobre dois planos, marcando o "não se pode dizer tudo" com o duplo sentido de uma impossibilidade ao mesmo tempo lógica e moral: "Como Tudo, [a língua] não para de topar com a possibilidade que ela é feita para denegar – o não todo de lalíngua: o que se constata elementarmente pelo fato de que do extralinguístico com que se deveria garantir o Todo da língua nada subsiste a não ser pelos nomes que dele se proferem. O impossível que há dizer tudo de lalíngua na língua, se distribuirá sobre o Todo na função de um proibido, o que se diz também: 'toda locução de lalíngua é proibida'. O domínio dessa proibição será aquele em que a língua e lalíngua se confrontam." (Jean-Claude Milner, *L'amour da la langue*, op. cit., p. 76.) De onde Miller encontra a confirmação disso, "que ao ser falante, o que é impossível deve ser também defendido", seguindo "uma estrutura que não para de operar quando as leis da palavra estão em causa" (o que, dizendo de passagem, designa exatamente a circularidade lógico-moral que Deleuze não deixará de crivar nos filósofos da transcendência, melhor dizendo, em última análise, na teologia).

engenhosa da língua. Esse é o procedimento de Wolfson, o estudante esquizofrênico em língua, usando todos os recursos de seu saber para transformar (mas isso deve ser um "salto") uma lalíngua em uma outra – para tirar da língua materna-inglesa lalíngua na qual fortificar sua "torre de babil". Assim procedeu Brisset, remergulhando a língua francesa na cloaca lodacenta de suas cenas originárias. No entanto, nada de antissaberes: quem duvidará que Brisset e Wolfson tenham feito nada além de afrontar, no delírio do espírito e nas penas do corpo, o problema de saber o que é isso de um saber de la/língua?

Prova e contraprova saussuriana: esquizologia de um desejo de saber louco

> No final das contas, se é verdade que cada grande linguista encontra sua verdade de sujeito na estrutura singular de um momento de concluir...
>
> JEAN-CLAUDE MILNER[16]

O fundador da ciência linguística moderna, dizem, escrevia às penas. Aos dissabores dos editores e comentadores de Saussure, a coisa foi frequentemente percebida, e o próprio Saussure não a deplorava sem buscar as razões para isso no próprio seio do campo que pretendia refundar. No entanto, eis que no início do século um objeto subitamente devia atiçar sua curiosidade, cedo açambarcar todos esses espíritos, e lançá-lo em uma pesquisa que durante três anos o absorverá em um fluxo de escrita febril, rabiscando uns oitenta e nove cadernos, solicitando seus estudantes, interpelando seus colegas, encarregando Charles Bally e Antoine Meillet, seus confidentes mais próximos, de investigar para ele, encetando correspondências agoniadas de impaciência a destinatários desconhecidos – *É a razão que faz com que eu não possa*

16. Jean-Claude Milner, *Le Périple structural: figures et paradigme*. Paris: Ed. Seuil, 2002; Verdier, 2008, p. 183.

hesitar em me dirigir a você, e que deve me servir de desculpa na imensa liberdade que tomo; Graças à promessa tão cortês que me fez, não tardaria a estar decidido, mais que por algum cálculo, sobre esse ponto –, acumulando provas, temendo contraprovas, repisando obsessivamente os indícios em corpos sempre novos – *Você me toma por alguém que descarrilhou completamente do bom senso, e que não está longe da ideia fixa em matéria de hipogramas*[17] – multiplicando as análises como tantas confissões, receando seu próprio sucesso com a proliferação de provas reforçando tanto e tão bem sua convicção que se acreditaria presa de suas próprias alucinações – *tendo várias vezes procurado o que me retinha como significativo nestas sílabas, não o encontrei primeiramente porque estava unicamente atento a Príamidez, e agora é que compreendo que é a solicitação que recebia inconscientemente meu ouvido para Heitor que criava esse sentimento de "alguma coisa" que tinha relação com os nomes evocados nos versos*[18] –, fazendo de si próprio seu contraditor, antecipando as objeções, multiplicando as respostas, dando à sua hipótese tanta força que ela acabava semeando novamente a dúvida *sobre o ponto mais importante, quer dizer, daquilo que é preciso pensar da realidade ou da fantasmagoria da questão como um todo*[19] – *Não quis distanciar de você a razão de dúvida que provém da superabundância que se oferece em matéria de anagramas*[20] –, se fixando ultimatos, encarregando seus correspondentes de contrastar a prova, até a prova decisiva, interpretando o silêncio de seu último correspondente "como um sinal de desaprovação", que interrompe brutalmente a pesquisa saussuriana sobre os anagramas.[21]

17. Carta a Meillet de 9 outubro 1908, *Cahiers Ferdinand de Saussure*. Genève: Droz, 1986, v. 40, p. 8.

18. Ferdinand Saussure, citado em Jean Starobinski, *Les Mots sous les mots: Les anagrammes de Ferdinand de Saussuere*. Paris: Guillimard, 1971, p. 55.

19. Ferdinand Saussure, ibid., p. 137.

20. Ferdinand Saussure, ibid., p. 132.

21. A pesquisa sobre os anagramas se estende do fim de dezembro de 1905 à metade de abril de 1909: seu campo se estende da poesia latina primeiramente arcaica (Livius Andronicus, Naevius, Ennius, Pacuvius, Plaute...), depois clássica (Virgílio, Catulo, Tíbulo, Ovídio, Horácio...), na epopeia homérica, nos hinos védicos, na canção de gesta germânica, enfim nos textos em prosa (Plínio, Cícero, César, Valeriano Máximo...). Francis Gar-

É que esse objeto da investigação não é de fato um, mais e menos que um objeto, diríamos *outra coisa*. Primeiro, um enigma a ser desvendado, e mais ainda um segredo a fazer confessar, pois o enigma se obstina e se retira obstinadamente: será que eles *queriam* isso?! Isso era puramente fortuito ou se aplicavam *de maneira consciente, intencional*, esse *procedimento*? Mas se fosse o caso, porque não ter deixado disso traço algum, algum signo de uma tradição e de uma transmissão explícita? Seria preciso acreditar em uma intenção envolta na primeira, ou antes envolvendo-a para dela nada deixar aparecer – uma intenção de se esconder: uma vontade de dissimulação tão completa que mais nada nela quis aparecer? E ainda por cima, ainda o enigma, redobrada na precedente já dupla: o enigma da busca do próprio Saussure, que paixão secreta ordenava essa pesquisa ela própria anagramática, à beira da loucura, atravessando todas as oscilações de um sujeito do saber exposto às reviravoltas mais contrastantes, da convicção inquebrantável às incertezas sempre renascentes, da exaltação por novas peças vindas em seu socorro às decepções quando elas se recusavam, e daí a novas decepções misturadas que tantos exemplos não podem "servir para verificar a intenção que pôde presidir a coisa", e que mesmo "mais o número de exemplos tornava-se considerável, mais cabia pensar que é o jogo natural das chances sobre as 24 letras do alfabeto que deve produzir essas coincidências quase regularmente",[22] ao ponto da pesquisa não parar de se enfraquecer ao se reforçar, de aumentar

---

don lembra: "O ano de 1906 é o da segunda crise atravessada por Saussure. A primeira, em 1893-1894, correspondia à intuição esquizoide de uma impossibilidade de nunca constituir como ciência aquilo cujo objeto surgia como irremediavelmente fissurado (a língua sob suas hipóstases diacrônica e sincrônica). As notas sobre Whitney constituem, a esse respeito, um testemunho de primeira ordem. A segunda é causada, segundo H. Parret ["Réflexions saussuriennes sur le temps et le moi", *Cahiers, Ferdinand de Saussure*, Geneva: Droz, v. 49, 1995-1996], pelo impacto dos anagramas."

22. Ferdinand Saussure, Carta a Giovanni Pascoli de 6 de abril de 1909, citado em Jean Starobinski, *Les mots sous les mots*, op. cit., pp. 150-151.

a dúvida na medida em que se reforça a convicção, e que essa "espécie de fé" pela qual Saussure se diz atravessado não para de trabalhar às avessas.

Roman Jakobson, Jean Starobinski, Michel Arrivé dentre outros não mediram esforços para racionalizar a busca saussuriana dos anagramas, para circunscrever e canalizar o vetor de loucura que a atravessa até a angústia de ser vítima de algum delírio acústico, para dela tirar uma lição de sabedoria, tirar a moral da história à maneira do linguista devolvido à razão da pura ciência.[23] Porque seria preciso que ele viesse a dar num bajulador da significância, como Roland Barthes de estar entre os únicos sensíveis a esse devir-louco do fundador da linguística moderna? Talvez um interesse especial, não apenas pela polissemia, pela ambivalência que trabalha qualquer significável, mas por essa figura singular da sobredeterminação que é a *duplicidade dos* signos.[24] Ou quem sabe uma sensibilidade mais musical que linguística que tinha Barthes, como contraponto do textualismo do significante. Mais secretamente ainda, a fascinação que tinha pelas alucinações auditivas de Flaubert e de Schumann, as quais ele mesmo associava à obsessão anagramática de Saussure.[25] Mas Jakobson e Starobinski bem

23. A questão dos "dois Saussure" tornou-se um leitmotiv dos estudos saussurianos desde a segunda metade do anos 1970. Ver: *Recherches*, 1974; Louis-Jean Calvet, *Pour ou contre Saussure*, Paris-Genova: Payot, 1975 (evocando uma "verdadeira revolução" a respeito dos anagramas); e Michel Pêcheux e Françoise Gadet, *La Langue introuvable*. Paris: Maspéro, 1981, que opõe tal como doutor Jekyll e Sr. Hyde a "face noturna de Ferdinand" ao professor genovês, enquanto Pêcheux e Gadet veem na obra uma "esquizofrenia" noturna desfazendo o trabalho das "dicotomias diurnas".

24. Célile Hanania destaca: "Se sua teoria textual postula uma pluralidade radical do texto, parece que veio se implantar nela outra escuta muito mais fantasmática, que lhe faz provar da anfibologia da linguagem e que vai lhe trazer, mais geralmente, para tudo que é suscetível de receber dois sentidos, e mais ainda, ao preço de um desabamento sub-reptício, dois sentidos contrários. Essa dupla escuta, ele a prova antes de tudo, como o dirá em: 'os *addâd*, essas palavras árabes em que cada uma tem dois sentidos absolutamente contrários [...]; a tragédia grega, espaço da ambiguidade [...]; os delírios auditivos de Flaubert [...] e de Saussure (obcecado pela escuta anagramática dos versos antigos)'." (Cécile Hanania, *Roland Barthes et l'étymologie*. Bruxelas, Bern, Berlin, Frankfurt am Main, Nova York, Oxford, Wien: Peter Lang, 2010, pp. 108, citando *Roland Barthes par Roland Barthes*, p. 73.)

25. Em "La mort de l'auteur", Barthes aproxima a obsessão saussuriana dos anagramas

que fizeram tudo que podiam, fazer a consideração entre a obsessão subjetiva de Saussure e a objetividade do questionamento que dirige à estrutura da língua, demarcar os resíduos de uma ideologia da intenção criativa e os constrangimentos fônicos universais que revela à sua revelia, dissociar o imaginário de uma origem absoluta e a experimentação prática de possibilidades infinitas da língua, misturar aí a "bricolagem" do pensamento selvagem lévi--straussiano, injetar de quebra a sobredeterminação freudiana...[26] Nada fizeram e, suposição por suposição, tantos argumentos adiantados, em definitivo não pareceram mais que trair eles mesmos o excesso que se apropria do pensamento saussuriano, e denegar o caráter constitutivo desse excesso para uma ciência linguística que só poderá se desenvolver como tal denegando-o.

Também se pode hesitar em subscrever do mesmo modo a observação de Michel Arrivé considerando que a investigação sobre os anagramas se autonomiza das pesquisas desenvolvidas no decorrer dos cursos de linguística,[27] ao contrário, para reconhecer o

(que na real não obcecaram menos o próprio Barthes) aos "delírios auditivos" de Flaubert, mas também aos *addâd* árabes (*œuvres II*, Paris: Seuil, 2002, p. 495 e seguintes). Augures, as ressonâncias se fazem escutar com o espaço da tragédia grega, como "espaço da ambiguidade, no qual 'o espectador entende sempre mais do que cada personagem profere por sua conta ou por seus parceiros'." (*Œuvres III*, Paris: Seuil, 2002, p. 150, referindo--se às análises de Jean-Pierre Vernant.) Persida Aslani assinalou essa linha barthesiana entorno do motivo da "escuta do duplo", em seu belo estudo *Roland Barthes: L'écriture de la théorie*. Paris: Universidade de Paris 7 – Denis Diderot, 2005. Tese de doutorado.

26. "Aqui, o linguista veio a supor que os poetas compunham seus versos assim como o pensamento mítico (segundo Lévi-Strauss) compõe seu sistema de imagens. Mas é finalmente o linguista que cai na armadilha do procedimento que ele atribui ao poeta. Não podendo provar a realidade da bricolagem fônica prática (supõe ele) pelo poeta, multiplica as análises que são seguramente pura bricolagem: que se atenha ao reverso do sentido que teria tido a composição não muda coisa alguma. A análise só pretende fazer em sentido inverso o caminho seguido pelo trabalho do poeta. Ela é a imagem invertida desse método (suposto) da criação poética. E o material fônico se presta docilmente a essa solicitação". (Jean Starobinski, *Les mots sous les mots*, op. cit., p. 152.)

27. Michel Arrivé vê aí até mesmo uma diferença notável entre as duas pesquisas "esotéricas" de Saussure: aquela sobre a lenda germânica do *Nibelungenlied*, que aliás, acabará por dar lugar a um ensino público, e que, se não é mencionada no *Curso de linguística geral*, não retoma menos o questionamento semiológico (o texto da lenda sendo então "tratado como manifestação de um sistema de signos, análogo ao da língua, e próprio pra ser descrito segundo os mesmos métodos"); e aquela sobre os anagramas, que ao contrário "se distancia fortemente dos conceitos e dos métodos da linguística, mesmo

mérito das tentativas feitas para substituir a investigação saussuriana sobre os anagramas no seio da problemática da fundação de uma linguística científica, ali mesmo onde não se inscreve pacificamente nem para validar as concepções, nem para lhes oferecer um terreno de aplicação ou de ilustração, mas, pelo contrário, só pode figurar aí como uma anomia *intratável* pelo saber linguístico para o qual o *Cours* se esforçava para estabelecer as condições e os fundamentos.[28] Aconteceu a Jean-Claude Milner de ter proposto para isso uma formulação lacaniana particularmente forte, interrogando o que aí se enunciava – e se provava – do *sujeito do saber*, na ocorrência do sujeito da ciência linguística, nisso que é preciso chamar, mais que uma "pesquisa sobre" os anagramas, *uma prova*, em seu sentido patético, mas também em seu sentido ordálico, pois tudo prova que Saussure até o fim terá esperado uma sentença, um julgamento de verdade que devia resolver a parada – *Teriam eles um procedimento, maneira de fazer e objeto de um saber secreto?* Partindo do gesto saussuriano isolando a língua como *forma* ou "rede de diferenças", Milner conduz a investigação dos anagramas para apontar o que ela sintomatiza do sujeito do saber linguístico ao próprio conceito de signo:

> Diferente do signo dos filósofos, o signo saussuriano não representa: ele representa *para* os outros signos. Mas diferentemente do significante de Lacan, ninguém nunca que pôde dizer o que ele representava: de fato, ele só representa a si próprio, quer dizer, um puro entrecruzamento, um nada, no qual não se pode sequer dizer que seja um.
>
> Pois tal é o paradoxo: o próprio elemento que deve assegurar o discernimento é atravessado pela multiplicidade das oposições em que é apanhado; ele não tem subsistência que assegure a instância do Um. É que o signo se ajusta a um silêncio: é construído de maneira que seja

que tenha textos como objetos". (Michel Arrivé, "um momento importante na história das ciências humanas: a obra de Ferdinand de Saussure", *Conferência de regresso da Escola Doutoral da Universidade de Lyon*, pp. 9-10.)

28. Mencionemos notadamente o livro recente de Federico Bravo, *Anagrammes: Sur une hypothèse de Ferdinand de Saussure*. Limoges: Lambert-Lucas, 2011; Francis Gandon, *De dangereux édifices. Saussure lecteur de Lucrèce: les cahiers d'annagrames consacrés au De Rerum Natura*. Paris-Louvain: Peeters, 2002 (particularmente o cap. 6, pp. 163 e seguintes); e também Jean-Claude Milner, *L'Amour de la langue*. op. cit. cap. 6.

privado o sujeito, o qual a instância e a queda repetida cernem o Um de cada um dos significantes em sua relação com outro, e conferem a todos o Um-por-Um que os estrutura como cadeia. Entre os proprietários do signo, o diferencial assegura a sutura desejada: a identidade só se sustenta com a ausência de qualquer Si pelo signo. Daí se constrói, como a priori, a figura do retorno do excluído: para Saussure, ele só podia se operar com a reaparição de um Si das unidades de língua, e que fosse restituível a um sujeito de desejo. Isso basta para designar as pesquisas sobre os anagramas.[29]

De nada nos serviria aqui epilogar sobre as contorções que impõe essa concepção do "signo saussuriano", quer dizer, essa concepção lacaniana do significante retrojetado no texto de Saussure para indicar o que aí falta (o signo de Saussure nada representa, não é isso, mas creiam-me, apesar de tudo nos perguntamos o que ele representa já que se julga útil constatar que "ninguém nunca soube dizer o que ele representava"). Na ocorrência, o defeito notado por Milner – a falta de um "si" da língua ou de um sujeito representado por um significante para outro – abre uma perspectiva particularmente estimulante, considerando que o que aqui se descreve responde bastante rigorosamente ao que Lacan tinha identificado como ponto nodal da etiologia psicótica. Entendamos: não que Saussure seja psicótico, mas a estrutura da língua que ele põe no limpo, tendo como única estrutura excluir o significante-mestre que sustentaria a posição de um sujeito é em si psicotizante.[30]

Daí, pra ver o que advém do sujeito do saber sujeito à sua prova, a importância de assinalar a maneira como se opera esse retorno do excluído. E em sua forma imediata, esse retorno é imediatamente sonoro. É por *entender* ressoar um nome hipo-

---

29. Jean-Claude Milner, *L'amour de la langue*, op. cit., pp. 79-80.

30. De modo que numa perspectiva totalmente diferente, Francis Gandon trabalha também esse esquema "forclusivo", vendo operar na "a máquina anagramática" montada por Saussure sobre o *De rerum natura* desenvolver-se o trabalho de uma "consumação do sentido" e de um "apagamento do sujeito". (Francis Gandon, op. cit., cap. 6, pp. 163-201, notadamente p. 177 e seguintes, considerando "as palavras-tema como buracos na trama significante, e o fenômeno anagramático como uma *aparição*: aparição, no real do texto, do que, excluído, continua forçosamente fora do alcance".)

gramático através da corrente do verso, e de um verso a outro, que se inicia o "Postulado", como diria Clérambault, a convicção inquebrantável e incessantemente vacilante abrindo a busca passional, querelante, de *garantias*, para fazer justiça de um saber esquecido. Mas antes de examinar por ele mesmo esse ponto, retenhamos essas observações importantes de Milner, realçando que o anagrama "denega o signo saussuriano". Primeiro porque ele não é diferencial:

> Cada um dos anagramas repousa sobre certo nome, no que distribui os fonemas. Mas está claro que esse nome (próprio ou comum), mesmo que seja uma unidade linguística, não é considerado no que tem de diferencial: tem uma identidade própria, um Si, que não retira da rede de oposições em que a linguística o manteria.

Em segundo lugar porque ele não é contingente nem arbitrário: "sua função consiste em impor uma necessidade aos fonemas do verso, subtraindo-os ao acaso que marca as unidades lexicais." Em terceiro lugar, porque o Nome, tomado como significação, não funciona como um significado, mas como um "sentido", mais precisamente como uma *referência*, e:

> [...] é na qualidade de coisa do mundo – e não como elemento de uma língua – que é a designação global de todo o verso. Nesse sentido, transgride ao dualismo: a ordem dos signos e das coisas se confundem, e o segundo funciona como causa frente ao primeiro.

Enfim, mas é talvez o mais importante, porque o anagrama desconvém à pulsação simbólica que organiza o jogo paradigmático da língua, de abstenção e de presença. O que se atualiza subjetivamente no registro fugidio de um referimento generalizado tem por contrapartida no plano linguístico um:

> atentado ao princípio de todas as descrições linguísticas ou gramaticais: quaisquer que sejam seus métodos, estes supõem o terceiro excluído; duas unidades são, quer sejam totalmente distintas, quer sejam totalmente confundidas; uma unidade é, quer esteja presente em uma sequência, quer esteja ausente. Ora, se considerarmos a sequência *Cicuresque*, anagrama de *Circe* (ex. de Saussure, Starobinski, p. 150) ou *des-*

pótica, anagrama de *desespero* (ex. de Jakobson): perguntar se as formas acasaladas são distintas umas das outras propriamente não tem mais sentido já que o anagrama supõe subsistir *realmente* de forma explícita; igualmente, *Circe* ou *désespoire* não podem ser ditos como unicamente presentes ou ausentes. O anagrama como tal determina um lugar em que tais questões, no entanto essenciais para uma descrição, não têm mais estatuto.[31]

Não seria isso então essa resistência que o anagrama opõe às condições de objetivação de algo como a língua, que seria de natureza a revelar-lhe as motivações internas, e a fazer assim vir à luz o que o discurso da ciência fracassa ao prometer? Tal seria a função poética do anagrama, que daria todo seu valor para a própria ciência linguística. Como de modo nenhum cabe a um homem de letras falar mal da poesia, é certo que não tenho a intenção de me prestar a tal; sem contar que isso seria grosseiro. Autorizar-me-ia tão somente conjecturas do próprio Saussure, entre aquelas que julgarmos as mais temerárias, mas que são talvez, justamente pela razão de Saussure nelas se arriscar, as mais interessantes. Considerando o que reconstroem os fragmentos selecionados e comentados por Jean Starobinski, a atenção poderia reter-se no fato de que palavra hipogramática (a saber, se é uma "palavra" no sentido linguístico de um lexema, já se fica mais à vontade) é frequentemente suputada por Saussure como sendo *palavra divina*: nome sagrado, de herói ou rei, nome de deus. Que os poetas a ela se refiram – é essa mesma a hipótese de Saussure –, mas só se refiram calando esse Nome, e procedendo anagramaticamente de modo que, apesar de tudo, o faz entender sem pronunciá-lo, poderia já bastar para se interrogar sobre a oportunidade de confrontar o questionamento saussuriano à ideia modernista de um trabalho poético lidando com o puro significante da língua, ali onde a busca do segredo originário, no que ela encerra de mitologia, remete a uma cena completamente diferente. Entretanto, não a cena romântica do mito do gênio criador, onde Starobinski viu a fonte da aporia do questionamento saussuriano. Isso se-

31. Jean-Claude Milner, *L'amour de la langue*, op. cit., pp. 81-82.

ria a prova de uma homofonia inerente à estrutura linguística da linguagem, mas em excesso sobre o que se poderia articular em uma fonologia;[32] além de que, procurava a fonte no lugar certo, mas com um pressuposto equivocado: no lugar certo, a saber, segundo Jakobson, o lugar poético; mas pressuposto equivocamente, já que Saussure insiste em ver aí uma causa intencional, figurada sob as espécies do poeta. Renunciando a essa representação da criação poética, ter-se-ia poupado tal busca, e teria reduzido essa anagramatização furiosamente proliferante, de seu estatuto subjetivo de prova com jeito de fascinação obcecante, à pacífica constatação de um simples fato de estrutura. Daí, assegurar o ideal epistemológico *standard*, de ser assim devolvido a seu devido direito: o mínimo de subjetividade possível, para o máximo de objetividade possível. Daí também, nutrir o ideal simbolista do poeta, colocando-o de todas as maneiras a serviço de uma amável "transação que concilia uma com a outra a poesia com a ciência da língua".[33] Patrice Maniglier formula muito bem essa colocação, digamos assim jakobsoniana, ao sublinhar que a pesquisa sobre os anagramas:

> começou como saber acerca da linguagem. Tratava-se mormente de uma tese sobre a função da poesia para os antigos indo-europeus, que dizia no grosso que essa poesia não tinha a vocação de introduzir um pouco de música no discurso, nem de cantar os louvores de Deus, que essa "preocupação" inicial não era nem estética, nem religiosa, mas "fônica": "o poeta se dedicava, e tinha como função habitual dedicar-se à análise fônica das palavras: é essa ciência da forma vocal das palavras que faz, muito provavelmente, desde os mais antigos tempos indo-europeus, a superioridade, a qualidade particular, do Kavis dos Hindus, do Vates dos Latinos etc.". A função da poesia é de fazer falar

32. Milner aqui ainda retrata bem a situação contraditória em que se afronta o saber da língua e o segredo de lalíngua, a linguística e o anagrama: "De um lado, [o anagrama] é inteiramente formulável em termos de fonemas, e supõe uma análise fundada, quanto a ela, sobre o princípio que faz contingente a homofonia – de modo que esta só recebe como estatuto um sistema que a desvaloriza; por outro lado denomina um real que excede toda fonologia possível: por aí, pelo incontornável de seu real, põe a língua em excesso, que a tome por ela mesma ou em sua representação calculável: essa função de excesso, chamamos lalíngua."

33. Jean-Claude Milner, *L'amour de la langue*, op. cit., p. 85.

o signo, e mais precisamente, essas sub-unidades "incorporais" que são os "fonemas". Pois o primeiro problema de Saussure é precisamente o de que o fonema não é sonoro, que a língua que falamos não é feita de sons, mas de puras rupturas, de articulações [...]. O verdadeiro problema que justifica, jura Saussure, a existência da linguística, não é que ignoremos as leis formais da linguagem: é que não se sabe como as unidades da linguagem são percebidas, nem mesmo o que exatamente é percebido na linguagem. Esse problema ainda hoje não foi resolvido.

É desse ponto de vista que a poesia é para Saussure a primeira linguística. Ele sugere até que a primeira técnica poética dos anagramas é responsável pelo desenvolvimento precoce da ciência gramatical da Índia antiga [...]. O que distingue, entretanto, essa poesia de qualquer discurso científico, é que ela não cria uma "metalinguagem" (como o faz o alfabeto fônico) para segurar as articulações não fônicas do discurso. O poeta se utiliza da linguagem contra ele mesmo, para pôr em evidência os valores acústicos dentro do próprio poema. Trabalha a "matéria" sonora afim de que ela revele algo de sua "forma".[34]

Acontece que se pode igualmente entender a objeção de Milner, de que Saussure visava algo totalmente diferente, e que:

> diferentemente de Jakobson, a poesia não lhe interessava lá essas coisas, e ele não teria se contentado em ter encontrado um meio de falar dela verossimilmente; ele acreditava se tratar da verdade, da única maneira que contava para ele: a conjectura sobre o indo-europeu. E com essa conjectura, pouco lhe importava ter um acesso a mais às formas culturais da tradição humanista: o que buscava, era um saber. Os anagramas devem soletrar o saber iniciático, secreto e esquecido, dos poetas indo-europeus, e se é impossível tomá-los assim, mais vale negligenciá-los, pois então eles não valem; além do que, faltando a prova decisiva, Saussure se calará a esse respeito".[35]

Certamente, não é despachar a poesia em nome do saber do indo-europeu, mas antes interrogar o lugar, ali onde o próprio Saussure não para de se referir aos poetas antigos como a essa cena originária, a do "indo-europeu", em que se reflete a origem da própria ciência linguística. Isso está inclusive no cerne de sua hipótese sobre os anagramas, e o que ele chega a afirmar como

---

34. Patrice Maniglier, op. cit.
35. Jean-Claude Miller, *L'amour de la langue*, op. cit., p. 86.

"[*su*]*a tese*", uma vez colocado que as simetrias fônicas no verso *não podem se explicar* unicamente pelas regras rítmicas que ditam as combinações fonéticas:

> Um segundo princípio, *independente do próprio verso*, aliava-se ao primeiro para constituir a forma poética recebida. Para satisfazer essa segunda condição do *carmen*, completamente independente da constituição dos pés ou dos ictos, afirmo efetivamente (como sendo minha tese daqui por diante) que o poeta se dedicava, e tinha como ofício habitual dedicar-se à análise fônica das palavras; que é essa *ciência da forma vocal das palavras* que fazia provavelmente, desde os mais antigos tempos indo-europeus, a superioridade, a qualidade particular, do *kavis* dos Hindus, do Vates dos Latinos etc.[36]

Desde então, a oposição não se dá entre a exigência imperiosa de um saber e a audácia poética a revelar uma verdade da linguagem "saída" da ciência. Ela é sobrecarregada por um mito de origem que é a origem da linguística em um trabalho poético, que só inicia as primeiras análises gramaticais e fonéticas estando ele próprio sujeito a um *poder político-religioso* que o encarrega de sua invocação edificante e sagrada:

> Não quero passar pelo primeiro hino do Rg-Veda sem constatar que ele é a prova de uma antiquíssima análise *gramático-poética*, perfeitamente natural já que havia uma análise fônico-poética. Esse hino declina positivamente o nome de Agni, de fato, seria muito difícil pensar que a sucessão de versos, começando uns por Agnim î dê – outros por Agninâ rayim açnavat, outros por Agnayê, Agnê etc. nada queira dizer para o nome divino, e ofereça por puro acaso esses casos diferentes do nome, colocados no início das estrofes. *Desde o instante em que o poeta era incumbido*, pela lei religiosa ou poética, *de imitar um nome, está claro que após ter sido conduzido a distinguir-lhes as sílabas*, ele se achava, sem querer, *forçado a distinguir as formas*, já que sua análise fônica, justa para *agninâ* por exemplo, não era mais justa (foneticamente) para *agnim* etc. Do simples ponto de vista *fônico*, era preciso para que o deus, ou a lei poética fossem satisfeitos, atentar para as variedades do nome [...].
> Não me admiraria se a ciência gramatical da Índia, do duplo ponto

---

36. Ferdiand Saussure, *Ms. fr.* 3963, citado em: Jean Starobinski, *Les Mots sous les mots*, op. cit., p. 36.

de vista *fônico e morfológico*, fosse uma sequência de tradições indo-europeias relativas aos procedimentos a seguir em poesia para confeccionar um *carmen*, levando em conta as *formas* do nome divino.

No que concerne ao próprio texto védico, e o espírito no qual é transmitido desde um tempo inacessível, esse espírito se encontraria eminentemente conforme, *pelo apego à letra*, ao primeiro princípio da poesia indo-europeia, tal como agora o concebo, fora de quaisquer fatores especialmente hindus, ou especialmente hieráticos, a invocar a propósito dessa superstição pela letra.[37]

Certamente não é o mito romântico do gênio poético que assombra Saussure; mas não é tampouco uma inspiração "tipicamente 'simbolista' ". Em revanche, o que não podia deixar de estar no horizonte de sua pesquisa remontando do verso saturnino até suas fontes mais profundas *indo-europeias*, era o *mito de soberania*, eles mesmos ritualmente incluídos nas instituições que envolvem o poder soberano, e entre elas a instituição poética.[38] Rimbaud e Mallarmé, na medida em que recarregam um pensamento moderno da significância que pode tanto mais denegrir o democratismo dos significados comunicáveis uma vez que ele foi des-ritualisado, des-sacralisado e laicizado por eles, dão aqui, talvez, uma medida equívoca daquilo que aprendemos noutros casos diante de helenistas como Jean-Pierre Vernant ou Marcel Detienne, em que encontramos esses poetas ligados ao Soberano, encarregados de decantar-lhe o poder e, à maneira do *mnèmôn*, lembrar sua origem, narrar seu tempo genealógico d'"antes" de todo começo, em suma, de recitar *ex archés* seu advento teo- ou cosmogônico, tudo isso fazendo falar a voz muda: o poeta porta-voz do "mestre de verdade".[39] Que tenhamos ao menos aí outra

---

37. Ibid., pp. 37-38.

38. Os estudos consagrados por Jean-Pierre Vernant a essa questão são famosos: *Les Origines de la pensée grecque*. Paris: PUF, 1962, reedição 1995, cap. VII "Cosmogonies et mythes de souveraineté"; *Mythe et pensée chez les Grecs*. Paris: Maspero, 1974, v. I, cap. I "Structures du mythe" e II "Aspects mythiques de la mémoire et du temps"; e com Pierre Vidal-Naquet, *La Grèce ancienne: Du mythe à la raison*. Paris: Maspero, 1965, reedição Seuil, Point, 1990, v. 1, cap. IV.

39. Ver as análises de Marcel Detienne sobre as funções rituais e cultuais do poeta nas instituições mágico-religiosas da soberania arcaica: *Les Maîtres de vérité dans la Grèce ar-*

razão que não a da licença poética pela qual o nome deve ser calado, de modo que se deva finalmente escutar apenas ele; que ele deva ressoar na cadeia como seu único e originário Sujeito, sem que se ouse reconhecer aí prosaicamente como seu sujeito da enunciação; e que ele deve impregnar a palavra com uma onipresença sem figura, dessa omnipresença própria à eminência de uma causa ausente ou "distanciada", que não se dá em seus efeitos, mas neles se retalha infinitamente ao dá-los – e nos pomos a imaginar, ao lado dos sacerdotes, precedendo os historiógrafos reais que logo os substituirão, esses antigos poetas cultivando a superstição da letra, expertos em oralidade sagrada e mestres das alucinações auditivas.

Daí, fica difícil sustentar que a poesia que interessava Saussure não tinha "'preocupação' inicial nem estética, nem religiosa, mas 'fônica' ", como se o fonismo não fosse um problema eminentemente religioso, e até mesmo *político-religioso*, nas condições de uma oralidade sagrada em que, como sublinhou Détienne: a Voz é Poder. Colocar os poetas na posição de primeiros produtores de um "saber sobre a linguagem" é, no final das contas, dirigir ao linguista moderno um espelho bem fiel para que ele aí se reconheça. Saussure descobriria nos poetas antigos ao mesmo tempo a fonte da linguística e essa verdade poética da linguagem em que se excede o que a linguística pode saber disso. A partir de que Saussure descobriria no Rg-Veda a revolução simbolista, e o Anagrama *genuit* Mallarmé em Saussure. Mas se nos atemos à hipótese de que, nesse trabalho de "análise fônico-poética" que Saussure está convencido de tirar do segredo, se refere a uma prática poética em que se condensam o pertencimento nativo da poesia indo-europeia ao corpo da soberania, e os desafios político-religiosos do fonismo que lhe estão ligados, então, a tarefa do

---

chaïque. Paris: Maspero, 1967, reedição Seuil, Point, 1980 (e sobre o *procès de laïcisation* correlativo da memória e da palavra poética, da qual testemunha Simonide, pp. 164-166). Sobre o personagem social do *mnèmôn*, cf. Louis Gernet, "Le temps dans les formes archaïques du droit" (1956) in: *Droits et institutions en Grèce antique*. Paris: Maspero, 1972, reedição Garnier Flammarion, 1982.

poeta antigo que "tinha por ofício habitual dedicar-se à análise fônica das palavras" e que se inventava assim como protolinguista, conduziria à constatação não de uma origem poética da ciência linguística, mas de uma origem teológico-política *e* da poesia (como observou uma vez Bakhtine) *e* da ciência da linguagem (como lhe secundarão Deleuze e Guattari).[40]

A afonia do nome hipogramático encontra aí uma nova compreensão possível. É preciso aceitar a analogia sugerida por Starobinski entre a análise saussuriana dos anagramas e essa "redistribuição de elementos fabricados" pela qual Lévi-Strauss tinha proposto compreender o procedimento "bricoleiro" do pensamento selvagem?[41] Isso teria a comodidade de desmarcar Saussure de Saussure, dissociando o imaginário do poeta criador que anima subjetivamente sua pesquisa, o que faz praticamente com que se assemelhe à atividade mitopoética de um "escritor produtor, até mesmo combinador, usando de um material já presente e não criado *ex nihilo* [...], usando possibilidades infinitas da linguagem e pondo um ponto-final em qualquer ideia de origem absoluta".[42] Isso seria também falsificar todo problema. É preferível se ater a essa observação, sobre a qual Maniglier insistiu, que todo o problema de Saussure vem do fato de que o fonema, por si só, não é audível, já que é pura ruptura, de modo que o que constitui a própria sonoridade do som não é sonora em si mesma. Daí a tarefa do poeta:

> O signo analisado deverá ser manifestado em sua própria expressão fonatória, mas só poderá sê-lo no modo da evocação. O que é sugerido não

---

40. Maniglier lembra a hipótese de Saussure segundo a qual a "técnica poética dos anagramas é responsável pelo desenvolvimento precoce da ciência gramatical na Índia antiga"; mas é preciso lê-la até o fim: "Não me admiraria se a ciência gramatical da Índia, do duplo ponto de vista fônico e morfológico, não fosse assim uma sequência de transições indo-europeias relativas aos procedimentos a se seguir em poesia para confeccionar um carmen, *levando em conta as formas do nome divino.*"

41. Jean Starobinski, *Les Mots sous les mots*, op. cit., p. 151.

42. Cécile Hanania, *Roland Barthes et l'étymologie*, op. cit., p. 221.

é precisamente fônico e não saberia ser objeto de uma percepção atual. Ele está, como queria Mallarmé, nos brancos do discurso, no que não se escuta, no que resta da consumação propriamente fônica do poema.[43]

Mas essa análise só esclarece parcialmente o jogo do hipograma, pois não se trata de um fonema qualquer nem de um "branco" qualquer, e não presta conta do jogo de "evocação" – mas diremos mais precisamente: de *invocação* – desse nome, sob essa forma alucinatória tornando-o omnipresente e, no entanto, ausente, em sua "impressão vaga e obcecante". Não basta dizer que "a função da poesia é fazer falar o signo, e mais precisamente essas subunidades "incorpóreas" que são os "fonemas", emprestando a Saussure uma visão mallarmaica dos poetas arcaicos: pois estes visavam fazer escutar o inaudível e o impronunciável, não no gênero das unidades mínimas da língua, mas no gênero do nome divino situado ao lado de um saber esotérico do significante-mestre. Atribui-se ao poeta a tarefa simbolista de fazer "funcionar a língua contra ele mesmo, para pôr em evidência os valores acústicos dentro do próprio poema", e assim, trabalhar a "matéria" sonora para que ela "revele algo de sua 'forma'"? Mas o que descobre Saussure, ou o que ele entende, é justamente o Um além da forma, não dado naquilo que dá, não dado na forma com que se ausenta – o Inconsumível.

É preciso então ter em conta essencialmente isso: que a "palavra-tema" não é uma palavra, mas um nome *indizível*. É uma palavra antes *indisponível*, impronunciada, senão impronunciável sob alguma "lei religiosa ou poética" proibindo o "nome divino".[44] Para levar a sério a dupla sugestão, de uma forclusão

---

43. Patrice Maniglier, op. cit.

44. Michel Arrivé faz a ponte entre a questão dos anagramas e o problema da proibição dos nomes, a blasfêmia ou os tabus do luto. Francis Gandon por seu lado, analisando o caderno saussuriano consagrado ao *De natura rerum*, daí ressalta que certos anagramas trazem sobre "esses nomes que têm relação com os Infernos" que Platão exortava a banir da cidade, "todos esses nomes terríveis e que assustam: Cocito, Styx, defuntos, espectros, tudo que há ainda no mesmo padrão, cuja mera pronúncia faz sentir calafrios a quem quer que escute!" (Platão, *A República*, III, 387b-c, trad. fr. Léon Robin. Paris: Gallimard, Pléiade, 1950, pp. 936-937). Ele vê aí o indício que "nessa 'voz estranha', anônima

de um significante mestre (Milner), e de um retorno auditivo alucinatório do excluído (Barthes), seria necessário chegar a dizer que esse "nome" precisamente *não pode ser* uma "palavra", nem mesmo uma "palavra sob as palavras", porque não está *inscrita* na língua, e não pode aí figurar como um monema satisfazendo regras preexistentes de construção morfológica e fonética. É verdade que podemos ver aí uma extrapolação besta, insistindo no fato de que o hipograma é necessariamente induzido a partir de fonemas repartidos na cadeia do verso;[45] mas mesmo assim deve-se continuar fazendo *como se* a "palavra-tema" constituísse um material fônico "já presente", mesmo que só se possa indicá-lo na operação interna à cadeia que consiste em dividi-la em partes e repartir essas partes por distribuição e combinação. Os dois esquemas que Starobinski opõe, da "bricolagem" poiética, e da "teologia da emanação", devolvem um ao outro justo no momento em que pareciam se excluir um ao outro.[46] Assim, a gente se mete num círculo, ele próprio característico de uma estrutura *mítica*, de tal modo que o Nome se torna linguisticamente construível *a partir* da análise da cadeia ("gramático-poética" e "fônico-poética", como Saussure já dizia), análise e cadeia *que, no entanto o supõem*. Com outras palavras, o hipograma só é determinável como tal *retroativamente*, ou *recursivamente*, estando tudo nele pressuposto. A dificuldade é que essa "palavra", em sua qualidade de *suposto* de um saber, é uma *não palavra*, que não pode consistir em uma "substância fônica" preexistente, mas tampouco como uma matriz de rupturas fonéticas, já que preci-

e vária, que *fala* os Anagramas, triunfa a morte. O que não conseguiria, evidentemente, surpreender. Uma abordagem um pouco diferente, a da forclusão como 'purgação' radical da simbolização [...] demonstrará em que a *paronomase*, metáfora ao mesmo tempo paródica e *purificada do sentido*, continua sendo justamente a expressão eletiva do trabalho da morte". (Francis Gandon, op. cit., pp. 177-178.)

45. "A palavra tema não tendo nunca sido objeto de uma exposição, não conseguiria ser questão de reconhecê-lo: é preciso adivinhá-lo, numa leitura atenta às ligações possíveis de fonemas espaçados." (Jean Starobinski, *Les Mots sous les mots*, op. cit., p. 46.)

46. Sobre a oposição desses dois esquemas, ver as importantes páginas de Jean Starobinski, *Les Mots sous les mots*, op. cit., p. 61-65. Starobinski conclui claramente que Saussure "tenha, seguramente, repudiado qualquer interpretação emanante dos hipogramas".

samente não cansa de aí recusar-se e, subtraindo-se, de relançar a busca interminável de Saussure. O hipograma não é uma palavra, nem mesmo um nome, mas um *nome indizível*, duma lapada impossível e interdita, e nesse sentido um paradoxal *bloco áfono*, áfono já que indecomponível ou inarticulável, pura intensidade surda que só se desenvolverá em sua extensão fônica se decompondo na cadeia sintagmática do verso em que será ao mesmo tempo incluída (como fonemas) e excluída (como intensidade áfona), ao mesmo tempo omnipresente (na obsessão sonora do verso) e ausente ou em retraimento (como Nome). Se é verdade que a orelha linguística só escuta as articulações e os rupturas, então o hipograma não pode ser concebido como "a matéria fônica" do trabalho "fônico-poético" sem ser também o que devolve esse trabalho ao impossível de um originário ou de uma transcendência: bloco sonoro, áfono, do tipo grito, sopro, eco. É aqui que a observações de Milner, indicando o que no hipograma saussuriano infringe sistematicamente o signo saussuriano, readquirem toda sua importância. Pois se podemos ver na análise "fônico-poética" dos poetas antigos uma espécie de análise linguística emergente, fazendo da poesia uma apresentação do que, do signo e da estrutura da língua, deve de ordinário se ausentar para que ele aí tenha discurso, é preciso considerar também, e ao inverso, a maneira com que o hipograma, subtraindo-se da diferencial do fonema, exalta e projeta na transcendência de um Originário um bloco áfono indiferenciável, pleno, que não tira seu valor da rede de oposições em que a linguística o prenderia,[47] que só dá o que ele não tem (os diferenciais fonéticos) e não é afetado por isso que ele dá, em suma, que permanece *exterior a seus efeitos*, como pertence a qualquer causa transcendente ou longínqua. E já que "ele" será diferenciado foneticamente na cadeia em que será disperso, *membra disjoncta*, é justamente por isso que "ele" não entrará aí, em pessoa, como significante fônico, mas somente de modo indeciso, indecidido, dessa *alusividade* sonora, pela qual

---

47. Jean-Claude Milner, *L'amour de la langue*, op. cit., p. 81.

o hipograma excede a pulsação presença/ausência, atual/virtual, regulando a atualização da cadeia significante. Pode-se evidentemente retorquir, de novo, que tudo isso é ficção já que o nome hipogramático é "induzido", de fato *extrapolado*, a partir de fonemas desconexos distribuídos na cadeia do verso.[48] Só tem que, se o procedimento de análise manipulado por Saussure é o procedimento da própria extrapolação, é inseparável da alucinação auditiva que sensibiliza disso o "postulado". De modo que esse duplo movimento, do nome originário à cadeia significante da qual ele é a causa ausente, da cadeia significante à palavra tema que aí é extrapolada, só faz confirmar, em sua circularidade, e na indecidibilidade que daí resulta, o problema que anima o delírio saussuriano dos anagramas: aquele de um mito da origem, que faz voltar de fora, para um saber linguístico que teve o dever de excluir o enigma da língua originária da própria linguística.

Em nada isso contradiz, pelo contrário, só faz confirmar a análise de Maniglier, sobre uma completamente "outra cena":

> Toda a arte anagramática consiste em deixar um traço, a abandonar o destinatário do anagrama com uma impressão ao mesmo tempo vaga e obcecante, que é a experiência do nome restituído a seu estado de signo não atualizado, que só se entrega nessa adivinhação, nessa suspeição, nessa presença duvidosa e no entanto insistente. O poema anagramático dá a experiência do signo [...].

O signo e o *teograma*:

> O Imperador é o único objeto de todos os nossos pensamentos. De modo algum o Imperador reinando... Ele seria o objeto, quero dizer, se o conhecêssemos, se tivéssemos a seu respeito a menor certeza! [...] Tal é a visão ao mesmo tempo desesperada e alimentadora de esperança que tem esse povo de seu Imperador! Ele não sabe que Imperador rege,

---

48. Sobre esse mecanismo chamado *"paralogisme de l'extrapolation"*, ver Gilles Deleuze e Félix Guattari, *L'Anti-Œdipe*, op. cit., pp. 86-89 e 239-247.

e mesmo o nome da dinastia permanece incerto. Em nossas vilas Imperadores a muito defuntos sobem ao trono, e uns que só vivem na lenda acabam de promulgar um decreto, o qual o sacerdote lê ao pé do altar.[49]

Certamente não se concluirá que Saussure buscava em vão o segredo de um procedimento, vítima de uma ideologia da criação poética que lhe fazia projetar sobre Outro o recurso de uma homofonia inerente à impessoal estrutura fonética da língua. Mesmo que fosse bastante quimérico acreditar nesse procedimento já dado em lugar do Outro, o próprio proceder quanto a ele não o era. No lugar do Outro, a única coisa a se descobrir era a estrutura paranoica da língua e de seu significante-mestre teogramático. E é precisamente disso que Saussure teve de fazer a prova, a seu corpo defendendo. Mas foi também do seio dessa prova que inventou seu *procedimento* – a análise anagramática desenvolvida ao longo de páginas e de cadernos –, que lhe permitia encontrar uma saída, fazendo funcionar o nome hipogramático, como demonstrou muito bem Gandon, como "um nome próprio absolutizado", capaz de furar a trama do texto, fazendo de cada anagrama "uma operação *positiva* de extração do sentido, uma prática de apagamentos ´não recuperáveis".[50] E não para fazer surgir para ele mesmo o branco sonoro de um inaudível fonismo puro, mas exatamente o contrário: para cavar um *buraco negro*, essa "zona ultra-densa de desabamento da matéria sobre si-mesma",[51] tal como esta "captação de qualquer semiose pelo real – à semelhança de raios pelo buraco negro, essa necrose da semiose encontra sua "origem", segundo a vulgata, em um

---

49. Franz Kafka, *La Muraille de Chine*, trad. fr. Jean Carrive e Alexandre Vialatte. Paris: Gallimard, 1950, pp. 112-113.
50. Francis Gandon, op. cit., p. 182.
51. A analogia é avançada por Lotman no meio dos anos 1970, e Gandon (op. cit., p. 182) o entende assim: "Os anagramas provocam uma curvatura generalizada do espaço textual: chamam a si a envergadura sonora das palavras, como o buraco negro captura os raios de luz". Seria necessário examinar, além disso, o que viria a acontecer com o conceito de "buraco negro" que constrói Guattari no mesmo momento, e, de modo que suas paradas ultrapassem já nessa data o debate restrito à psicanálise lacaniana, em que se poderia ver uma transformação-destruição do conceito de forclusão.

"evento" nem simbolizado nem simbolizável: forclutilização", escreve Gandon, que não deixa de pôr no limpo a *positividade* do procedimento (a respeito do onímico e de *chimaera*), algo como uma "recriação do mundo".[52] Mas mesmo assim, esse procedimento que ele mesmo manipulava, e do qual experimentava o saber na prática, Saussure tinha como referente um outro saber obscuro que um poeta-mestre – um Outro do Outro – devia vir garantir. De modo que seu procedimento não podia se desenvolver em um *processo* que lhe teria feito cair a máscara. Do mesmo modo seu proceder, calando o processo que tinha aberto, deu meia-volta, e Saussure fechou o nonagésimo nono caderno.

A língua originária nas revelações do sétimo anjo

O centésimo caderno quem abriu foi Brisset, e contém uma gramática, ela mesma inserida, ou antes, extirpada de uma história natural do animal humano haurida dos lugares disparatados da emergência acidental, eventual, e pra resumir, reimosa da linguagem. É que num certo sentido Brisset é mais livre com sua loucura; possui seu procedimento mais do que é por ele possuído, e não carece mais um saber-mestre para saber o que fazer dele. Antes de tudo, sabe que a linguística é um caso de teologia. É o grande díptico de Brisset: que à *La Grammaire logique résolvant toutes les difficultés et faisant connaître par l'analyse de la parole la formation des langues et celle du genre humain*, responde *La Science de Dieu ou de la Création de l'Homme*, eis do que ele não faz segredo nem mistério algum.[53] Isso já é demais para a *Revue universelle bibliographique Polyblion* que o taxa como partidário da miguelagem

52. Francis Gandon, op. cit., p. 184. Gandon nota, além disso, que ressurge aqui, de modo surpreendente, a questão do *referente*, "por tudo por aí repudiado em proveito da função simbólica (tínhamos notado a hesitação de Saussure: apenas os nomes geográficos estão concernidos, depois uma nota marginal faz o caso engordar o conjunto de nomes próprios). [...] aqui (onímico) e acolá (*chimaera*), o referente intervém diretamente, fino cantão de um universo tendo apagado o significado – escapando ao arbitrário por isso mesmo. Cantão ou promessa?" (Francis Gandon, op. cit., p. 191.)

53. [A Gramática lógica resolvendo todas as dificuldades e tornando consciente pela análise da palavra a formação das línguas e a do gênero humano, responde A ciência de Deus

e do estreito anticlericalismo. Pois ele é mais profeta que padre, e o primeiro é sempre insuportável ao segundo; também planeja, lembra Foucault, de "se fazer ele próprio o editor de uma obra à qual o Apocalipse, no entanto, já tinha anunciado a iminência".[54] É pouco dizer que o saber não mais se busca no lugar do Outro: mais ou menos todos livros de Brisset o dizem, *Le Mystère de Dieu est accompli,*[55] *Les Prophéties accomplies (Daniel et l'Apocalypse)*...[56] Enfim, aqui, nenhuma distância mais entre um ensino público e uma secreta pesquisa esotérica, entre o professor e o cientista maluco. Brisset é os dois, e tudo é público nesse homem que anuncia a "Grande Nouvelle", publica suas pesquisas por fólios, e lança apelos para que contribuam para ajudá-lo a difundir seu saber que explicará aos homens por quais origens ancestrais lhes chegou esse acidente que é a linguagem.

Foucault deixou explícito, Brisset está pouco se lixando para a gramática comparada. Primeiro porque não tem nada que comparar, nada que valha como línguas dadas em suas pluralidades, mesmo disparatadas, mesmo incomensuráveis. Por isso, para Brisset, comparação, tradução e merda é a mesma coisa: ele forma o inverso do procedimento que inventará Wolfson sessenta anos mais tarde, ainda que os respectivos efeitos possam ser comparados – e entre os dois, outra geografia, outra política, precisaremos voltar a isso. Depois, porque sequer há gramática em sentido estrito. Utilizações e normas, a língua originária está fora de alcance: não depende da utilização, mas do evento; e antes de ser correto ou incorreto na utilização, é preciso que a linguagem advenha, e a "metalinguagem" brissetiana só toma forma com a informe narrativa desse advento violento, dramático e drolático. Suas uti-

---

ou da Criação do homem] Jean-Pierre Brisset, *La Grammaire logique.* Paris: E. Leroux, 1883, in-18°, p. 176; Jean-Pierre Brisset, *La Science de Dieu ou la Création de l'Homme.* Paris: Chamuel, 1900; Jean-Pierre Brisset, in-18°, p. 252; *Les Origines humaines,* 2 ed. de *La Science de Dieu,* entièrement nouvelle, Angers, l'auteur, 1913, in-18°, p. 244.

54. Michel Foucault, "Le cycle des grenouilles" (1962) in: *Dits et écrits.* Paris: Gallimard, 1994, v. 1, pp. 203-204.

55. En gare d'Angers, Saint-Serge, l'auteur, 1890, in-18°, p. 176.

56. Angers, l'auteur, 1906, in-18°, p. 299.

lizações e suas normas só poderão vir depois, bem mais tarde, em um porvir infinitamente diferido. A gramática, nesse sentido, é sempre presuntiva. A de Brisset, quanto a ela, longe de nos prometer isso, só trabalha sua erosão, sua subtração, sua extenuação. Diríamos antes, por vezes, uma etimologia, salvo que nada aqui se deriva das palavras de um estado de língua a outro. Seria antes uma *arquetimologia*, que rumina os punhados de linguagem nesse momento improvável em que só emergiriam para ser logo remergulhados no magma brejeiro da origem. O que aí subsiste em guisa de "palavra" só vale como a espécie desses indícios acidentalmente perpetuados desde esta outra cena que de modo algum se ocupava em fomentá-las. A origem não origina nada, líquida demais, corrente demais, caprichosa demais para fundar ou inaugurar o que quer que seja. E é isso mesmo o que diz a autonímia de base da etimologia brissetiana – a dupla etimologia faz aí, ou a dupla gemelidade como diz Foucault contornando o grande motivo mitológico lévi-straussiano, de *origem* e de *imaginação*:

> *Eau rit, ore ist, oris. J'is noeud,* gine. Oris = gine = la gine urine, *l'eau rit gine. Au rige ist noeud.* Origine. L'écoulement de l'eau est à l'origine de la parole. L'inversion de *oris* est *rio,* et rio ou *rit eau,* c'est le *ruisseau.* Quant au mot *gine,* il s'applique bientôt à la femelle: *tu te limes à gine?* Tu te l'imagines. *Je me lime, à gine est?* Je me l'imaginais, *On ce, l'image ist né; on ce, lime a gine ai,* on se l'imaginait. *Lime a gine à sillon; l'image ist, noeud à sillon; l'image ist, n'ai à sillon.*[57]
>
> O estado primeiro da língua, não era, portanto, um conjunto definível de símbolos e de regras de construção; era uma massa indefinida de enunciados, um jorro de coisas ditas: atrás das palavras de nosso dicionário, o que devemos encontrar não são de jeito nenhum constantes morfológicas, mas afirmações, questões, desejos, comandos. As palavras são fragmentos de discursos traçados por eles próprios, modalidades de enunciados congelados e reduzidos ao neutro. Antes das palavras haviam frases; antes do vocabulário haviam os enunciados; antes das sílabas e o arranjo elementar dos sons havia o indefinido murmúrio de tudo que se dizia.[58]

---

57. Jean-Pierre Brisset, citado em Michel Foucault, *Sept propos sur le septième ange,* op. cit., p. 18.

58. Ibid.

É claramente o próprio Foucault, o "arqueólogo" dos enunciados, que encontra aqui seu mais estranho espelho. E talvez mais ainda o genealogista, pois é justo no sentido genealógico, tal como Foucault o desenvolve em *Nietzsche, a genealogia, a história,* texto contemporâneo de *Sept propos sur le septième ange,* que é preciso entender a origem em Brisset, repercorrendo sob os signos as séries contingentes de relações de força que nele são apropriadas, das dominações que aí são sedimentadas, dos complexos pulsionais que aí são dramatizados em gestos obscenos, em cenas difíceis de engolir, em agressões ferozes. Pelo que, a origem brissetiana por sua vez só faz "mito" parodiando-o, quer dizer, desdobrando-o, e até mesmo demultiplicando-o sobre si mesmo,[59] cada palavra podendo receber várias fontes disparatadas, repetindo o mito de sua origem de uma nova maneira para cada palavra, como tantos simulacros cênicos dessa drolática origem em que não paramos de entrar por uma nova via, em vez de sair dessa de uma vez por todas.

> Em cada uma dessas aparições, a palavra tem uma nova forma, uma significação diferente, designa outra realidade. Sua unidade não é, portanto, nem morfológica, nem semântica e nem referencial. A palavra só existe por fazer corpo com uma cena na qual surge como grito, murmúrio, comando, narrativa; e sua unidade deve-se ao fato que, de cena em cena, apesar da diversidade do cenário, dos atores e das peripécias, é o mesmo ruído que se alastra, o mesmo gesto sonoro que se destaca da tribuzana, e flutua um instante acima do episódio, como um cartaz audível; por outro lado, ao fato de que essas cenas formam uma história, e se encadeiam de forma sensata segundo as necessidades de existência das pererecas ancestrais. Uma palavra é o paradoxo, o milagre, o maravilhoso acaso de um mesmo ruído que, por diferentes razões, personagens diferentes, visando coisas diferentes, fazem retinir ao longo de uma história. É a série improvável do dado que, sete vezes seguidas, dá o mesmo número. Pouco importa quem fala, quando fala, porque falar, e empregando seja lá o vocabulário que for: o mesmo tinido, inverossimilmente, retine.[60]

---

59. Cf. Pierre Klossowski, "Nietzsche, le polythéisme et la parodie" in: *Un si funeste désir.* Paris: Gallimard, 1962.
60. Michel Foucault, *Sept propos sur le septième ange,* op. cit., pp. 18-19.

Chegou a hora de distinguir o procedimento esquizofrênico de Brisset do procedimento de Saussure. Como Brisset, Saussure fez a prova do que na língua a excede; como em Brisset e Wolfson, a homofonia figura materialmente esse excesso. Mas o procedimento esquizofrênico de Brisset parece lhe ser barrado, de modo que esse excesso toma a forma mais paranoide por onde "se inclui na rede de impossível da língua, um 'a mais', que dela se distingue". Nada impede que Saussure admita numerosas maneiras de formar anagramas, fônicos, gráficos, estendendo-se por diversos versos, na ordem como na desordem, de modo que não há mal algum em escutar na palavra latina *"CondemnAVissE"* (condenaria) um anagrama de *"cave"* (mas cuida só!). Além do que, isso seria um caso rico de virtualidades para o procedimento brissetiano. Tomemos outro exemplo de Saussure mencionado por Starobinski, de que *Isis* ressoaria anagramaticamente em *Osíris* como a condensação residual de seu corpo desmembrado. Sabe-se como Brisset se virava para dar razão a esse entendimento. Pois ele ao menos não se contentou em *dizer* que não existe metalinguagem, mas criou um procedimento que *faz* com que efetivamente não haja, ficcionando a linguagem por um procedimento que faz dela uma encenação e uma atuação teatral, postural, corporal, já cinematográfica, de *literalização* em que os corpos se injuriam e as palavras fazem brotar nos corpos novos membros, e os corpos e as palavras se agridem e extinguem até *dar à ver* a cena desse desmembramento, sua selvageria, e como dela saindo, arrancados como alguns membros salvos da devoração originária, "Osis", "membros", "corpos", como esses cacos que a nosso bel prazer tomamos por palavras (não sabendo mais devorar, falamos, falamos, falamos...). Retomemos a expressão perfeita de Foucault: um procedimento de *homofonia cênica*.

Mas as coisas são ainda mais complicadas. Em verdade o procedimento de Brisset não consiste apenas em extrapolar virtualidades de anagramas em cenas prodigiosas, pois o procedimento das homofonias cênicas não pode se desenvolver por si só, por sua vez, sem reverter e tornar em derrisão o próprio princípio do anagrama. Também nada se encontra em Brisset do efeito "buraco negro" anteriormente assinalado. Nada de buraco negro, mas muitíssimo pelo contrário, uma difração caleidoscópica das palavras mais comuns, que faz da pesquisa brissetiana da origem das línguas, longe de uma busca de um princípio de sua formação na história, uma maneira pelo avesso de "abrir cada uma em uma multiplicidade sem limites; definir uma unidade estável em uma proliferação de enunciado; fazer voltar a organização do sistema para a exterioridade das coisas ditas". Não é a palavra ausente, qual um bloco áfono que frequenta a cadeia de uma sonoridade alusiva e obcecante, que é preciso decodificar, desencodificar, arrancando ao Outro o saber secreto de um procedimento dissimulador. Ao contrário, é a partir de uma palavra dada em sua nudez calma, redesdobrar todas as coisas afirmadas, os enunciados, interpelações, exclamações, comandos e súplicas, que aí vieram se aglutinar. Não é mais a lei do Outro como causa eminente, mas, ao contrário, uma maneira de devolver qualquer coisa ao aleatório, à sua contingência radical. "Sob uma palavra que pronunciamos, o que se esconde, não é outra palavra, nem mesmo várias palavras amalgamadas juntas, é, a maior parte das vezes, uma frase ou uma série de frases"; não um anagrama encriptado, um nome proscrito e o segredo de um saber ou de sua lei fonética, mas muito "antes das sílabas e da organização elementar dos sons, o indefinido murmúrio de tudo que se dizia. Mas de que falavam? Senão desse homem que ainda não existia já que não era dotado de língua alguma; senão de sua formação, de sua lenta ascensão da animalidade; senão do brejo do qual escapava a duras penas sua existência de girino? De modo que sob as palavras de nossa língua atual frases se fazem escutar – pronunciadas com essas mesmas palavras ou quase – por homens que ainda não existiam e que falavam de seu nascimento futuro. Trata-se, diz Brisset, de "demonstrar a criação do homem com materiais que pegamos na boca, leitor, onde Deus as tinha colocado antes que o homem fosse criado".[61]

Estrutura mítica evidentemente, essa "criação dupla e entrecruzada do homem e das línguas, sobre um fundo de um imenso discurso anterior". Evoquemos ainda um derradeiro aspecto das loucas genealogias de Brisset pra sacar a pegada. Elas formam algo como um "vocabulário das intuições". Ou mais exatamente, e mais fantasmático ainda, é duma porrada um vocabulário das instituições e uma história natural do animal humano encastoada uma na outra. Nada de intuição sem um tratamento particular do corpo, sem um novo investimento coletivo de órgãos, sem um órgão que aparece subitamente provocado por uma reruptura fônica (*pous ce, vois ce pousse, vois ce pouce!*), ou sem um órgão que se tire, ou ainda outro que se desloca para uma nova função. Mas inversamente, qualquer evento do corpo é ao mesmo tempo fato da linguagem e virtualidade institucional, como mostra a injuriosa origem do mercado:

> Voici *les salauds pris* ; ils sont dans *la sale eau pris*, dans *la salle aux prix*. Les pris étaient les prisonniers que l'on devait égorger. En attendant le jour des pris, qui était aussi celui des prix, on les enfermait dans une *salle*, une *eau sale*, où on leur jetait des *saloperies*. Là on les insultait, on les appelait *salauds*. Le pris avait du prix. On le dévorait, et, pour tender un piège, on offrait du pris et du prix: c'est du prix. C'est duperie, répondait le sage, n'accepte pas de prix, ô homme, c'est duperie.[62]

Mas consideremos antes um caso em que prima a emergência "orgânica" de uma palavra. Por exemplo, a origem correlativa do polegar e da palavra polegar, tal como relata em *La Grande Nouvelle, ou comme l'home sort de la grenouille*, publicado em fascículo separado em 1910:

---

61. Ibid.
62. Jean-Pierre Brisset, citado em Michel Foucault, ibid., p. 18.

O POLEGAR

A perereca não tem polegar, mas tem exatamente em seu lugar um indício que só precisa se desenvolver, para formar um polegar semelhante ao nosso. As patas dianteiras da perereca parecem já com as mãos e ela se suspende com elas assim como uma pessoa; servindo-se delas para empolgar o que vai meter na boca.

Veja essa pulga, veja esse polegar. Assim vimos o polegar purgar.

Se o polegar tivesse se formado ao mesmo tempo em que os dedos, ele se chamaria o dedão ou então os dedos seriam também polegares, assim como isso se dá para com os dedos do pé, já completos na perereca. Mas não é bem assim: o polegar não é um dedo, e os dedos não são polegares. Dizemos com a maior naturalidade: os quatro dedos e o polegar. Em geral, em qualquer língua, o polegar parece ter popularmente um nome diferente dos dedos, assim como os dedos dos pés têm um nome comum.

Os braços da perereca não têm relação alguma com o desenvolvimento das pernas. Eles são curtos demais para as necessidades do corpo; logo, o primeiro cujo braço se alongou foi considerado avantajado: ele tem o braço longo, dizemos sempre, de todo homem poderoso. Em alemão como em italiano, e talvez em todas as línguas, ter o braço comprido é uma expressão que denota poder. Isso indica necessariamente uma época em que os braços eram curtos demais, como os da perereca.

[...] Empolgar é pegar com vigor. Aliás, pega, é o primeiro de todos os gritos. Empolgar, polegar. O polegar serve para pegar, essa não é, no entanto, sua única função. Vemos que polegar vale muito bem: pega isso. Tu me empolgas, faz horas, tu mentes. – Tu me empolgas fortemente. – Tu me em pu rã bem, for. Tu me empurra bem forte. É claro como água. Vemos ao mesmo tempo como se formou a palavra. Repetíamos o que escutávamos, com uma ideia nova, vinda do que experimentávamos, víamos etc.

O que está evidente, em primeiro lugar, é que não tem cabimento extrair a linguagem como um estrato suplementar que se sobreporia à história natural da anatomia humana. Diríamos até que é precisamente porque a linguagem não pode ser isolada num extrato exterior distinto, que ela não pode ser estabilizada nela mesma por extratos interiores, fônicos, morfológicos, semânticos. Segue-se que a questão de saber se há ou não alguma relação biunívoca entre significantes e significados tem nem porque se colocar, e as palavras brotam nos corpos como um novo órgão –

como o polegar empola nos braços da perereca. Mas o inverso não é menos verdade, pois o próprio órgão sobrevém na mesma ocasião em que a palavra emergente, conferindo à surpresa de sua proferição sua ocasião ou seu suporte. Um darwinismo estranho, talvez, em que o aleatório da variação livre, evento do corpo ou advento da linguagem, é duplamente selecionado: primeiro pela dupla articulação de uma montagem anatômica e de uma montagem fônica, tornando a própria palavra apta a ser repetida e logo a entrar em novas variações livres homofônicas:

> Voyons que pouce vaut bien: *prends ça*. Tu me repousses, fais hors, tu mens. – Tu me repousses fortement. – Tu me pous ce bien, fors. Tu me pousses bien fort. C'est clair. On voit en même temps comment se forma la parole. On répétait ce que l'on entendait, avec une idée nouvelle, venant de ce que l'on éprouvait, voyait, etc.

Em seguida pela concreção de grupo ou "o efeito-sociedade" dessas quase palavras retomadas em turbulentos clamores: "En ce eau sieds-té = sieds-toi en cette eau. En seau sieds-té, en sauce y était ; il était dans la sauce, en société. Le premier océan était un seau, une sauce, ou une mare, les ancêtres y étaient en société"... Mas podemos ver também em Brisset um percursor de Leroi-Gourhan, exceto que, em vez da emancipação anatômica de certas partes liberarem uma função expressiva distinta das funções de preensão e de locomoção, a função expressiva (*pousse!*) não cessa de fazer nelas voltar, de re-divisá-las, ou de as re-diferenciar. Assim, por exemplo, a palavra *pouce* não se define diferencialmente com relação a outras palavras (*tousse, rousse, poule, poufe*), mas pela disjunção que ela introduz entre duas partes do corpo (polegar/dedos), entre duas utilizações da mão "*empoucée*" (*pousser/prendre*), entre duas orientações da mesma parte (braço voltando a mão para o alto/nadadeira voltando-a para baixo), tanto que a locução "*avoir le bras long*", expressão que denota poder, "indica necessariamente uma época em que os braços eram curtos demais, como os da perereca"... A diferencial significante só se esboça a partir do momento em que pode esposar as disjunções corporais, posturais, gestuais, que ela própria só faz esquivar, numa espécie de neotenia invertida. Retomemos brevemente a lição de anatomia linguística da máquina corporal, experimentação de apoio:

Primeira lição (*in vitro*): leva-se algo à boca da perereca, ela se serve do que se assemelha já a mãos para repulsar. Ainda não tem a mão, nem o polegar, mas o gesto prepara a palavra.

Segunda lição (*in vivo*): "Vês esse empolgar, vês esse polegar. Assim vimos o polegar empolgar." Antes que a mão servisse para repulsar, foi preciso que o polegar empolasse sobre a mão, e que disso nos espantássemos. O órgão pula ao dar-se e toma o nome de sua própria emergência, atrapalhado: *Veja! Isso pula ao dar!* > *Veja esse polegar!* Da forma verbal à forma substantiva que dela deriva por homofonia, o nome envolve o evento do corpo e a exclamação de sua surpresa.

Terceira lição (contraprova): se o polegar não tivesse sido nomeado pela singularidade de sua emergência, teria sido nomeado comumente com o mesmo título dos membros que lhe são próximos, por analogia ou contiguidade com os dedos: "ele se chamaria dedão ou então os dedos também seriam polegares, assim como isso se dá para os dedos dos pés já completos na perereca. Mas não é bem assim: o polegar não é um dedo, e os dedos não são polegares. Dizemos com a maior naturalidade: os quatro dedos e o polegar. Em geral, em qualquer língua, o polegar parece ter popularmente um nome diferente dos dedos, assim como os dedos dos pés têm um nome comum".

Quarta lição (*do órgão à instituição*): "quando a perereca estende os braços, como em nossa figura, [...] notaremos na figura que o penúltimo dedo é o maior, em relação ao quarto dedo do pé, o mais longo. O nome de anular dado a esse dedo, que traz o anel simbólico do casamento, se deve a essa particularidade."

Quinta lição (*história de exclusão e roubo*): "Vemos que polegar significa: pega isso", ou seja, "pole gar = pegar". De onde a derivação, a deriva seguinte: *"Tu me repousses,* [tu me] *fais hors, tu mens"* > *"Tu me repousses fortement* [*f* hors *t* mens]", ou o gesto de exclusão é conservado pelo verbo mas fusiona também com a mentira no advérbio intensivo *fortment* > "*Tu me pous* [prends] *ce bien fors*" > Tu me empurras bem forte", onde o embrião de *agôn* em torno de um bem, pela apropriação do qual será necessário repulsar o outro usando de mentira, se re-envolve sob a forma adverbial *bien fort* cujo único traço que dela guarda é o valor intensivo.

Sexta lição (*de história natural, de novo*): onde Brisset acrescenta aliás: "*Pous ce* = pega isso. Começa-se a pegar os *jeunes pousses* das plantas e dos botões quando o *pouce*, então *jeune*, se formou. Com o advento do polegar, o ancestre torna-se herbívoro", seguindo o investimento coletivo de órgãos que comanda a subordinação da oralidade alimentar à preeminência do polegar, de seus eventos verbais e de suas utilizações.

C.Q.F.D.

Parte II

Édipo nas colônias:
post-scriptum ao anti-Narciso

Capítulo 1

Colonização psiquiátrica e metáfora colonial do familiarismo

Coloquemos outra vez a questão: o que é *O Anti-Édipo*, o que é esse livro? Não de todo prioritariamente uma crítica do "complexo de Édipo", se entendemos daí o conceito forjado por Freud, e retrabalhado por aqueles que assumiram sua herança, de certa estruturação da psique, estruturação ao mesmo tempo constitutiva da posição de um sujeito (lugar das identificações e das escolhas de um libidinoso cenário organizador das rupturas simbólicas fundamentais em que pode se manter uma pessoa na existência, entre os sexos, entre as gerações, entre a vida e a morte) e ferozmente instável, em que os destinos, recalcamento ou forclusão, determinariam os processos patogênicos das nevroses, psicoses e perversões. *O Anti-Édipo*, primeiramente, não é a crítica de um *conceito* da psicanálise; é prioritariamente a crítica de uma *operação*, ou de um conjunto de operações (a *edipianização*) exercidas *notadamente* pela psicanálise, não apenas em teoria, mas na prática, sobre a subjetividade. É um conjunto de *práticas* intervindo na maneira como os indivíduos se constituem em sujeito, e no seio do qual a própria psicanálise inseriu ao menos parcialmente sua própria prática da cura. Em outras palavras, essa operação de edipianização da subjetividade não foi inventada pela psicanálise, nem por ela se explica, nem por ela é teoricamente dominada. Se *O Anti-Édipo* não é primeiramente nem fundamentalmente a crítica de um conceito de Édipo, mas de uma prática de subjetivação, ele não é tampouco primeiramente nem fundamentalmente, digam o que disserem, uma crítica à psicanálise. Fato que também é! Mas a psicanálise não surgiu do nada, e de modo nenhum poderia contribuir, à sua modesta medida, na reprodução de sujeitos edipianizados, se não estivesse determinada a fazê-lo por um campo social-histórico eminentemente mais complexo e "sobredeterminado" que apenas o campo da psicopatologia clínica, e por forças um pouco mais poderosas que algumas escolas analíticas. Se, portanto, deve se enunciar algo como uma crítica antiedipiana, não pode ser somente, nem prioritariamente uma crítica do complexo de Édipo, mas antes a crítica de uma formação social que motiva, requer, bota em marcha a pleno vapor um tipo de subjetivação na qual a edipianização é apenas um meio. Criticar o Édipo por si só, sem aprofundar a crítica sobre as estruturações histórico-políticas, sociais e econômicas que determinam a edipianização seria como fatigar-se a criticar o reino da mercadoria deixando intactas as relações sociais de produção e de reprodução que determinam o jogo de valores de troca: seria fazer uma crítica fetichista de um fetiche, uma crítica pêga no engano em que se dá como objeto. É por causa disso que os autores desse "anti-Édipo" deixam de dizer que decididamente o Édipo nada é, mesmo que seja uma operação real; que Édipo é "indecidível" teoricamente, mesmo que as práticas que se fazem em seu nome sejam perfeitamente assináláveis em seus efeitos; e que no grau em que a tematizou a psicanálise freudiana e pós-freudiana, ele só pode ser criticado com humor e ironia, salvo a combater a máquina social que mobiliza massivamente esse agenciamento de subjetivação, que certamente a psicanálise não "inventou", mesmo que tenham podido servir a seu corpo defendendo-o de novas justificações teóricas, e tenha encontrado para ele novas maneiras práticas de estendê-lo ao interior do campo da *função psy*" da qual Foucault faz simultaneamente a genealogia.

Mas o que entendemos por essa política originada por Édipo, quer dizer, pelo agenciamento de subjetivação edipiano? Eis a questão das questões: qual *política* origina a psicanálise criticada por Deleuze e Guattari, aquela que qualificam de "edipiana"? E como essa *política* (declinável no plano macropolítico das relações de forças históricas, e sobre o plano micropolítico dos modos de subjetivações e das pragmáticas semióticas da subjetividade) nos obriga a aprofundar sua compreensão metapsicológica do inconsciente e dos efeitos de subjetivação que ele comporta? Não é certo que O anti-Édipo traga uma resposta unívoca a essa questão; mas em revanche, é certo que a maneira com que se determinará essa política decidirá quanto àquilo que se compreende por edipianização. Ao menos uma passagem de O *Anti-Édipo* determina isso sem ambiguidade: a edipianização, pode-se ler na quarta sessão do terceiro capítulo, é um meio, um instrumento, uma arma a serviço da colonização. E Deleuze e Guattari extraviando a famosa fórmula de Clawsewitz: Lá como aqui, é a mesma coisa: Édipo, é sempre a colonização perseguida de outras maneiras, é a colônia interior, e veremos que, mesmo cá entre nós, europeus, é nossa formação colonial íntima."[1]

O que O *Anti-Édipo* nos dá a pensar, que o modo de subjetivação edipiana só se mantém de pé com uma política específica determinável como *"colonização interior"*, no duplo sentido do termo: no sentido geohistórico e geopolítico, *nesse* "centro" em que o ocidente construiu para si a representação enquanto colonizava suas "peripécias"; colonização interior no sentido de uma topologia do sujeito, com alavancas indissociavelmente materiais e simbólico-imaginárias que fazem dele, "lá como aqui", uma *colonização do inconsciente*. Isso implica evidentemente precisar como a análise da subjetivação edipiana por um lado, por outro a análise do poder colonial, podem se esclarecer uma à outra. Mas isso põe também em jogo imediatamente um problema metodológico, referente ao modo de leitura dessa obra na qual é preciso constatar a multiplicidade de alvos críticos, irredutíveis a um adversário simples, e impondo ao leitor uma *decisão* nas focalizações de leitura, a hierarquização dos adversários primários e secundários modificando *ipso facto* o sentido da obra, das teses que são aí anunciadas, e de seu próprio regime de escrita.

Examinando a caracterização esquizoanalítica do inconsciente,

---

1. Gilles Deleuze, Félix Guattari, *L'Anti-Œdipe*, op. cit., p. 200.

e o tipo de operações no saber psicanalítico que ela implica, gostaria de arriscar a hipótese que a esquizoanálise toca no problema de uma *descolonização do pensamento*, ou na descolonização de um duplo saber: o saber da psicanálise, o saber (do) inconsciente. E que essa hipótese permite reexaminar duas teses axiais defendidas por Deleuze e Guattari, uma óbvia, a outra mais discreta, mas que também está explicitamente argumentada no livro de 1972. A primeira é aquela de um investimento *imediato* pelas formações do desejo inconsciente de um real histórico-geográfico "mundial", seguindo uma bipolaridade esquizofrenia/paranoia que se averigua na letra nas construções delirantes, julgadas aqui como um melhor fio condutor para compreender os processos do sintoma em que se suporta um sujeito do que as correntes significantes oníricas e os cenários fantasmáticos, mas que obriga a levar em conta, em troca, a maneira com que os empreendimentos coloniais, como processos de constituição efetiva desse real histórico-mundial, são sempre incluídos de antemão nesse investimento "imediato". A segunda tese, que forma por assim dizer o avesso da primeira, diz respeito ao conceito analítico do próprio complexo edipiano, e põe mais precisamente o tipo de relação *narcísica* que se institui com a subjetividade edipianizada, narcisismo que forma o alicerce das cenas fantasmáticas, sempre tramadas de investimentos contraditórios do Próprio e do Outro que fazem a agressividade das rivalidades miméticas atuantes no imaginário das identificações da subjetividade colonial. (Aquilo que encontraria eco hoje em "o anti-Narciso" de Eduardo Viveiros de Castro, ou seu programa de "antropologia menor" como empreendimento de "descolonização permanente do pensamento", voltarei nisso).

Apesar disso, não queria dar à minha proposta um rumo somente tético e dogmático, deixando entender que uma simples retificação de leituras apressadas demais bastaria para fazer ver do que se trata. É decerto mais instrutivo interrogar as dificuldades internas da escrita esquizoanalítica posta em jogo por Deleuze e Guattari, dificuldades susceptíveis de levar em conta os efeitos de obliteração da problemática colonial ali mesmo onde ela está, porém, posta em jogo. Ora, aqui ainda uma leitura cruzada com o *Poder Psiquiátrico* de Foucault se mostra verdadeiramente eficaz, primeiro para circunscrever um contexto intelectual e histórico determinado, de interrogação crítica sobre a questão colonial, mas igualmente para reexaminar o tipo de crítica que aí pode ser dirigida a esses três autores por ficarem cegos demais quanto a ela. Em uma passagem de sua conferência de 1983 *Can the Subalternes Speak*, matricial como sabemos para tantas discussões nos *postcolonial studies*, Gayatri Spivak observa que Foucault, na sequência de sua minuciosa genealogia dos dispositivos de poder concernente às populações segregadas e minoritárias das metrópoles ocidentais – doentes, prisioneiros, alienados e outros "anormais"... –, nunca arriscou confrontar sua análise com o contexto colonial (que poderia muito bem ser algo completamente diferente de um simples "contexto"), ou a "exteorizá-lo" com relação às coordenadas intracontinentais que balizam implicitamente suas reconstruções genealógicas.

> Foucault é um brilhante pensador da espacialização do poder, mas seus pressupostos não são informados pela consciência da reinscrição topográfica do imperialismo. Foi abusado pela versão restrita do ocidente produzida por essa reinscrição e contribui, consequentemente, a consolidar lhe os efeitos.[2]

Testemunharia isso, por exemplo, o esquema quase-evolucionista que supostamente nos faz passar de um poder territorial de soberania se exercendo "sobre a terra e seus produtos" a um poder disciplinar "carregado antes sobre o corpo e sobre aquilo que

---

2. Gayatri Spivak, *Les Subalternes peuvent-elles parler?* Paris: Amsterdam, 2009, p. 59.

fazem",[3] ali onde o projeto imperialista nunca renunciou a recorrer massivamente ao primeiro.[4] Testemunhariam finalmente os próprios objetos nos quais está focalizado o genealogista:

> Diríamos por vezes que a própria sutileza da análise por Foucault dos séculos do imperialismo europeu produz uma versão miniatura desse fenômeno heterogêneo: a gestão do espaço – mas por doutores; o desenvolvimento de administrações – mas nos asilos, a tomada em consideração da periferia – mas em termos de doentes mentais, prisioneiros e crianças. A clínica, o asilo, a prisão, a universidade – todos parecem alegorias *écrans* que arrastam a forclusão de uma leitura das narrativas mais amplas do imperialismo. (Seria possível abrir uma discussão do motivo agressivo da "desterritorialização" em Deleuze e Guattari).[5]

Haveria aí, portanto, uma "forclusão" – um encerramento exterior – da topografia colonial, ou ainda, um denegar desse fora que só pode ser inscrito no espaço da análise, ao mesmo tempo espaço do texto e espaços dos lugares de poder estudados, estando aí metaforizados ou alegorizados ao ponto de tornar o real inicial irreconhecível. E essa oclusão daria um sintoma bastante revelador do mantenimento implícito da estrutura colonial nos autores que, no entanto, são julgados determinantes para a renovação do pensamento crítico na filosofia francesa dos decênios do pós-guerra. Nos lembraremos aqui do interesse que Spivak reconhece *a contrario* ao trabalho de Derrida, para se premunir das próprias formas encubadas de "auto justificação ideológica de um projeto imperialista". "Derrida marca na crítica radical o perigo de se apropriar o outro por assimilação", e preserva disso justamente seu leitor, não fingindo apagar o lugar do sujeito produtor da teoria em nome do reconhecimento dessa voz do outro em que se recusa a bancar o porta-voz, mas ao contrário, marcando presença, no tecido de seu discurso, no lugar vazio ou no "branco" textual

3. Michel Foucault, "Cours du 14 janvier 1976" in: *Dits et écrits*, citado por Gayatri Spivak, ibid., p. 59.
4. Pouco importa aqui que o próprio Foucault tenha podido, batendo de frente com algumas de suas formulações de fato impenetrável nesse sentido, contestar a ideia de tal passagem linear da lei soberana à normalização disciplinar.
5. Gayatri Spivak, ibid., p. 61.

que aí demarca o impossível de um reconhecimento, como o não lugar de um Outro inassimilável, que é também o lugar a partir do qual esse discurso pode ser reinterpretado pelo "sujeito pós--colonial". Não sem que se imponha ao pensador ocidental essa exigência que condensa essa formula arrebatadora de Derrida, bastante sugestiva para que Spivak bata de novo nessa mesma tecla no finalzinho de seu ensaio (ao termo de sua interpretação do Sati): *"fazer delirar a voz interior que é a voz do outro em nós."*[6]

É certamente difícil não subscrever em parte à crítica endereçada por Spivak a Foucault.[7] É razão bastante para nos interessarmos aqui justamente pelo que resiste a ela. Não viso com isso a afirmação segundo a qual a focalização do trabalho foucaultiano sobre o tratamento dos loucos ou dos prisioneiros seria fruto de uma obnubilação sobre "alegorias-*écrans*". Essa afirmação problemática poderia muito bem levar o leitor a concluir que o sobredito *écran* obstrui manifestamente nos dois sentidos: não apenas no sentido do filósofo europeu, mas igualmente no da pensadora pós-colonial para quem fora da luta descolonial não há salvação; e leva a ver em qualquer outra opressão um deslocamento metafórico mascarando a colonial, ou em quaisquer outras lutas, simples denegações da sua. Mas é possível ver as coisas por outro ângulo, justamente prolongando o gesto que a própria Spivak efetua primorosamente quando se mostra em outros tempos tão atenta aos jogos de catarse que trabalham a letra dos textos filosóficos e com isso contaminam a suposta pureza conceitual. Em outras palavras, queria mostrar que uma leitura "spivakiana" de alguns textos de Foucault, em particular nos cursos no Collège de France,[8] não apenas é possível, mas conduz a desarmar a crítica lançada

---

6. Jacques Derrida, *D'un ton apocalyptique adopté naguère en philosophie*. Paris: Galilée, 1983, citado por Gayatri Spivak, ibid., p. 68, e pp. 102-103.

7. No que concerne a Deleuze e Guattari, o buraco é mais embaixo, já que eles inscrevem explicitamente *O Anti-Édipo* na topografia do imperialismo. Volto a isso mais acolá.

8. De modo que é possível que na época ela não tivesse conhecimento da conferência, e ainda no momento de publicar sua versão reescrita de *Can Subaltern Speak?* em que sua crítica de Foucault revê abundantemente sessões do curso de 1976 publicadas separadamente nos *Dits et Ecrits*.

por Spivak em sua conferência de 1983, ou mais precisamente a alterar seu teor (a questão das "alegorias-*écrans*") e seu alvo. Percorrendo de novo algumas passagens do curso de 1973-1974, *Le Pouvoir Psychiatrique* (em que a leitura foucaultiana de *O Anti--Édipo* publicada alguns meses antes é, aliás, patente), tratar-se-á de mostrar como o efeito de alegoria-*écran* salientado por Spivak aí opera, não na tentativa de Foucault, mas do discurso psiquiátrico que ele analisa. Em outras palavras, a alegoria-*écran* assinalada por Spivak é aquilo mesmo que a investigação genealógica de Foucault permite pôr no limpo, analisando o papel e o funcionamento na constituição do saber-poder psiquiátrico no século xix.

O fato é que nesse discurso (em particular nas duas lições consecutivas de 28 de novembro e de 5 de dezembro de 1973) Foucault se põe a fazer uma utilização espantosamente prolífica do significante colonial, num contexto argumentativo em que não se trata dos empreendimentos históricos de conquista e de dominação colonial em sentido próprio, mas sim passando por uma menção às missões jesuítas na Amazônia, como um ponto de apoio entre outros, e sem privilégio explícito, de um processo histórico mais amplo. De fato, trata-se, para Foucault, nesse ponto, de reorganizar esquematicamente alguns marcos de uma história dos dispositivos disciplinares, de sua generalização e de sua sistematização na escala social, entre a Idade Média europeia e o século xix, a partir de técnicas primeiramente utilizadas em setores locais e marginais da sociedade medieval, a saber, nas comunidades religiosas, "ilhotas" (segundo o termo de Foucault) ou "poros" da sociedade medieval (para retomar dessa vez um termo empregado por Marx para designar um processo histórico análogo) funcionam como laboratórios do que será em seguida desenvolvido em grande escala, mas em função de novos objetivos e de novas relações de forças (é por isso que as disciplinas foram objeto de uma genealogia, e não de uma história cumulativa e evolutiva que poderíamos seguir teleológica e linearmente). São três "pontos de apoio" a essa "extensão histórica" ou a essa "parasitagem global operada pelos dispositivos disciplinares", assinalando três vias genealógicas de "colonização" do campo social pela tecnologia disciplinar: a "colonização pedagógica da juventude",[9] a colonização dos próprios colonizados (Foucault pensa aqui nesses laboratórios disciplinares intensivos que foram as missões jesuítas – voltarei a isso), enfim, a "colonização interna dos vagabundos, mendigos, nômades, delinquentes, prostitutas etc., e todo o enclausuramento da época clássica"[10] (será questão mais adiante da "colonização asilar da idiotia", ou da "colonização psiquiátrica da loucura"...).

O que orienta esse processo de generalização ou de "sistematização disciplinar" não é a problemática colonial, mas, decerto ligada a ela, ainda que isso não seja explicitado por Foucault, a maneira como as disciplinas religiosas vão "se aplicar assim progressivamente em setores cada vez menos marginais, cada vez mais centrais do sistema social", até estes dois setores determinantes que são, por um lado *o aparelho repressor do Estado*, por meio do surgimento, entre os séculos XVII e XVIII, de sistemas disciplinares como mecanismos internos à constituição de exércitos estatais, por outro, *o aparelho produtivo*, e Foucault retoma então a tese pós-marxista que já tinha começado a desenvolver em 1972 em

9. A "colonização pedagógica da juventude", ou a "colonização pelo sistema disciplinar" de uma "juventude escolar" que até o fim do século XV, escreve Foucault, "tinha resguardado sua autonomia, suas regras de locomoção e de vagabundagem, sua própria turbulência, seus laços, igualmente, com as agitações populares", "espécie de grupo em deambulação, de grupo em estado de emulsão, em estado de agitação", cuja disciplinarização constituirá "um dos primeiros pontos de aplicação e de extensão do sistema disciplinar" (Michel Foucault, *Le Pouvoir Psychiatrique*, op. cit., p. 68), quer dizer, de transferência das técnicas de organização, de vigilância de administração do tempo e do espaço, de gestão das condutas articuladas a uma economia da conversão espiritual e uma teleologia da salvação que fizera prevalecer o ideal ascético de algumas comunidades religiosas regulares ou seculares (e também, acrescenta Foucault, nas organizações do tipo militar) desde a Idade Média.
10. Ibid., p. 71. Dessa terceira "etapa" na qual ele não se estende ("isso foi estudado pra caralho"), Foucault retém simplesmente que ainda aqui esses sistemas de clausura, "esses procedimentos de colonização dos vagabundos, dos nômades etc.", eram frequentemente obra "das ordens religiosas que tinham, senão a iniciativa, ao menos a responsabilidade da gestão desses estabelecimentos. É, portanto, a versão exterior das disciplinas religiosas que vocês veem assim se aplicar progressivamente em setores cada vez menos marginais, cada vez mais centrais do sistema social." (Ibid., p. 72.) (Ele falará mais adiante da "colonização psiquiátrica da idiotia", ou da "colonização da loucura".)

A *Sociedade punitiva*, e a que voltará em 1976, em *A vontade de saber*, e que poderia ter poupado os esforços bastante fastidiosos feitos pelos foucaldianos liberais para afirmar a estranheza da genealogia foucaultiana das disciplinas ao problema das novas condições de exploração da força de trabalho sob as relações de produção capitalistas. As páginas 72-74 do Curso de 1973-1974 recapitulam essa articulação da "enxameação" disciplinar sobre o problema da "acumulação de homens" como reverso da acumulação do capital, e mais exatamente como fazendo junção entre o que Marx chamava sua "acumulação primitiva" e sua "acumulação ampliada".[11]

O que fica de tudo isso é que seria ainda lícito ver nessa metáfora colonial a comodidade de um jogo de linguagem. Muito mais, a própria disseminação gradual dessa "colonização metafórica" a todos os níveis de demarcação da "enxameação" das técnicas de inscrição, de codificação, de "disposição" dos corpos e das condutas nas instituições da Europa primo-capitalista, poderia reforçar nossa impressão de que aqui está operando um mecanismo de reconhecimento-desconhecimento, ou nos termos de Spivak, uma operação sistemática de denegação dessa topografia imperialista que Foucault só levava em conta por alusão, no próprio jogo desse deslocamento metafórico que manteria a presença-ausência dessa topografia à revelia da própria narração genealógica. Mas ao mesmo tempo poderia ser a ocasião de interrogar por si só esse emaranhamento *topográfico*, quer dizer, essa escrita em que parecem se debater um sobre o outro: a/ o campo de semantização do significante colonial e b/ o campo de espacialização de seus valores referenciais ou denotativos. De fato, esse emaranhamento parece fazer entrar numa relação de presunção recíproca a maneira como o primeiro assegura a distribuição (diferencial e hierárquica) de um sentido "próprio" e de um sentido "figurado" (ou o literal e o metafórico, ou mesmo o sentido "sempre-já" metafórico e uma significação ilusoriamente "própria" que o trabalho de desconstrução "desapropria" de sua

---

11. Ver as análises definitivas de Stéphane Legrand, *Les Normes chez Foucault*. Paris: PUF, 2008.

pretendida literalidade), e a maneira como o segundo campo ordena uma série de rupturas espaciais de um interior e de um exterior, de um aqui e de um acolá etc., essas rupturas permitindo estofar um conjunto de segmentações e de polarizações *espaço-ideo-lógicas*, ou se preferir "espaço-discursivas", as possibilidades de hierarquizar o jogo semântico do significante colonial.[12] – Por exemplo: tornando possível a suspeita da própria alegoria-*écran* a partir da percepção de um além do *écran*, ou a partir do reconhecimento de um lugar não alegórico, de um "aqui" como limite de um grau zero da metáfora (haveria um *lugar* em que o significante colonial tocaria *realmente*, e não metaforicamente, ao real sem metáfora da colônia).

Esse problema está precisamente em jogo em um ponto do curso em que Foucault parece liberar algo como uma *razão real* dessa metáfora. De modo mais exato, essa razão não é enunciada diretamente pela narração genealógica em que vimos a metáfora proliferar, mas por seu discurso indireto, no desvio de uma citação, em um contexto argumentativo tratando de um problema levantado no final da sessão precedente pela seguinte observação: a enxameação das técnicas disciplinares em todos esses setores socioinstitucionais até então enumerados – escolas, casernas, e antes prisões, asilos, manufaturas e cidades operárias etc. – parece deixar indene *uma* instituição singular, da qual Foucault diz que justamente ela não vai se conformar ou que ela não vai imediatamente se integrar aos dispositivos disciplinares: *a família*.[13]

> Me parece que a família, é precisamente – iria dizer: um resto, não de todo – é, em todo caso, uma espécie de célula no interior da qual o poder que se exerce não é, como costumamos dizer, disciplinar, mas ao contrário, é um poder do tipo da soberania.[14]

---

12. É a um problema análogo que conduz em Deleuze e Guattari, então sob uma formulação completamente diferente, a tentativa de introduzir as categorias "territoriais" (desterritorialização/reterritorialização) em uma reescrita do dispositivo de Hjelmslev: Expressão[Forma-Substância]/Conteúdo[Forma-Substância], para transformar a lógica da hermenêutica em uma problemática construtivista do *agenciamento*.

13. Michel Foucault, *Le Pouvoir Psychiatrique*, op. cit., pp. 81-88.

14. Ibid., p. 81.

Singularidade, portanto, da célula familiar, singularidade desse "microcosmo familiar" tal como se define entre o século XVIII e o meio do século XIX, o qual, Foucault se empenhará em mostrar, introduz precisamente um ponto de soberania de algum modo privatizada, mas tanto mais necessária para assegurar a *entrada* e a *passagem* dos indivíduos através das diferentes máquinas da normalização disciplinar. É precisamente nesse quadro que Foucault reintroduz a metáfora colonial, não em seu próprio discurso, mas por aquele que cita do alienista Jules Fournet, conhecido por ter desenvolvido a noção introduzida alguns anos antes por François Leuret de "tratamento moral da alienação". Precisamente sob esse título Fournet lhe consagra um artigo publicado em 1854 nos *Anais médico-psicológicos*, em que se pode ler:

> Os missionários de civilização que emprestam à família seu espírito de paz, benevolência, abnegação, e *até o nome do pai* [j.s], e vão procurar curar os preconceitos, as falsas tradições, enfim, os erros dos povos selvagens, são os Pinéis e os Daquins da vida, semelhantes aos exércitos conquistadores que pretendem conduzir os povos à civilização pela força brutal das armas, e que fazem uso das cadeias e das prisões para com os infelizes alienados.[15]

Qual ancoragem é dada aqui à metáfora foucaldiana da "colonização disciplinar"? Outra metáfora: uma metáfora colonial da disciplina asilar. Esta testemunha a maneira com que o discurso genealógico, aqui como frequentemente alhures, se aloja no discurso indireto livre das formações discursivas que investiga, para dele extrair a lógica interna, mas também as bordas, linhas de falha ou "pontos de heresia". Remarquemos sobretudo que essa metáfora colonial da disciplina asilar, longe de fazer funcionar a cena psiquiátrica como uma alegoria-*écran* da topografia colonial, muito pelo contrário, atrai o questionamento sobre o modo com que a construção prático-discursiva do "alienado" precocemente

15. Jules Fournet, "O tratamento moral da alienação seja mental, seja moral, tem seu princípio e seu modelo na família (Memória lida para a Société médicale d'émulsion, na sessão do dia 4 de março de 1854)", *Annales médico-psychologiques*, 1854, n. 06, pp. 526-527, citado em Michel Foucault, *Le Pouvoir Psychiatrique*, op. cit., pp. 109-110.

incluiu, no pensamento dos próprios psiquiatras, uma referência ao colonizado, referência em nada "forclusa" mas ao contrário, explicitamente tematizada. Limitemo-nos, para deixar de delongas, a algumas breves observações a esse respeito.

De primeiro, de jeito nenhum é por acaso que essa metáfora aparece nos *Annales médico-psychiatriques*, em que a questão da alienação mental nas colônias constituirá um tema recorrente no decorrer das publicações da revista, e isso desde seu primeiro número de janeiro de 1843, em que aparecem as famosas "Pesquisas sobre os alienados no Oriente" de Moreau de Tour, tiradas das observações recolhidas ao longo de três anos de périplo no Oriente-Próximo.[16] Lembraremos-nos igualmente que sob essa metáfora colonial os alienistas se interessaram muito cedo, e de modo explícito, ao que se passava do lado das sociedades "indígenas". Na França, antes mesmo dos reinvestimentos das campanhas coloniais na África do Norte nos anos 1830, no limiar do século XIX, alienistas tão renomados como Philippe Pinel se interessam pelos trabalhos de grupo dos Ideólogos e participam da Société des Observateurs de l'Homme (1799-1805), em que pudemos ver uma das primeiras instituições científicas promovendo viagens de estudos dos "povoamentos indígenas" extraeuropeus. René Collignon sugere a esse respeito que alienistas e Ideólogos deviam partilhar um interesse comum pela questão da "alteridade", e que num piscar de olhos, com a multiplicação das expedições, às quais as campanhas coloniais são evidentemente um fator determinante, "a questão da alteridade do alienado no âmago da sociedade vai se somar a outra questão para os primeiros alie-

---

16. *Annales médico-psychologiques*, v. 1, jan. 1843, pp. 103-132. "Moreau abre assim uma longa série de reflexões sobre as relações entre civilização e alienação. Outros alienistas em diversas regiões do mundo vão se dar conta de suas observações segundo perspectivas as mais variadas (marcas de preocupações de nosologia comparada, portadoras de cuidados epidemiológicos, preocupações de correlações com as condições climáticas, vez por outra abertas a uma perspectiva antropológica). Estes dados exóticos vêm ecoar nas interrogações da corporação sobre o papel da civilização na produção da loucura e entretêm a reflexão no seio da Société médico-psychologique." (René Collignon, "La psychiatrie coloniale française en Algérie et au Sénégal. Esquisse d'une historicisation comparative", *Tiers-Monde*, v. 47, n. 187, 2006, pp. 527-528.)

nistas franceses: a presença ou não de alienados no âmago das sociedades extraeuropeias".[17] Assim, o que está imediatamente em questão, é bem o problema institucional concreto da implantação de uma psiquiatria colonial (mesmo se será deplorada sem trégua até o Congresso de Dijon dos Médicos alienistas de 1908 e o relatório de Reboul e Régis no Congresso de Tunis em 1912, a carência das estruturas psiquiátricas nas colônias francesas); mas é também, numa periodização mais longa, o problema dos *tranferts* de saberes práticos que farão circular entre metrópole e colônia os discursos das lógicas discursivas, dos modelos de compreensão e de interpretação, e consequentemente, a maneira como o saber psiquiátrico pode funcionar desde os anos 1860-1870 no interior da construção dos saberes "biológico-sociais" da "raça".

O que precisaria ficar bem explicado, em terceiro lugar, é a razão pela qual a referência colonial vem atuar em um texto como o de Fournet em 1854, não exatamente como uma referência histórica ou política explícita, mas sob essa forma indireta, furtiva e metafórica, como esse retrato dos colonizadores, Philippe Pinéis e Joseph Daquins da vida, heróis libertadores da primeira medicina psiquiátrica. Metáfora na verdade complexa: primeiro porque pode evidentemente ser invertida ou andar nos dois sentidos, fazendo não apenas dos missionários uma espécie de psiquiatras civilizadores dos mundos indígenas, mas, simetricamente, fazendo dos psiquiatras uma espécie de missionários pacificadores nos mundos selvagens e abruptos da loucura. Metáfora reversível, num é? Metáfora que também é dupla, operando por assim dizer no segundo grau: pois no contexto argumentativo de Fournet, ela vem participar no interior de uma analogia primeira, redobrando e deslocando duma só vez, uma narrativa de base frequentemente utilizada pelos alienistas, e pelo próprio Fournet, na qual a psiquiatria projetará por muito tempo seu mito de origem: a narrativa revolucionária. A oposição polêmica do "tra-

---

17. René Collignon, "La psychiatrie coloniale française en Algérie et au Sénégal. Esquisse d'une historicisation comparative", *Tiers-Monde*, v. 47, n. 187, 2006, pp. 527-546 (527-528 para a citação).

tamento físico dos loucos" e do "tratamento moral dos alienados" se sobrepõe aqui à oposição entre a crueldade do Antigo Regime e o sentimento de humanidade liberada pela ruptura de 1789. É isso o que se ilustrou durante decênios, até o início do século xx, pela famosa vinheta que ornamentava os manuais e tratados de psiquiatria na França, representando Pinel como libertador arrancando as correntes que mantinham aprisionados os loucos do Hospital Geral de Bicêtre "como" *escravos*. Mas nossa questão inicial se acha relançada: o que mesmo vem se enunciar de novo na metáfora colonial com relação à narrativa revolucionária? Algo que poderíamos chamar, desviando uma expressão foucaldiana, um *continuum epistemo-prático*, em que a codificação familiarista da máquina psiquiátrica constituirá a pedra angular.

Esse processo de "familiarização da psiquiatria",[18] em que Foucault periodiza o esboço lá pelos anos 1840-1850, e que contrasta com o primeiro movimento de institucionalização da "proto-psiquiatria", que, ao contrário, estava constituída desde o final do século xviii *em ruptura* com a ordem das famílias, e até mesmo contra qualquer modelo familiar,[19] é isso que se encontra plagiado com toda evidência nesse artigo de Fournet. Seu título completo canta a parada: "O tratamento moral da alienação, tanto a mental como a moral, tem seu princípio e seu modelo na família." E Fournet explica que efetivamente o louco deve ser tratado como uma criança, e que a família, "a verdadeira família onde reina o espírito de paz, inteligência e amor", essa mesminha "desde os primórdios e os primeiros desregramentos humanos" deve assegurar "o tratamento moral, o tratamento modelo de todos os desregramentos do coração e do espírito". [20] O que se passa com essa familiarização da psiquiatria é a formação de certo *continuum* de transação, de equivalência ou de reversibilidade entre as

---

18. Michel Foucault, *Le Pouvoir Psychiatrique*, op. cit., pp. 109-110.

19. Ver a análise da lei de 1838 na França regulamentando as condições de internamento psiquiátrico, ibid., pp. 96-98.

20. Jules Fournet, *Annales médico-psychologiques*, p. 524, citado em Foucault, *Le Pouvoir Psychiatrique*, op. cit., p. 109.

figuras do louco e da criança, continuum que a metáfora colonial vem complexificar estendendo-se nesse jogo. Primeiro porque o louco aparece aqui como que participando de uma forma de selvageria (desses selvagens que os missionários desde vários séculos pleiteavam a humanidade face à brutalidade colonial, inventando procedimentos de colonização e uma nova economia da violência que se esforçava para humanizar essa humanidade ainda e sempre "selvagem" demais), e porque o selvagem é ele próprio uma criança, como essa humanidade que ainda não deixou de residir na infância. A ideia que aqui se esboça é que a extensão, a sistematização das técnicas disciplinares que se apresentam em toda uma série de instituições sociais a partir do século xix, se escora no plano das formações de saber sobre a montagem inédita de tal *continuum* entre as figuras antropológicas da alteridade, alteridade tanto "interior" quanto "exterior": o louco, o selvagem, a criança. As três figuras, notemo-lo, em que os saberes psicoantropológicos se comprazerão em rotular incansavelmente como os grandes *narcísicos*, supostamente "cortados do real", incapazes de assumir a prova da realidade, "regressivos" ou "primitivos", completamente enfiados em suas modificações ditas "autoplásticas"...

Enfim, o que aqui se mostra, não é de modo algum um mecanismo de alegoria-*écran* chocando a análise foucaldiana com um denegar de qualquer "fora"; é antes o discernimento pela análise de Foucault de uma topologia moebiusiana disso que poderíamos chamar um *continuum* de colonização interna/externa, para designar esse espaço de substituibilidade – de transação, de *transfert*, de entre-tradução – da colonização como processo simultaneamente exterior e interior, funcionando como uma identificação metafórica entre as populações colonizadas (genericamente: os "indígenas") e *algumas* populações interiores (discriminativamente; delinquentes, proletários, e antes de tudo os "loucos" ou "alienados"), – mas também correlativamente, distintivamente "fora" (os alienados *entre* os indígenas), e genericamente dentro (os narcísicos de toda qualidade que perderam a "realidade"). Pra encurtar, um *continuum* epistemo-prático tal, que se pode passar *sem solução de continuidade* entre o louco, a criança e o selvagem como figuras da alteridade a "se colonizar", o que quererá dizer umas vezes "civilizar", e outras vezes "curar", ou ainda: domesticar, cuidar, educar ou reeducar. Ou tudo isso duma lapada, inextrincavelmente. De onde a atenção de Foucault à passagem do artigo de Fournet supracitado. Ao mesmo tempo em que a família vem dar seu "modelo" à prática psiquiátrica, a psiquiatria familiarizada transmite o seu a uma colonização livre de sua própria barbárie. Mais exatamente, essa ideia de que a loucura deve ser colonizada pelo poder psiquiátrico encontra na codificação familiarista do espaço asilar e da prática psiquiátrica, esse *analogon* do que representam para os alienistas como Fournet, os missionários jesuítas no processo colonial: uma maneira de *civilizar a colonização*, quer dizer, ao mesmo tempo racionalizá-la e pacificá-la, canalizando a violência destrutiva, e substituindo uma conversão das almas pela brutalização dos corpos, a humanidade de um tratamento moral às mortificações do tratamento físico, uma pedagogia ortopédica dos sujeitos pela coerção violenta das condutas.

> Vejam vocês, conclui Foucault, a assimilação entre os delinquentes como resíduos da sociedade, os povos colonizados como resíduos da história, os loucos como resíduos da humanidade em geral – quaisquer indivíduos: delinquentes, povos a colonizar ou loucos –, que não se podem reconverter, civilizar, sobre os quais só se pode impor um tratamento ortopédico com a condição de lhes propor um modelo familiar.[21]

Temos aí um enxerto direto sobre a crítica do "familiarismo" desenvolvido no ano precedente em *O Anti-Édipo*, ao qual Foucault ainda faz alusões explícitas ao longo desse curso, mas também a obra norteadora da teoria do "etnocídio" iniciada por Robert Jaulin, *La paix blanche. Introduction à l'ethnocide*, publicado em 1970, e da qual os autores de *O Anti-Édipo* aproveitaram desde 1972 precisamente as análises dos procedimentos de "colonização doce" utilizada pelos missionários jesuítas e capuchinos no Paraguai e na Venezuela contemporâneos, combinando destrui-

---

21. Michel Foucault, *Le Pouvoir Psychiatrique*, op. cit., p. 110.

ções de sistemas de parentesco e alianças, de formas de *habitat*, das estruturas econômicas e ecológicas, e dos modos de subjetivação ou de enunciação coletivos, para desenvolver sua tese da edipianização como instrumento político interno à colonização: uma "colonização perseguida por outros meios". Uma alegoria-*écran* obliterando, sob a crítica dos berçários ocidentais, a topografia-mundo da colonização e do imperialismo? Exatamente o inverso, uma crítica da subjetividade edipianizada no Ocidente como produto de uma operação política de colonização "interior" (no duplo sentido de uma colonização das formas de subjetivação, e de uma colonização intraeuropeia), e uma crítica do próprio Édipo como o operador de produção de uma "interioridade", a alegoria-*écran* em pessoa, evacuando as topografias de um inconsciente de cabo a rabo atravessado pela história e a geografia mundiais, e mundializadas pelas empresas de dominação colonial. O problema é também de "furar o muro", quebrar a tela. Num certo sentido, Spivak não estava de todo enganada por achar agressiva a metáfora da desterritorialização. Apenas que, como ela só viu aí uma metáfora, deixou passar batido o sentido dessa agressividade, e o sentido dessa desterritorialização como furada do *écran* edipiano ao abrigo do qual são produzidos esses "pequenos eus pararacas e arrogantes", esses sujeitinhos ocidentais narcissizados ao extremo, incapazes de se situar em uma topografia aberta a não ser acomodando-a ao longo de eixos de metaforização edipiana. Creem que Artaud se ocupou desse Ocidente sem agressividade? De fato pode-se sempre acreditar: basta fazer, ele também, uma alegoria-*écran* mascarando uma topografia mais vasta. Se admitirá ao menos que ele teve a dupla glória de furar o muro, e de pagar o preço por ter feito isso, a loucura talvez, em todo caso sua repressão psiquiátrica.

Capítulo 2

Descolonização do sujeito e resistência do sintoma em «Les Damnés de la terre»

Para uma historiografia crítica instruindo o papel matricial da dominação colonial na formação do saber-poder psiquiátrico e, por outro lado, o papel desempenhado pelo discurso psicopatológico para a racionalização do "indígena", a obra de Frantz Fanon continua sendo uma contribuição pioneira, e das mais incisivas.[1] Enunciadas a partir do duplo epicentro clínico (o hospital de Blida-Joinville e a Escola de Argel) e político (a Argélia em guerra) da psiquiatria colonial francesa, as análises de Fanon, psiquiatra e militante, chegaram a abrir para esse trabalho crítico um campo de investigação genealógica além dos contornos que o engajamento lhe impunha na urgência da conjuntura, que fossem para interrogar os efeitos contrários das elaborações da psiquiatria colonial na clínica metropolitana, as construções psiquiatro--judiciais de uma "criminologia científica" em que as "nosologias comparadas do Norte-Africano" constituirão uma matriz discursiva nodal, ou ainda a persistência de construções narrativas características da psiquiatria colonial em algumas abordagens não

---

1. Entre as notáveis contribuições a essa empreitada, ver Jean-Michel Bégué, *Un Siècle de psychiatrie française en Algérie* (1830-1839). Paris: Faculté de Médecine Saint-Antoine (Mémoire de CES de Psychiatrie), 1989; Robert Berthelier, *L'Homme maghrébin dans la littérature psychiatrique*. Paris: L'Harmattan, 1994; Jock MacCulloch, *Black Soul White Artefact: Fanon's Clinical Psychology and Social Theory*. Cambridge: Cambridge University Press, 1983; Jock McCulloch, *Colonial Psychiatry and "the African Mind"*. Cambridge: Cambridge University Press, 1995. Quanto às contribuições psiquiátricas do próprio Fanon, vale lembrar que alguns de seus escritos foram reeditados no número de *L'Information psychiatrique* que lhe foi consagrado em 1975 (v. 51, n. 10, pp. 1043-1176). Agradeço calorosamente Matthieu Renault pela rica documentação que me comunicou a esse respeito.

críticas da etnopsiquiatria contemporânea.[2] No próprio Fanon, no entanto, essa tarefa parece se ter enunciado de diferentes pontos de vista que não exatamente se sobrepõem. Os capítulos de *Peau noire, masques blancs* (1952) sobre o "pretenso complexo de dependência do colonizado" e a psicopatologia do "Negro",[3] às análises de 1959 sobre a sobredeterminação da relação terapêutica pelo contexto colônia,[4] e à desmontagem do estereótipo da "impulsividade criminal do Norte-Africano" concluindo as "notas psiquiátricas" recolhidas em 1961 no derradeiro capítulo dos *Damnés de la terre*,[5] não há apenas amplificação de uma mesma crítica. Observa-se aí um deslocamento precipitado pelo desencadear da própria guerra de libertação, que conduzia Fanon a interrogar a luz que a práxis revolucionária projetava sobre os mecanismos da alienação psíquica na colônia, sobre as repercussões complexas da luta de libertação sobre a hermenêutica clínica, enfim, sobre as condições e os desafios de uma descolonização dos saberes psicopatológicos e psiquiátricos.

São essas as particularidades deste ponto de vista *em conjuntura* que queria interrogar aqui. Vai se tratar de reexaminar a maneira com que a questão clínica é colocada do interior, por assim dizer, da guerra de libertação nacional, levantando a hipótese que esta última não lhe dá simplesmente um novo contexto de formulação e uma nova urgência (o que evidentemente é também o caso), mas modifica em profundeza a problemática, e consequentemente transforma a própria maneira de ler o texto fanoniano, não somente quando esse põe explicitamente em jogo uma enunciação psiquiátrica, mas ali onde ela parece se apagar em

---

2. Para um resumo desses diferentes aspectos, ver o artigo de síntese de René Collignon, op. cit.. Encontraremos desenvolvimentos mais consequentes nas atividades da Associazione Frantz Fanon criada em Turin por Roberto Beneduce em 1997 (*www.associazionefanon.org*); cf. Roberto Beneduce, "L'apport de Frantz Fanon à l'ethnopsychiatrie critique", *Vie sociale et traitements*, n. 89, 2006, pp. 85-100.

3. Frantz Fanon, *Peau noire, masques blancs*, respectivamente capítulo 4 (compreendendo a famosa discussão da *Psychologie de la colonisation*, de Octave Mannoni) e capítulo 6.

4. Frantz Fanon, *L'An V de la Révolution algérienne*, capítulo 4: "Médecine et colonialisme".

5. Frantz Fanon, *Les Damnés de la terre*. Paris: Èditions Maspero, 1961, capítulo 5: "Guerre coloniale et troubles mentaux".

proveito da análise propriamente política. Isso conduzirá mais exatamente a interrogar o que desestabiliza essa mesma partilha, ou a maneira com que a questão clínica continua a contaminar a análise política, o estatuto do *sintoma* no pensamento fanoniano se decidindo talvez tanto nessa incerteza das fronteiras entre clínica e política quanto nas vinhetas de distúrbios mentais afixados pelo médico psiquiatra.[6]

Para esclarecer antes essa hipótese, partirei do último capítulo dos *Damnés de la terre* onde, endossando de maneira extensiva sua posição de clínico, pondo mesmo em cena a incongruidade que se poderia encontrar ao termo desse livro, Fanon é levado a precisar os efeitos do contexto de guerra colonial e de guerra de libertação, não apenas sobre as produções sintomáticas dos sujeitos que aí se encontram, os agentes e os pacientes (é o assunto explícito do capítulo), mas sobre estratégias críticas que um pensamento clínico descolonial deve pôr em prática, e sobre os constrangimentos que exerce sobre essas estratégias a dinâmica da luta de libertação. Sobre essa base eu recapitulava seletivamente os primeiros capítulos do livro de 1961 para examinar aí esse jogo de contaminação da análise política pela questão clínica, e as tensões que disso resultam entre o que Fanon fala dos efeitos subjetivos da luta de libertação (em particular do ponto de vista das economias psicopolíticas da violência e os efeitos psiquicamente desalienantes que ele empresta à politização da contraviolência descolonial), e isso que se deixa ver no registro mais implícito, mas em um sentido também mais "material", das *estratégias de escrita* de Fanon, de suas modalidades enunciativas, de seus procedimentos de dar voz, enfim, da construção de

---

6. É ao menos nesse sentido que, em uma posteridade ainda pouco conhecida de Fanon, a esquizoanálise de Deleuze e Guattari poderá dela se reivindicar: ver Gilles Deleuze e Félix Guattari, *L'Anti-Œdipe*, op. cit., p. 114 e seguintes e pp. 198-210; Elina Caire, *Identités, identifications et subjectivations chez Frantz Fanon*. Mémoire de philosophie, UFR Lettres, Musique, Philosophie de l'Université Toulouse 2-Le Mirail, 2012; Guillaume Sibertin-Blanc e Stéphane Legrand, "Capitalisme et psychanalyse: l'agencement de subjectivation familialiste" in Jean-Christofe Goddard et Nicolas Cornibert (dir.), *Les Ateliers L'Anti-Œdipe*. Milan/Genève: Mimesis Edizioni/MetisPress, 2008, pp. 77-115.

"sujeitos", atores ou atuantes que a narração fanoniana faz falar e lutar. Tantos procedimentos que tendem a intrincar em um *mesmo espaço textual*, não apenas uma "fenomenologia do espírito descolonial" e uma análise tática e estratrégica do movimento de libertação (*Les Damnés de la terre* é incontestavelmente os dois), mas também um espaço analítico de utilização – de marcação, de repetição e de deslocamento – de certo "trabalho do sintoma", em uma dimensão de *excesso*, tanto em relação à narrativa dialética da consciência anticolonial conquistando sua liberdade, quanto com relação à "análise concreta da situação concreta" decodificando as relações de forças nas quais a luta de libertação se desenvolve.

Da situação colonial à guerra de libertação: hermenêutica clínica e viragem na psicose

A entrada no capítulo "Guerra colonial e distúrbios mentais" nos põe em pé de igualdade em nosso problema. Fanon aí copia, logo de cara, o deslocamento que impõe a conjuntura atual às análises que ele lembra ter desenvolvido nos últimos dez anos. Não se trata apenas de interrogar os impasses psíquicos nos quais o racismo europeu situa "o preto", nem os pontos cegos dos saberes psicológicos e psicopatológicos forjados na metrópole face às construções subjetivas dos colonizados. Trata-se acima de tudo de analisar os tipos de construções sintomáticas provocadas pela dominação colonial *no momento em que é contestada pela guerra de libertação nacional*, e as patologias *produzidas por essa mesma guerra de descolonização*. Sendo assim, é bom distinguir dois problemas: aquele dos efeitos patógenos da "situação colonial", aquele dos "distúrbios mentais *nascidos da guerra de libertação nacional que conduz o povo argelino*".[7] Não há dúvida que possam ser situados na continuidade um do outro: veremos

---

7. Frantz Fanon, *Les Damnés de la terre*, op. cit., p. 625 (j. s.). É o objeto mesmo sobre o qual Fanon, desde o inverno de 1954-1955, encontra-se interpelado pela revolução argelina, quando Pierre Chaulet e a associação "Amizades argelinas" se fazem o albergue da demanda urgente vinda dos maquis "que se viam confrontados aos problemas colocados por combatentes vítimas de distúrbios mentais e precisando da intervenção de

até mesmo toda a importância para a especificidade das formas traumáticas do sintoma na Argélia, segundo Fanon, com relação àqueles com quem se preocupou a clínica europeia logo após as duas guerras mundiais. Mas essa continuidade arrisca obliterar a dificuldade subjacente, que só recai sobre os conteúdos do saber clínico mobilizável, categorias nosológicas, quadros sintomatológicos ou esquemas etiológicos (o próprio Fanon previne no início do capítulo que se limitará a dar indicações sumárias sobre esse ponto), na possibilidade de uma enunciação clínica, de um ponto de vista clínico, de um acolhimento da experiência singular que um sujeito faz de sua doença. Deixa de forçar heuristicamente o traço para ressaltar a dificuldade; essa observação parece circundada por duas observações (que são também, no cruzamento da vida e da obra, duas "paradas") que reduzem o espaço de formulação e marcam, em último caso, os limiares de anulação. A primeira remete à constatação feita por Fanon no momento da passagem da luta pela independência à guerra de libertação, e por isso ele opta pelo abandono de suas funções no Hospital psiquiátrico de Blida: seja essa "parada absurda", escreve em sua carta de demissão em dezembro de 1956, "de querer custe o que custar fazer existir alguns valores de modo que o não direito, a desigualdade, o assassínio multicotidiano do homem estavam erigidos em princípios legislativos", de querer desalienar os indivíduos em um país em que o autóctone "alienado permanente em seu país, vive em um estado de despersonalização", de querer tornar o indivíduo menos estrangeiro em seu mundo em um mundo que organiza "uma desumanização sistemática".[8] Do outro lado, reencontramos as análises do primeiro capítulo dos *Damnés de la*

um psiquiatra 'seguro'" (Alice Cherki, op. cit., pp. 115-116). Como lembra Cherki, "num primeiro momento Fanon não foi contatado pela revolução argelina como pensador, mas como médico – um médico cujas posições anticolonialistas certamente tornaram-se públicas, mas que pode sobretudo ajudar prática e materialmente os combatentes" (Ibid., p. 116).

8. Frantz Fanon, "Lettre au Ministre Résident" (1956), *Œuvres*, op. cit., pp. 734-735. Sobre as condições da demissão de Fanon em Blida, na ocasião de uma greve severamente reprimida do pessoal enfermeiro sindicado do UGTA, mas num contexto de repressão geral cada vez mais violenta, ver Alice Cherki, *Frantz Fanon, portrait*. Paris: Seuil, 2000,

terre sobre as transformações de economias psíquicas da violência e da agressividade na passagem a uma luta ofensiva contra o sistema colonial, tendendo a fazer desaparecer as formas mais virulentas de autoagressão, de prostração melancólica e de conduta suicida.[9] Em suma, a psiquiatria era, logo de cara, impossível, torna-se aqui tendencialmente inútil. De um lado sua parada é tornada absurda pelo sistema de alienação tanto subjetiva como objetiva orquestrada pelo poder colonial: "Como manter, num tal contexto, uma atitude subjetiva que consiste em desalienar e que se encontra em ruptura total com o real do momento? É esse impasse que Fanon designa em sua carta de demissão".[10] Do outro, sua parada só deixa de ser absurda se deportando, desse campo psiquiátrico excluído, sobre o terreno político imediato em que o heurístico clínico se apagaria, reabsorvido na tarefa política da condução da contraviolência e de sua reorientação sobre objetivos de libertação bastando para mudar a economia psíquica, os objetos e os objetivos.[11] Mas é precisamente essa continuidade radicalmente *suturada* entre a situação colonial (em que a clínica é tendencialmente impossível) e a situação de guerra de descolonização (em que o projeto de uma clínica desalienante seria no final das contas realizada pelo próprio movimento de libertação nacional), que vêm interromper os "distúrbios mentais da própria guerra de libertação nacional". Condensam, de fato, os desafios altamente sobredeterminados da crítica da psiquiatria colonial, desafios inextrincavelmente clínicos, epistemológicos e políticos. Chamam para especificar os incidentes da guerra na colônia sobre as formações sintomáticas com as quais a clínica se confronta, mas impõem também a medida das implicações dessa

---

pp. 130-132 ("O HPB era considerado como um verdadeiro ninho de fellaghas. [...] Tomou essa decisão unicamente para protestar contra a repressão dessa greve, ou porque sabia que em pouco seria ameaçado, ou ainda porque seus laços com os dirigentes do FLN se estreitariam? É difícil destrinchar, e ele próprio, decerto, não o fez...").

9. Ver em particular Frantz Fanon, *Les Damnés de la terre*, op. cit., pp. 463-469.

10. Alice Cherki, op. cit., p. 131.

11. A questão, lembre-se, estará novamente no centro da análise do estereótipo de "impulsividade criminal do Norte-Africano" ao término do último capítulo.

guerra sobre uma hermenêutica clínica que, encontrando-se mobilizada tanto pela colonial quanto pela guerra de libertação, se vê inelutavelmente *politizado* em todas as dimensões de seus "saberes" (sintomatológicos, nosográficos, etiológicos) como de suas práticas (psiquiátricas e transferenciais, institucionais e subjetivas).[12] Interrogando a maneira com que os processos psíquicos são brutalmente articulados sobre os fatores atuais da guerra colonial e descolonial, a análise de Fanon conduz simultaneamente *a estender o campo da guerra* às produções do sintoma, e a *interiorizar o problema da abordagem clínica do sintoma* nas dialéticas de violência e de contraviolência da guerra. O mais espantoso é que essa dupla inclusão, ou essa "síntese disjuntiva" do clínico e do político, longe de confundir os planos respectivos, é isso mesmo que reabre paradoxalmente um espaço clínico de acolhimento pela singularidade subjetiva do sintoma.

Teremos um primeiro apanhado voltando sobre a maneira com que Fanon, se empenhando em especificar as afecções trau-

12. Notemos apenas, quanto à mobilização repressiva da prática psiquiátrica como tal pelo exército colonial, que ela forma um subtexto bastante transparente das vinhetas clínicas do último capítulo dos *Damnés de la terre*. Fanon aponta aí várias vezes a utilização pelos militares franceses de instrumentos supostamente terapêuticos para fins de tortura: algumas substâncias químicas como neurolépticos, apropriados pelos torturadores como soro da verdade; os eletrochoques, voltados para fins de tortura por eletrecussão; ou ainda, de maneira ainda mais inesperada, técnicas de "lavagem cerebral" e de recondicionamento psicológico, em que Fanon sugere um desvio das técnicas de sociodrama desenvolvidas no pós-guerra nos Estados Unidos, provocando artificialmente uma espécie de hiperplastia do eu, desestruturando as identificações, fazendo deslizarem umas sobre as outras à mercê das injunções e das interpelações (Frantz Fanon, *Les Damnés de la terre*, op. cit., p. 654). Não tenho conhecimento se Fanon, não mais que a grande maioria da profissão na época, colocou em questão as práticas de sismoterapia. Pode-se igualmente considerar, de maneira geral, que uma transferência das técnicas não compromete incondicionalmente sua utilização em seu domínio de emprego inicial. No entanto notaremos que, no que diz respeito ao sociodrama, que ele praticará no Centro Neurofisiológico de Jour de Tunis, Fanon insistirá para que aí se evitem "situações fictícias": "É assim que a prioridade é dada às biografias dos doentes expostas por interesses. Essa exposição ao longo da qual o doente *mostra*, *comenta* e *assume* suas respostas aos conflitos, provoca tomadas de posição, críticas e reservas por parte dos auditores. Correlativamente o doente tenta se justificar através de condutas, o que reintroduz a prioridade da razão sobre as atitudes fantasmáticas e imaginárias." (*Tunisie Médicale*, 1959, v. 37, n. 10, pp. 689-732, reedição *L'Information psychiatrique*, v. 51, n. 10, dez. 1975, pp. 1117-1130, p. 1121 para a citação.)

máticas observadas na Argélia depois na Tunísia,[13] discute a nosologia dos traumatismos de guerra produzidos na Europa desde a primeira guerra mundial.[14] Chama a atenção particularmente sobre a extensão que vem tomar a categoria de "psicose reacional", desde que saibamos do fato que "o evento precipitante" do processo patológico, se pode em certos casos ser identificado como tal, se confunde em muitos outros casos com a extrema violência da guerra como fato social total, uma guerra que não se distingue apenas em intensidade e potência "exterminista" das guerras europeias,[15] mas pela maneira como ela precipita a segmentação racial, a heterogeneidade social, a desumanização rotinizada, a destruição de mundo que *já* organizava o regime colonial. É nesse sentido que "essa guerra colonial é original mesmo na patologia que ela secreta". As figuras extremas de despedaçamento e de despersonalização psicóticas, a virulência das formas de melancolias de culpabilidade e condutas de autoagressão, as produções sintomáticas mortíferas esvaziando o real do corpo, o esvaziamento das palavras e a destruição dos materiais socioculturais das elaborações simbólicas, canalizam em uma sintomatologia traumática um traumatismo que já tecia a tela de fundo da clínica na colônia, nessa situação de "colônia bem sucedida"[16] que já era nada mais que uma situação de guerra materializada, violência atmosférica incorporada, "estruturada" nas próprias formas da objetividade social, econômica, institucional, jurídica e militar do Estado colonial. Uma primeira consequência dessa análise

---

13. Sobre a atividade clínica de Fanon na Tunísia, no hospital psiquiátrico de Manouba, depois no serviço psiquiátrico do hospital Charles-Nicolle de Tunis, e seu engajamento constante em ligação com a organização sanitária do FLN, ver Alice Cherki, op. cit., pp. 163-166.

14. "Em regra geral, a psiquiatria classifica os diferentes distúrbios apresentados por nossos doentes sob a rubrica de 'psicoses reacionais'. Isto feito, privilegia-se o evento que precipitou a doença [...]. Nos parece que, nos casos aqui apresentados, o evento precipitante é principalmente a atmosfera sanguinolenta, impiedosa, a generalização de práticas desumanas, a impressão tenaz que as pessoas têm de estar assistindo a um verdadeiro apocalipse..." (Frantz Fanon, *Les Damnés de la terre*, op. cit., p. 627).

15. Cf. Bentrand Ogilvie, *L'Homme jetable. Essai sur l'exterminisme et la violence extrême*. Paris: Amsterdam, 2012.

16. Frantz Fanon, *Les Damnés de la terre*, op. cit., p. 626.

parece a *impossibilidade de assinalar* uma diferencial *clínica* entre a situação de colonização bem-sucedida e a situação de guerra colonial. Salvo identificando-a em uma diferencial imediatamente *política*, a saber: esse indício de *resistência* à violência e à opressão coloniais no qual Fanon vê tão frequentemente a marca no cerne das sintomatologias dos colonizados, e que é também uma maneira de informar à patologia que a colonização nunca é absolutamente "bem-sucedida". É preciso ainda, para lhe informar, demarcar as implicações para a própria *linguagem* da enunciação clínica. O trabalho efetuado por Fanon sobre o conceito metapsicológico de *mecanismo de defesa* e sobre esse ponto emblemático. Retomando em tudo uma acepção econômica das defesas do eu,[17] para qualificar o recurso etiológico maior na base dos quadros altamente psicotizantes com os quais se confronta a psiquiatria na colônia,[18] ele aí ressemantiza simultaneamente a noção em um registro agonístico e militar. Ou antes, ele reinaugura uma literatura política com noções que a psicologia clínica tinha metaforizado para integrá-las a sua conceitualidade (à maneira, por exemplo, da metáfora da guarnição assediando uma cidade conquistada pela qual Freud imaginava o trabalho "civilizacional" realizado pela instância do superego[19]). É esse jogo de condensação clínico-política do conceito de defesa que orienta o referencial fanoniano tanto nas patologias produzidas pela opressão quanto nos mecanismos patogênicos da resistência à opressão.

17. Fanon contorna de fato a ideia de *"pare-excitations"* forjada por Freud em seu primeiro tópico, operações pelas quais o sistema Percepção-Consciência faz barreira à efração de excitações externas que não se integram psiquicamente e, consequentemente, que escapam a toda economia da energia psíquica em termos de "acumulação" e "descarga".
18. "As posições defensivas nascidas desse confronto violento do colonizado e do sistema colonial se organizam em uma estrutura que dispensa a personalidade colonizada. Basta, para compreender essa 'sensitividade', simplesmente estudar, apreciar o número e a profundeza das feridas feitas a um colonizado durante um único dia passado no seio do regime colonial..." (Frantz Fanon, *Les Damnés de la terre*, op. cit., p. 625).
19. "A civilização domina desse modo o perigoso ardor agressivo do indivíduo enfraquecendo-o, desarmando-o e fazendo-o vigiar pela brecha de uma instância nele mesmo, tal como uma guarnição ocupando uma cidade conquistada" (Sigmund Freud, *Malaise dans la civilisation*, Paris: PUF, 1971, p. 80).

No período de colonização não contestada pela luta armada, quando a soma das excitações noviças ultrapassa certo limite, as posições defensivas dos colonizados desabam, e estes últimos se encontram em número considerável nos hospitais psiquiátricos. Há nesse período calmo de colonização bem-sucedida uma regular e importante patologia mental produzida diretamente pela opressão.[20]

Em outras palavras, essa patologia mental não é produzida por uma exacerbação dos mecanismos de defesa que poderiam assimilá-la ao que a nosologia europeia identificou como nevrose de defesa ou psiconeurose narcísica. Ela testemunha ao contrário da impossibilidade dessa saída psicótica, ou da *impossibilidade* de qualquer reconstrução narcísica suscetível de calçar o desmoronamento das estruturas "moïques". Seríamos tentados, nesse sentido, a qualificar a situação clínica "normal", na hora sem sombra da "calma" colônia, como uma situação de *traumatismo permanente*, quando as defesas faltam ao ponto de tornar impossível uma entrada na psicose, o que se indicaria em todo caso o investimento narcísico no qual um sujeito seria ainda capaz para "fazer com" seu sintoma. Que Fanon lembre que "a colonização, em sua essência, se apresenta já como uma grande provedora dos hospitais psiquiátricos", não quer dizer que ela então desse lugar à loucura. Lembramos como, se demitindo de suas responsabilidades de médico-chefe do hospital de Blida-Joinville desde o final de 1956, ele responderá a esse esmagamento de qualquer acolhimento clínico da loucura como essa última *possibilidade da liberdade humana.*[21] Mas a recíproca é que a subjetivação da resistência à opressão tomará inevitavelmente o aspecto de uma reconstrução de mecanismos de defesa, seja a reabertura de

20. Frantz Fanon, *Les Damnés de la terre*, op. cit., p. 626.

21. Ver *a contrario* o balanço crítico das experiências desenvolvidas no hospital Charles-Nicolle de Tunis, para acolher o doente mental como "verdadeira patologia da liberdade": Frantz Fanon, "L'hospitalisation de jour en psychiatrie, valeur et limites". *Tunisie médicale*, v. 37, n. 10, reimpressão *Information psychiatrique*, 1959, pp. 1117-1130). Cf. a sessão consagrada por Fanon a Jacques Lacan em sua tese de medicina: "Le trouble mental et le trouble neurologique" [extraído da tese de medicina *Altérations mentales, modifications caractérielles, troubles psychiques et déficit intellectuel dans l'hérédo-dégénération spino-cérébelleuse*, 1951], *L'information psychiatrique*, op. cit., p. 1087 e seguintes.

uma *produtividade* do sintoma psicótico, deixando entender que um vetor de psicotização redobra inevitavelmente, e até mesmo suporta necessariamente a posição de uma consciência anticolonial. Tudo se passa como se esses mecanismos de defesa, no processo patológico que os exacerba, testemunhassem simultaneamente uma reconstrução de uma capacidade política, ou como uma potencialidade "meta-política" de adversidade, nas próprias estruturas do sujeito que sofre. Que a luta de libertação nacional suscite, e talvez passe *necessariamente* por modalidades de psicotização da subjetividade, não conduz certamente a idealizá-las, a minimizar as feridas psíquicas em que elas se fundam, e a fantasmar uma reabsorção do cuidado de sua tomada de responsabilidade clínica na luta política pela libertação.

> A guerra de libertação nacional que há sete anos o povo argelino conduz, porque ela é total dentro do povo, tornou-se um terreno favorável à eclosão de distúrbios mentais... Levaremos anos ainda para pensar as chagas múltiplas e por vezes indeléveis feitas a nossos povos...[22]

Tal é o paradoxo em torno do qual gira o último capítulo dos *Damnés de la terre*, e a razão pela qual Fanon lhe dá esse lugar terminal, não sem tensão com as proposições adiantadas ao longo do primeiro capítulo. Se a guerra de libertação levanta incontestavelmente, segundo Fanon, toda uma série de impasses subjetivos eles próprios patógenos, a começar por um remanejamento mais plástico, menos mortífero e autodestrutivo das moções agressivas, isso não faz dela um processo terapêutico! É que a guerra de libertação, fazendo muito menos, faz ao menos isso: reabrir um campo clínico no seio de um espaço político do qual está inteiramente excluído. Ela relança o problema clínico, obriga a repousá-lo. Ela não anuncia de modo algum sua dissipação em meio ao processo político de libertação; faz com que sua parada, minimamente, mas já é muito, deixe de ser absurda.

22. Ibid.

Dialética do fim do mundo: a possibilidade da loucura nas fontes da consciência anticolonial

Uma nova perspectiva interpretativa acha-se aberta. Com base nas análises precedentes, a questão nodal levantada por Fanon é de saber *onde* e de que forma a resistência política começa "no sujeito". Ou de maneira ainda mais paradoxal para o entendimento político: para com o sujeito, no sintoma em que se suporta e nas modalidades de deslocamento de seu gozo a seu sintoma. Mas ela serve correlativamente, do ponto de vista do texto fanoniano, para tornar audível o jogo de escrita pelo qual essa questão está submissa a uma *dupla inscrição*, e a maneira com que a inscrição clínica e a inscrição política da subjetivação descolonial se revezam, interferem, tornam-se às vezes até mesmo indiscerníveis. Quando Fanon escreve, por exemplo, que "o evento que aciona [a psicose dita reacional] é principalmente a atmosfera sanguinolenta, impiedosa, a generalização de práticas inumanas" e "a impressão tenaz que as pessoas têm de assistir a um verdadeiro apocalipse": ou ainda, que ele "é essa guerra colonial que muito frequentemente toma o aspecto de um genocídio" e "que transtorna e quebra o mundo",[23] na realidade ele diz duas coisas, ou envolve em um mesmo enunciado dois planos de enunciação, em que a própria dissociação é significativamente desconfortável no livro de 1961. Ele qualifica essa guerra pela violência de sua objetividade histórica, mas faz ouvir também o *sentido vivido* (ideia, afeto ou fantasma, no momento pouco importa) no qual essa violência é suportada, o *Erlebnis* dessa guerra ou a maneira com que um sujeito, mesmo num *pathos*, que no entanto não é simples "passividade", passa a viver algo como o "fim do mundo". A insistência posta por Fanon nessa atmosfera de "desmoronamento material e moral", de algo como um "verdadeiro apocalipse", não é menos legível nestes dois níveis: que ela dependa de uma hiperbolização atribuível à retórica do escritor Fanon bus-

23. Ibid., p. 627.

cando exprimir a violência "ultraobjetiva" da conjuntura,[24] não impede de entender aí o que, do ponto de vista da subjetividade colonizada, assume a positividade paradoxal de uma *experiência* tornando-se possível, ainda que sob a forma "ultrassubjetiva" de uma dialética no extremo entre desmoronamento do mundo e reconstrução do mundo. Seria tentador reatar aqui essa experiência do fim do mundo à análise freudiana dessa "tentativa de cura" que opera o delírio psicótico concebido precisamente como "reconstrução".[25] É mais contundente ainda voltar ao trabalho que François Tosquelles realizara em 1948, quatro anos antes que Fanon se juntasse a ele na clínica de Saint-Alban, em sua tese de medicina justamente dedicada a esse "Erlebnis", a esse "caráter de verdadeira experiência vivida das ideias delirantes ou dos fantasmas do fim do mundo", tão notável nas psicoses, mas podendo se desenvolver nas mais variadas formas clínicas, obsessivas ou delirantes, alucinatórias ou intuitivas, passionais ou intelectuais, na base de "lembranças de ensinamentos religiosos" ou de "construções paracientíficas", de "criações estéticas" ou ainda (mas Tosquelles nada fala disso) de engajamentos políticos.[26] Tosquelles não deixava, aliás, de lembrar as teses de Freud sobre a ideia delirante do fim do mundo como elaboração da retirada dos investimentos libidinais do objeto ("O fim do mundo é a projeção dessa catástrofe interna pois o universo subjetivo do doente teve fim desde que ele lhe retirou seu amor"), e do trabalho do delírio como reconstrução de uma "neorrealidade" por modificação autoplástica do eu.[27] Ele reprovava, no entanto, do ponto de vista psicanalítico uma compreensão demasiado nega-

24. Étienne Balibar, *La Crainte des masses*. Paris: Galilée, 1997, pp. 39-53; Étienne Balibar, *Violence et civilité*. Welleck Library Lectures *et autres essais de philosophie politique*. Paris: Galilée, 2010, p. 86 e seguintes, 107 e seguintes.

25. Ver a análise clássica de Freud sobre o fantasma do fim do mundo na psicose, como "projeção de uma catástrofe interna", "Remarques psychanalytiques sur l'autobiographie d'un cas de paranoïa (Le Président Schreber)" in: *Cinq psychanalyses*, trad. fr. de Marie Bonaparte. Paris: PUF, 1954, pp. 313-321.

26. François Tosquelles, *Le vécu de la fin du monde dans la folie: Le témoignage de Gérard de Nerval* (1948/1986). Grenoble: Jérôme Millon, 2012.

27. Ibid., pp. 92-98.

tiva do Erlebnis do fim do mundo, eludindo sua dinâmica interna por meio desse "verdadeiro pau pra toda obra da psicopatologia" que é a noção de regressão.[28] Chamava-o a uma elucidação mais precisa de sua dialética própria, em que vinham se apresentar elementos tão recorrentes como a divisão maniqueísta do mundo, a dimensão querulenta, de salvação ou de redenção, marcando o sujeito com uma missão profética, enfim, a carga dramática desse sujeito apressado por parir a si mesmo no mundo que criou, em uma dialética de dissolução e de integração. De todos esses ângulos o Erlebnis do fim do mundo seria *já* o indício de uma "defesa", de uma luta na qual o sujeito seria ao mesmo tempo a cena e o agente, vivida como a experiência de uma recriação de si pra si.

> A frequência das reações catastróficas na loucura e o seu caráter dramático especial são as consequências da persistência da luta, da defesa do homem que, antanho, se pôs em situação de inferioridade pelo isolamento parcial ou total de sua estrutura de homem social [...] De modo que não é preciso conceber o Erlebnis do fim do mundo como uma *imagem* refletindo *fenômenos supostamente reais* de um psiquismo que está se aniquilando. Ao contrário: esse evento vivido é a manifestação pura e simples da continuidade e mesmo do acréscimo dos esforços humanos.[29]

Quais consequências daí deduzir, quanto à referência fanoniana ao vivido do fim do mundo, senão que aí se revelaria não sim-

---

28. "Com a teoria freudiana, seria preciso esperar que após o fim do mundo, o doente continua imóvel – preso ao rochedo – em suma, sob o aspecto permanente de catatônico. No entanto, de onde vem essa tentativa de cura, essa reconstrução de que fala Freud? De onde vem esse novo nascimento da vida 'espiritual'? Seria preciso conceber o psíquico como uma superestrutura sem valor em si e sem transcendência para o homem que, uma vez curado do distúrbio tóxico ou outro, 'reencontra seus espíritos'? Será vã a fantasmagoria da doença?" (op. cit., p. 92).

29. François Tosquelles, *Le Vécu de la fin du monde*, op. cit., p. 97. Cf. pp. 93-96 e a discussão com Goldstein sobre a noção biológica de "reação catastrófica": "O abalo ou até mesmo o aniquilamento de si e do mundo não é em si um fato negativo, mas um momento crucial da evolução dialética do organismo. [...] a reação catastrófica é vivida como uma modificação do sentido das relações que nos ligam com outros. [...] Perceber-se-á que a reação catastrófica é apenas um caso particular do par integração-desintegração que só são fenômenos antitéticos na lógica formal, mas não na dialética dos fatos. Não existe desintegração sem integração e vice-versa. É somente com o aprofundamento simultâneo dessa antítese que o fenômeno crucial catastrófico eclode para dar lugar a uma nova partida." (Ibid., p. 95-96).

plesmente um sofrer, o fato de *suportar* a extrema violência da guerra colonial e seus efeitos psíquicos, mas ao contrário, uma potência liminar, metapolítica, a saber, a *capacidade* do sintoma como produção ou criação: a capacidade "criadora" da própria loucura, precisamente no sentido em que *"a loucura é uma criação, não uma passividade"*.[30] Tudo se passa como se, lá onde a guerra colonial "revira e quebra o mundo", deixando nas pessoas a "impressão tenaz [...] de assistir a um verdadeiro apocalipse", a capacidade política toma a forma necessariamente de uma "reconstrução do mundo" inseparável de um sobreinvestimento narcísico capaz de *reconstruir do "eu"*, – o que é *também* o processo que a dialética de libertação nacional exporá ao longo dos três primeiros capítulos dos *Damnés de la terre*. O vivido atmosférico do fim do mundo, que "manifesta e exprime essa nova existência e manifestando-a, a cria", seria aqui a experiência-limite que reabre simultaneamente um espaço possível para uma clínica do sujeito, e um espaço histórico em que o sujeito possa de novo se situar politicamente, mesmo que seja através de modalidades passionais, maníacas ou querulentas, aliás, frequentes na fenomenologia fanoniana da consciência descolonial (voltaremos a isso). Reexaminemos brevemente sob esse ângulo a estranheza, aliás, frequentemente ressaltada, da abertura dos *Damnés de la terre*:

> A descolonização é muito simplesmente a substituição de uma "espécie" de homens por outra "espécie" de homens. Sem transição, há uma substituição total, completa, absoluta [...] uma sorte de tábula rasa que define de início qualquer descolonização. Sua importância inabitual é que ela constitui, desde o primeiro dia, a reivindicação mínima do colonizado. Pra dizer a verdade, a prova do sucesso reside num panorama social transformado de cabo a rabo. A importância extraordinária dessa mudança é que ela é desejada, reclamada, exigida [...]. A descolonização, que se propõe a mudar a ordem do mundo, é, claro está, um programa de desordem absoluta.[31]

---

30. Ibid., p. 98.
31. Frantz Fanon, *Les Damnés de la terre*, op. cit., p. 451.

Que estatuto dar a essa decisão radical, "absoluta" pela qual se enuncia (se reconhece? se prova? se experimenta?) que entramos irreversivelmente n'"a descolonização"? Em que espaço pode ser indexado "essa espécie de tábula rasa que define de saída qualquer descolonização", em que tempo viria se situar esse "primeiríssimo dia" sem data e sem história – já que a própria historicidade, expulsa pela dominação colonial, terá de ser conquistada por meio da luta de libertação? Que estatuto dar à ontologia desse nascimento do mundo, a essa "introdução no ser [d]um ritmo próprio, trazido pelos novos homens, uma nova linguagem, uma nova humanidade" que cria a si própria no mundo que ela recria? E qual é o "sujeito" suscetível de fazer a *experiência* dessa criação, ou qual é esse "eles" ou esse "nós" projetado por recorrência antecipatória, sujeito ao mesmo tempo putativo e inquebrantável para o qual toda dialética de libertação exposta por Fanon só terá, precisamente, como conteúdo, a narrativa de sua emergência através do desenvolvimento, das divisões e das metamorfoses sucessivas de sua "consciência" (do "colonizado", "nacional", do "povo"...). Decerto, com determinada leitura, um palimpsesto hegeliano permitiria ver aí a posição imediata de um universo abstrato levado a se ultrapassar em um processo que o enriquecerá de conteúdos conflituosos sempre mais diferenciados, transformando-lhe completamente as formas, as figuras de sua consciência e de seu saber. Mas relidos à luz do capítulo clínico dos *Damnés de la terre*, essa abertura da dialética da consciência descolonial, a decisão literalmente miraculosa que a inaugura, irredutibilidade de seu recorte instaurador a qualquer "voluntarismo" – já que é com essa "voz" como fundo que uma consciência e uma vontade política poderão surgir – se tornam uns quantos eventos imanentes ao drama vivido do Erlebnis do fim do mundo, a esse processo dinâmico no seio do qual o sujeito se reconstrói ao mesmo tempo em que se dispõe – se impõe, se encarrega e se destina – a uma *reconstrução do mundo*.[32]

---

32. François Tosquelles (*Le Vécu de la fin du monde*, op. cit., p. 52) escreve, sob uma ins-

A descolonização nunca passa desapercebida, pois ela incide sobre o ser, modifica fundamentalmente o ser, transforma espectadores esmagados em atores privilegiados, apanhados de maneira quase grandiosa pelo feixe da História. Introduz no ser um ritmo próprio, trazido pelos novos homens, uma nova linguagem, uma nova humanidade. A descolonização é verdadeiramente criação de homens novos. Mas essa criação não recebe sua legitimidade de uma potência sobrenatural: a "coisa" colonizada se torna homem no próprio processo pelo qual se liberta.[33]

Mas crês realmente que esse "tornar-se homem" seja menos "sobrenatural" que ser ele mesmo seu próprio sujeito? Os esquemas conceituais através dos quais se pode ler filosoficamente esses enunciados, na linguagem da alienação e da reapropriação de uma humanidade denegada, arriscam ser aqui pensamentos-*écrans*, objetivantes e tranquilizantes, mas que obliteram o que as formulas fanonianas, tomadas de maneira literal, têm de propriamente delirante: formulas que poderiam muito bem se enunciar do próprio miolo do Erlebnis do fim do mundo e da entrada em cena "quase grandiosa" do sujeito que aí se recria uma existência:

> O que *desvela* o drama humano não é a sequência pitoresca dos acontecimentos que o *constituem*, mas sobretudo a existência do herói que, transpirando de angústia, ergue a cortina para se fazer aparecer e nascer na vida. *O louco gira sem parar nesse carrossel.* Seus esforços, sua angústia, aumentam, ao menos em certos momentos de sua existência patológica. Às vezes parece até que toma consciência disso, o que todos fazemos sem nos darmos conta (dar-nos a existência como pessoa). Nosso corpo e a sociedade facilitam a tarefa, o louco deve continuar a fazer contra seu corpo e a sociedade.[34]

piração kierkegaardiana: "A experiência vivida manifesta e exprime essa nova existência e manifestando-a, a cria. A manifestação e a criação do eu é um único ato de personalidade, e isso não por um efeito do pensamento mágico, mas pela dialética interna do espírito. Mesmo que a experiência vivida apareça superficialmente como agida ou sofrida, ela continua um abalo existencial em que a escolha de si mesmo se põe com o imperativo de sua dialética. [...] O déficit biológico e social que sustenta a loucura põe ao doente o problema da escolha como necessidade inelutável."

33. Frantz Fanon, *Les Damnés de la terre*, op. cit., p. 452.

34. François Tosquelles, *Le Vécu de la fin du monde*, op. cit., p. 98.

Daí então que a "práxis absoluta" na qual se pressupõe a narração descolonial de Fanon deveria ser reconhecida como uma suposição perfeitamente psicótica. Sua evocação liminar não se encaixa no texto fanoniano – tampouco a evocação descolonial e seu devir "translúcido a si mesmo" através do "movimento historicizante que lhe dá forma e conteúdo" – numa espécie de grau zero do discurso em que coincidissem, em uma miraculosa antecipação sobre essa própria "translucidez", o discurso de Fanon e a lógica objetiva do processo político que ele se limitasse a descrever. Considerá-la logo de cara inscrita no espaço vivido do *Erlebnis anticolonial*, é, em revanche, reconhecer que a escrita de Fanon é *essencialmente* trabalhada pelo jogo de um discurso indireto livre, em que a voz ou as vozes não são de sujeitos-locutores pressupostos dados em uma objetividade histórica, mas de "personagens" inextrincavelmente objetivos pelo processo *histórico* e lançados na cena *clínica*, da experiência do fim do mundo e de sua reconstrução.

A instância militante da clínica: identificações, desidentificações, consequências

Longe de mim "patologisar" a análise política de Fanon, ou "clinicisar" o processo fenomenológico e histórico sobre o qual ela recai. O problema é antes reconhecer a impossibilidade de construir um plano de pensamento das formas e das dinâmicas da guerra de libertação que estivesse pura e simplesmente ao abrigo do sintoma. Daí a impossibilidade, para apresentar uma análise política que lhe seria magicamente indene, de neutralizar o jogo psicótico, ou "contrapsicótico", de reconstrução de um eu defensivo barrando o despedaçamento e a despersonalização produzidos pela opressão colonial. A objetividade da análise política não é irremediavelmente comprometida, não mais que seu eventual alcance performativo. A questão seria, em contrapartida, compreender como a objetividade e a performatividade são condicionadas paradoxalmente. Para terminar, tomaria disso simplesmente três exemplos.

O primeiro toca à situação de direcionamento que a análise fanoniana mobiliza, e, consequentemente, ao tipo de espaço transferencial que seu texto desdobra entre os leitores aos quais se destina e esses mesmos destinatários construídos como "personagens" sobre sua cena de escrita.[35] Quando Fanon sistematiza uma reinterpretação sociogênica e finalmente política das sintomatologias dos colonizados, que vai de encontro com a codificação naturalizante e racializante imposta pela neuropsiquiatria da Escola de Argel (o próprio Fanon sublinha, após ter consagrado a isso várias páginas, que sua inépcia poderia se concluir sem muito esforço), ele não procura desmistificar uma psiquiatria interpelada na abstração descontextualizada da ciência. Ele intervém num dispositivo de direcionamento que tem como destinatário, não o corpo médico, nem mesmo os doentes, mas "o militante": esse militante que "tem por vezes a impressão extenuante de que é preciso trazer de volta todo seu povo, tirá-lo do poço e da grota", que "percebe muito frequentemente que é preciso não só fazer a caça às forças inimigas, mas também aos caroços de desespero cristalizados no corpo do colonizado", que trabalha pelo "combate vitorioso de um povo" não somente pelo "triunfo de seus direitos" mas também pelo processo com o qual recobra "densidade, coerência e homogeneidade".[36] Numa palavra, um militante que vem figurar no discurso fanoniano não apenas como destinatário, mas como uma instância encarregada ela também de ocupar, à sua maneira, uma função clínica, embora sob o risco de fazê-la fusionar com a função militante do combate político. Talvez esse jogo de transferência ou de delegação, discretamente operado pelo texto fanoniano, poderia, além do mais, esclarecer as afirmações mais radicais – alguns diriam as mais

---

35. O famoso prefácio de Sartre aos *Damnés de la terre* encontra sua energia maníaca precisamente da identificação pura e simples dessas duas instâncias, que radicaliza ainda mais o recorte entre, de um lado, Fanon e "seus irmãos" aos quais ele se dirige, do outro "o europeu" (e o próprio Sartre que a ele se dirige). Sobre a questão do modo de direcionamento do texto sartriano, ver Judith Butler, "Violence, non violence / Sartre à propôs de Fanon", trad. fr. Ivan Ascher. *Actuel Marx*, n. 55, 2014, pp. 13-35.

36. Frantz Fanon, *Les Damnés de la terre*, op. cit., p. 660.

imprudentes, são em todo caso as mais idealizantes – sobre os efeitos desalienantes da inversão da violência colonial, ou sobre o incidente "terapêutico" da politização da contraviolência, do qual, no entanto, Fanon não deixará de sublinhar a indecidibilidade de suas consequências. Mas podemos também ressaltar a maneira com que isso que tende aqui a fusionar em uma única e mesma instância clínica-política, não anda sem reservar uma série de distanciamentos que, entre investimento clínico do trabalho político e investimento político do cuidado clínico, permite problematizá-los um pelo outro.

É em primeiro lugar o distanciamento dialético que confronta a intervenção descolonial nos saberes clínicos com a função assumida pelo poder psiquiátrico no empreendimento de dominação colonial. Inútil voltar aqui a esse aspecto óbvio da crítica fanoniana da contribuição da psiquiatria colonial, por meio de seus mistos de positivismo neurobiológico, de criminologia, e de antropologia naturalizante do "primitivismo" à racialização do "indígena". Sublinharemos antes a polivalência tática que Fanon reconhece no discurso psicopatológico já que sua instrumentalização ideológica o põe a serviço, ao longo da guerra colonial, das tentativas de conciliação e de compromisso visando desestabilizar a resistência:

> O ódio é desarmado por essas sacadas psicológicas. Os tecnólogos e os sociólogos esclarecem as manobras colonialistas e multiplicam os estudos sobre os "complexos" [...]. Promove-se o indígena, tenta-se desarmá-lo com a psicologia e, naturalmente, alguns tostões. Essas medidas miseráveis, essas reparações de fachada, aliás sabiamente dosadas, chegam a obter alguns sucessos. A fome do colonizado é tal, sua fome do que quer que seja que o humanize – mesmo barateada – é a tal ponto incoercível que essas esmolas chegam localmente a abalar [...]. O colonizado corre o risco de se deixar desarmar por qualquer tipo de concessão.[37]

O discurso psicopatológico é então mobilizado, nem tanto mais para naturalizar a dominação colonial biologizando a inferiori-

---

37. Ibid., p. 533.

dade racial, mas como um meio de "humanizar" a relação de dominação psicologizando o indígena, sua "necessidade" de ser colonizado, eventualmente sua própria revolta contra o regime colonial...[38] "O colono o considerava como uma besta": ele se mostra agora bastante compreensivo para nele reconhecer toda uma complexidade psicológica, não somente um todo humano "complexo de colonisabilidade", mas a humana psicologia de um "complexo de frustração", a humana psicologia de um "complexo belicoso"... O colono o tratava como um animal: no presente concede-lhe uma alma. Quanto ao texto fanoniano, vindo se posicionar em uma continuidade narrativa com as reuniões dos militantes, com o tipo de palavra que ali circula e o trabalho de autoelucidação que aí deve se dar, prolonga o efeito transferencial de desidentificação cara-a-cara com as "pretensas verdades instaladas na consciência [do colonizado] pela administração civil colonial", a começar por essas imagos judicial-psiquiátricas forjadas pela psicopatologia e a criminologia científicas do argelino criminoso-nato, mentiroso-nato, ladrão-nato, preguiçoso-nato...[39]

Mas essa espécie de delegação da operação clínica ao "militante" produz efeitos mais complexos já que é questão, não mais de transpor ao plano do sócius e do combate político o que a psiquiatria colonial tinha biologizado ou psicologizado – ou segundo a expressão de Fanon, de desconstruir as identificações "vividas no plano do narcisismo" reproblematizando-os "no plano da história colonial"[40] –, mas de abrir um campo analítico sobre o que poderíamos chamar *os investimentos narcísicos da própria luta política*, e das formas narrativas nas quais os agentes buscam uma inteligibilidade de seu processo. Ilustremo-lo concretamente por um segundo exemplo. Sabemos a importância que Fanon dá ao

---

38. Ou essa declaração, citada mais na frente por Fanon, do ancião dos juízes de uma câmara de Argel: "Toda essa revolta, dizia ele em 1955, nos enganamos em acredit-la política. De tempos em tempos, é preciso que saia esse amor da peleja que eles têm!" (Ibid., p. 665.)

39. Ibid., p. 662.

40. Ibid., p. 669.

problema das construções-*écrans*. Central na desconstrução do estereótipo da "impulsividade criminosa do norte-africano" na última sessão dos *Damnés de la terre*, já está no centro da dialética da contraviolência do colonizado no primeiro capítulo, que detalha a variedade dos mecanismos com os quais, por deslocamento ou por "identificação projetiva", a violência anticolonial é regulada, evacuada e desviada para objetos substitutivos pondo ao abrigo os agentes reais da opressão: o próprio corpo do colonizado (em formas de autoagressão nervosas e musculares dos quais Fanon sublinha a espetacular tensão),[41] práticas mais ou menos ritualizadas tiradas de dispositivos culturais, notadamente cultuais e mágico-religiosas,[42] enfim e sobretudo, o *outro*, mas exatamente o outro imaginário (individual ou coletivo) no espelho do próprio, de tal modo que cada um "serve de *écran* ao outro", e que "cada um esconda do outro o inimigo nacional" se agredindo uns aos outros numa espécie de "autodestruição coletiva".[43] E Fanon ao precisar que é justamente o refluxo dessas condutas autodestrutivas ou "hetero-suicidas" ao longo da luta de libertação nacional, que permite retroativamente sua reinterpretação crítica, como produtos dos impasses nos quais o regime colonial punha os colonizados. Daí, o texto fanoniano trabalha sobre uma notável ambivalência. De um lado a narrativa fenomenológica da desalienação e da desmistificação encarrega a luta de libertação de quebrar as construções-*écrans*, de suspender essas técnicas inconscientes de

---

41. Ibid., pp. 463-465.

42. Assim a famosa análise das práticas de dança, e de possessão – "essa orgia muscular no decorrer da qual a agressividade mais aguda, a violência mais imediata se encontram canalizadas, transformadas, escamoteadas. O círculo da dança é um círculo permissivo. Ele protege e autoriza [...]. Tudo é permitido pois, na realidade, só se reúnem para deixar a libido acumulada, a agressividade impedida, surda vulcanicamente. Experiências de morte simbólicas, cavalgadas figurativas, assassinatos múltiplos imaginários, é preciso que tudo isso saia. Os mau humores extravasam, ruidosos como rios de lava..." (Ibid., pp. 467-468).

43. Ibid., pp. 670, 672; cf. p. 664 para a reinterpretação do conceito de "melancolia homicida" forjado por Antoine Porot ("os psiquiatras franceses na Argélia toparam de frente com um problema difícil. Estavam habituados, na presença de um doente vítima de melancolia, a temer o suicídio. Ora, o melancólico argelino mata. Essa doença da consciência moral que se acompanha sempre de autoacusação e de tendências autodestrutivas revestem no argelino formas hetero-destrutivas...").

esquiva para enfim "ver o obstáculo" tal como é em si mesmo,[44] sem véu e sem frase, *sem história*, em suma, de destruir as aparências para fazer "surgir os verdadeiros protagonistas",[45] o real bruto visto de frente no rosto nu do inimigo *verdadeiro*:

> Assistiremos ao longo da luta de libertação a uma desafeição singular por essas práticas [de esquiva]. De costas para a parede, a faca na garganta ou, para ser mais preciso, o eletrodo nas genitálias, o colonizado vai ser induzido a não mais contar estórias. Após anos de irrealismo, depois de se ter estirado nos fantasmas mais espantosos, o colonizado, com sua metralhadora em punho, afronta enfim as únicas forças que contestavam seu ser: as do colonialismo [...]. O colonizado descobre o real, no exercício da violência, em seu projeto de libertação.[46]

Mas ao mesmo tempo, o desmoronamento das construções-*écran*s abre uma narração completamente diferente, decerto muito mais problemática, mas que é nada mais que o *conjunto da dialética política* que Fanon desenvolverá ao longo dos capítulos 2 e 3: a dialética da luta, de suas organizações e de suas massas, de suas relações de força internas e externas, de suas racionalidades e de suas palavras de ordem, que será a única a trazer uma resposta à questão de saber "quais são as forças que, no período colonial, propõem à violência do colonizado novas vias, novos polos de investimento", em suma, de novos objetos e de novos objetivos.[47] Longe do cara-a-cara "translúcido" com um real sem frase, enfim, desembaraçado de seus *écran*s fantasmagóricos e de seus derivativos mágico-religiosos, é ainda no elemento dos nomes litigiosos e das identificações conflituais que progressa a subjetividade anticolonial. O colonizado é induzido a não mais contar estórias, mas é ainda por meio de uma estória que Fanon

---

44. Ibid., p. 465 ("Mantivemos ali em plena claridade, coletivamente, essas famosas condutas de esquiva, como se o mergulho nesse sangue fraterno permitisse não ver o obstáculo, de deixar para depois a opção no entanto inevitável, aquela que desemboca na luta armada contra o colonialismo").

45. Ibid., p. 670 ("A guerra da Argélia, as guerras de libertação nacional fazem aparecer os verdadeiros protagonistas").

46. Ibid., p. 468.

47. Ibid., p. 469.

escreverá os percalços, os deslocamentos, as remanescências, as incertezas dessa indução; e longe de fazer "surgir os verdadeiros protagonistas", toda a narração fanoniana não cessará de complexificar os nomes e diferenciar-lhes as figuras através das transformações das linhas de antagonismo, antes como depois da independência, a ponto de, *a posteriori*, confeir ao brutal encontro inaugural do "real" a conturbadora irrealidade de uma nova aparência, por decisiva que seja. No momento, por exemplo, em que as aspirações de libertação e de independência nacional se veem rearticuladas ao longo dos recortes de classe, fazendo passar "do nacionalismo global e indiferenciado a uma consciência social e econômica".

> O povo, que no início da luta tinha adotado o maniqueísmo primitivo do colono: os Brancos e os Pretos, os Árabes e os Rumes, percebe pelo caminho que acontece de Pretos serem mais brancos que os Brancos e que a eventualidade de uma bandeira nacional, a possibilidade de uma nação independente não leva automaticamente algumas camadas da população a renunciar a seus privilégios ou a seus interesses. [...] No entanto, tudo é simples, de um lado os maus, do outro os bons. A claridade idílica e irreal do início é substituída por uma penumbra que desloca a consciência. O povo descobre que o fenômeno iníquo da exploração pode apresentar uma aparência negra ou árabe.[48]

Assim ainda no momento em que as alianças, os engajamentos pessoais e as solidariedades comuns se multiplicam.

> O povo deverá igualmente abandonar o simplismo que caracterizava sua concepção do dominador. A espécie se espedaça diante de seus olhos. Entorno dele constata que alguns colonos não fazem parte da histeria criminosa, que se diferenciam da espécie. Esses homens, os quais se rejeitava indiferentemente no bloco monolítico da presença estrangeira, condenam a guerra colonial. O escândalo explode mesmo quando os protótipos dessa espécie passam para o outro lado, se fazem negros ou árabes e aceitam seus sofrimentos, a tortura, a morte. [...] A consciência desemboca laboriosamente em verdades parciais, limitadas, instáveis. Tudo isso, não duvidamos, é difícil pacas.[49]

48. Ibid., p. 536.
49. Ibid., p. 537.

Não se trata apenas de confirmar que lidamos aqui, precisamente, com uma dialética que depõe com seu desenvolvimento as posições iniciais de uma consciência ainda abstrata e indiferenciada? Enquanto se pulverizava um maniqueísmo anticolonial inicialmente calcado no maniqueísmo colonial,[50] a narração fanoniana recolocaria, por seu desenvolvimento, seu próprio ponto de partida esclarecendo dele os limites e finalmente negando-o. Mas essa leitura arrisca minimizar o que se inscreve simultaneamente na *superfície clínica* do texto fanoniano, em que o tempo narrativo do processo de libertação e de sua "consciência" coexiste com tempos de remanescência, de fixação e de consequência, afetando o jogo de nominações e de identificações de um equívoco intransponível, e deixando subsistir, sob a aparente positividade plena dos "verdadeiros antagonistas", a sobredeterminação de seus *significantes* e os deslocamentos de seus *representantes* ao longo do conflito. Tal é precisamente o objeto do primeiro exemplo clínico dado no último capítulo, antes mesmo da explosão das "notas psiquiátricas". É tanto mais significativo que ele remete, não diretamente a uma violência sofrida pelo colonizado, mas à violência exercida por um antigo militante: um homem que, combatendo num país africano que conquistou depois a independência, causara num atentado a morte de dez pessoas, e que, tendo simpatizado em seguida com expatriados da antiga nação ocupante que saudava a coragem dos patriotas na luta de libertação nacional, agora era vítima, a cada ano, na aproximação do dia em que o atentado fora cometido, de acessos de angústia e "ideias fixas de autodestruição".[51] O drama não vinha de que ele inpiraria desprezo, tapeado por um *écran* dissimulando os "verdadeiros protagonistas"; vem do fato de que ele *não estava exatamente* enganado quanto aos protagonistas quando sua realidade tinha por nomes "o colono", "o regime colonial", "o colonialismo", e até que outros nomes redistribuam o que era "verdadeiro", dando ao

50. Ibid., p. 488, 532.
51. Ibid., p. 628.

"real" outras faces, e contando de outro modo o fato de não mais se contar estórias. Porque de fato "nossos atos nunca deixam de nos perseguir. Seu arranjo, sua organização, sua motivação podem perfeitamente *a posteriori* se encontrar profundamente modificados",[52] de modo que para este homem, no refluxo de um significante indiferenciado do "colonizador", vinha se reescrever de seu ato, de agora em diante ressemantizado em uma narrativa em que figuravam os colonos simpatizantes da libertação, cuja posterior melancolização retornava sobre o sujeito da violência anticolonial que ele tinha exercido, essa violência que Fanon tinha pacientemente descrito como sendo já uma reviravolta da agressividade que o colonizado tinha primeiramente sido reduzido a voltar contra si próprio...

A questão que essas observações deixam finalmente aberta, seria de saber como, no ponto de transação, de transferência, de translação entre cuidado clínico e combate político, pode ser vislumbrado um investimento clínico da própria função política. E a maneira com que um campo analítico, integrado ao trabalho de elucidação que os militantes tiveram de fazer consigo próprios, e tornando aí audível o trabalho do sintoma, vem desconstruir a coerência da narrativa política da consciência descolonial e complexificar a dialética fenomenológica e histórica de seu desenvolvimento. Consideremos um último exemplo da maneira com que o próprio texto fanoniano deixa entender. O desafio central desse trabalho de autoelucidação, segundo Fanon, se atém ao fato de que não há conversão mecânica alguma dos progressos da luta de libertação em lucidez da consciência na qual se reconhece o sujeito. Se essa luta consiste, de uma maneira ou de outra, em romper sempre mais irreversivelmente com a situação colonial inicial, aquela em que "o povo colonizado se encontra reduzido a um conjunto de indivíduos que só toma seu fundamento da presença do colonizador", Fanon sublinha da mesma maneira a importância de não "esperar que a nação produza novos ho-

52. Ibid., p. 628, nota 2.

mens". Razão pela qual não salienta somente um objetivismo cegamente confiante nas benfeitorias futuras de um Estado independente, nem inversamente uma espontaneidade garantindo "que em perpétua renovação revolucionária os homens insensivelmente se transformem":[53] chama a atenção para a vigilância que atrai esses deslocamentos sobre uma nova figura do grande Outro, não mais o colonizador que se combate, mas a *Nação* pela qual se combate, tanto mais sobreinvestimento quanto mais dela se tire o novo "fundamento" disso que ela *é*. Mas que essa vigilância por seu lado não se dê sem dificuldade, o texto mesmo pode deixar entender além do que Fanon diz explicitamente, já que "a prática revolucionária, se ela se pretende globalmente libertária e excepcionalmente fecunda exige que nada de insólito subsista", ao preço de uma espécie de hiperbolização maníaca que faz "sente[ir] com uma particular força a necessidade de totalizar o acontecimento, de tudo trazer consigo, de tudo regular, de ser responsável por tudo...".[54] Mas uma vez mais o objetivo não deveria ser submeter o texto fanoniano a uma leitura sintomática, sem interrogar por contra os recursos que ele mesmo oferece para melhor cernir as motivações e as implicações quanto ao *poder político do sintoma*, que Fanon faz pensar,[55] e que sua própria escrita da política supõe e utiliza. Exibindo os pressupostos *indissociavelmente clínicos e políticos* de sua própria estratégia nar-

---

53. Ibid., pp. 668-669 ("É bem verdade que esses dois processos importam, mas é preciso ajudar a consciência...").

54. Ibid., p. 629.

55. O próprio Fanon chamara a atenção, no decorrer do segundo capítulo, da face "espontaneísta" de tal totalização imaginária encarregando uma consciência querelante de incarnar em si e por si o universal da Nação: nesse momento, não sem evocar uma espantosa transposição da fenomenologia hegeliana da "certeza sensível", em que o significante nacional deixa de ser monopolizado pelos intelectuais urbanizados e se vê apropriado por insurreições camponesas atestando, "por todo lado em que eclodem, a presença ubiquitária e geralmente densa da nação": "Em cada morro um governo em miniatura se constitui e assume o poder. Nos vales como nas florestas, na selva como nas cidades, por tudo quanto é canto, encontra-se uma autoridade nacional. Cada um por sua ação faz existir a nação e se esforça por fazê-la localmente triunfar. Trata-se de uma estratégia do imediatamente totalitário e radical. O objetivo, o programa de cada grupo espontaneamente constituído é a libertação local. Se a nação está por tudo, está aqui também. Um passo a mais e ela só está aqui..." (Ibid., p. 527).

rativa, não deixa de expressar as linhas *impolíticas* que ela encerra. Ancorando a análise política num "real" em que se articulam a materialidade das lutas (em que se trata de formalizar as contradições e os desenvolvimentos tendenciais) e as dinâmicas do sintoma (que o emprego discursivo, mas não tematizado, subtrai ao campo do cálculo e da decisão política), esses pressupostos devolvem o pensamento de Fanon à sua instabilidade interna. Inscrevem aí *ao mesmo tempo* isso que se deixa apanhar no real político de sua conjuntura, e os limites que lhe impõem essas dinâmicas impossíveis de codificar estrategicamente, impossíveis *a fortiori* de "dominar" politicamente, alojando na própria discursividade do texto fanoniano a incerteza dos processos subjetivos com os quais o combate político deve, no entanto, contar.

* * *

Decerto não é nada fácil determinar como a ligação político--clínica posta assim em jogo na prática da luta, tal como Fanon a pensou, nela intervindo completamente, podia por sua vez ser reativada, embora sob novas condições, na própria antiga metrópole colonial. Arriscaria adiantar que, muito antes da retomada das problemáticas fanonianas pelos estudos ditos pós-coloniais,[56] a tarefa fixada por Fanon de desconstruir o sistema das interpelações, aos quais o poder colonial sujeita os colonizados, a começar pelas identificações fixadas no discurso psicopatológico e "vividas no plano do narcisismo", reproblematizando-as "no plano da história colonial", se encontrou retomada em um duplo jogo de "simetrização",[57] de um lado em *O Anti-Édipo* de Deleuze e Guattari (que estavam entre os primeiros a se apropriarem do autor dos *Damnés de la terre*), de outro lado, no ano seguinte no curso

56. Ver Mathieu Renault, *Frantz Fanon: de l'anticolonialisme à la critique postcoloniale*. Paris: Éditions Amsterdam, 2011; e Jock MacCulloch, *Colonial Psychiatry and "the African Mind"*. Cambridge: Cambridge University Press, 1995.
57. Retomo esse termo menos no sentido dado por Bruno Latour que àquele redefinido por Eduardo Viveiros de Castro em sua "contra-antropologia" ameríndia (*Métaphysiques Cannibales*, op. cit.).

de Foucault *Le Pouvoir Psychiatrique* (em que Foucault não se refere a Fanon, mas a *O Anti-Édipo*). Em Foucault essa tarefa descambou numa reescrita da história dos saberes psicopatológicos e psiquiátricos como uma história da "colonização psiquiátrica da loucura", pondo a limpo a maneira com que o discurso psiquiátrico estruturou-se entorno das transferências discursivas entre as crianças e "os delinquentes como resíduos da sociedade, os povos colonizados como resíduos da história, os loucos como resíduos da humanidade em geral".[58] Seja o grande *continuum* da alteridade tanto "interior" quanto "exterior" em que os saberes antropológicos dos séculos xix e xx afixarão incansavelmente os grandes *narcísicos*, supostamente "cortados do real", incapazes de assumir "a prova da realidade", "regressivos" ou "primitivos", totalmente absorvidos em suas modificações ditas autoplásticas...

Em Deleuze e Guattari essa tarefa descambou numa reescrita de um "inconsciente esquizofrênico" como potência de descolonização subjetiva, que se incarna no investimento delirante da historia mundial, quer dizer, mundializada pela colonização, fazendo o sujeito entrar em circuitos de desidentificação, ou melhor, de transidentificações que o tiram de sua ancoragem identitária ocidental, ou do modo de subjetivação narcísica característica do sujeito familio-naciono-colonial do ocidente.[59]

---

58. Michel Foucault, *Le Pouvoir Psychiatrique*, op. cit., p. 110.

59. À maneira da "grande migração de Artaud para o México, suas potências e suas religiões", ou de "Uma estação no inferno" de Rimbaud: "como separá-la da denúncia das famílias de Europa, do apelo a destruições que não veem bastante rápido, [...] esse "deslocamento de raças e continentes", esse sentimento de intensidade bruta que preside tanto ao delírio como à alucinação, e sobretudo essa vontade deliberada, obstinada, material, de ser "de raça inferior a qualquer humanidade": Conheci cada filho de família,... nunca fui dessa gentinha daqui, nunca fui cristão... sim, tenho os olhos fechados a vossa luz. Sou um animal, um preto..." (Gilles Deleuze, Félix Guattari, *L'Anti-Œdipe*, op. cit., p. 102). E não apenas a galeria de sujeitos-"esquizos" de O Anti-Édipo, mas outros personagens virão incarnar essa "furada do muro", esse ultrapassar o muro do Sul, chegando fazer utilização, em seu próprio excesso, desse processo de desidentificação frente ao Ocidente, seus cortejos de valores moral-trabalho-familia-pátria, em uma traição generalizada, inclusive de si mesmo (de onde sua "duplicidade" tão frequentemente suspeitada e descrita): o que Guattari encontrará em Jean Genet, ou o que Deleuze encontrará em T. E. Lawrence.

Entre as duas perspectivas está, ao mesmo tempo, o estatuto do discurso histórico (em sua oposição à "biopolítica das raças"), o estatuto do narcisismo (no jogo de identificações e desidentificações), e sua dupla ligação com a política, que se distribuem de outro modo, dando lugar a dois experimentos inéditos da escrita teórica, escrita histórico-política em Foucault, e clínico-política em Deuleuze e Guattari. Em *Le Pouvoir Psychiatrique*, uma contra-historiografia menor – uma história não psiquiátrica da psiquiatria, feita do ponto de vista dos loucos e não do ponto de vista do saber-poder psiquiátrico – permite reescrever a narrativa genealógica do campo psiquiátrico como um campo de relações de poder, de colonização psiquiátrica da loucura e da resistência dos loucos a esse poder. Em *O Anti-Édipo*, é uma contrametapsicologia – uma teoria do inconsciente feita do ponto de vista da esquizofrenia e não do ponto de vista da nevrose freudiana –, que permite uma hermenêutica clínico-política das produções delirantes pelas quais a subjetividade se desterritorializa em uma cartografia intensiva da história colonial, e que permite reescrever *a contrario* a narração edipiana do sujeito como uma construção-*écran* ao abrigo da qual são produzidos esses "pequenos eus pararacas e arrogantes"[60] que são os sujeitos ocidentais, narcissizados até o toco, incapazes de se situar em uma topografia aberta a não ser acomodando-a ao longo dos eixos de metaforização de um familiarismo privado, fechados nas rivalidades miméticas e nos investimentos contraditórios do Próprio e do Outro polarizando a cena colonial "intimada" à própria constituição do eu. Em suma, o problema que era para Fanon sair da estigmatização do "Preto" e da patologização do "Norte-Africano"; passa a ser para Deuleuze e Guattari compreender a desterritorialização do sujeito do inconsciente como "Esquizo", e à maneira de Rimbaud, "essa vontade deliberada, obstinada, material, de ser 'de raça inferior

---

60. Gilles Deleuze e Félix Guattari, *L'Anti-Œdipe*, op. cit., p. 132.

a qualquer humanidade' " – "nunca fui zé povinho daqui, nunca fui cristão, ... é isso, tenho os olhos fechados à vossa luz. Sou um bicho, um preto...".[61]

É para esclarecer tal revisão da problemática esquizoanalítica como tarefa permanente de descolonização do inconsciente que convém voltar à dupla referência do *O Anti-Édipo*, por um lado à teoria do etnocídio de Robert Jaulin (e indiretamente de Pierre Clastres, que por um momento foi a ela associado), por outro lado à psiquiatria anticolonial de Frantz Fanon. Uma como a outra são indissociáveis do que constitui a pedra de toque da descodificação guataro-deleuziana da edipianização concebida como operadora ao mesmo tempo da colonização da subjetividade e da fabricação do sujeito colonial (europeu-narcísico): o que Deleuze e Guattari chamam o "paralogismo do rebatimento ou da aplicação", em que gostaria ao mesmo tempo de sugerir que ele permite perceber precisamente o mecanismo das "alegorias--écran" salientadas por Spivak, e é justamente na medida em que ele procede uma reelaboração da problemática clínico-política por Fanon das formações-*écran*. É sobre essa base que poderemos revisar o problema da significação descolonial do próprio procedimento de escrita do discurso esquizoanalítico, sobre uma frente de batalha assim ampliada não apenas aos modos de subjetivação mas às produções do inconsciente, e que esclarece, em compensação, a difícil exigência que enunciava Spivak, tão difícil que nem ela mesma soube vê-la em um livro que justamente se emprega a pô-la em prática: saber "fazer delirar a voz interior do outro em nós".

---

61. Gilles Deleuze e Félix Guattari, *L'Anti-Oedipe*, op. cit., p. 102, citando Rimbaud, *Une Saison em enfer*.

Capítulo 3

Rumo ao inconsciente real
Delírio das raças, sexuação e écran narcísico-edipiano

Repartamos do que está em questão, para a leitura de O *Anti-Édipo*, se consideramos a tarefa esquizoanalítica como um empreendimento de descolonização permanente do inconsciente. O primeiro efeito de leitura de tal *tomada de partido político na teoria* é de desarmar a utilização que se pode fazer de O *Anti-Édipo* com relação à dupla leitura majoritariamente feita desse livro: uma crítica da psicanálise puramente interna à própria psicanálise, uma crítica puramente culturalista do Édipo. De fato, se Deuleuze e Guattari adotam muitos dos argumentos do tipo culturalista (o que se poderia facilmente ligar a um estado dos lugares da paisagem intelectual hexagonal dos decênios do pós-guerra, na posição que aí ocupa a etnologia no cerne das ciências sociais, e aos debates existentes entre antropologia cultural e psicanálise),[1]

1. Um dos ângulos de ataque consiste em avaliar a pertinência dessa matriz pretensamente universal confrontando-a a meios socioculturais heterogêneos a esses em que florescem os discursos e práticas psicanalíticas: as sociedades ditas primitivas compreendidas sob o tipo ideal das máquinas sociais "territoriais". Deleuze e Guattari estão longe de inovar no domínio dos encontros e confrontações entre etnologia e psicanálise, em que é preciso contar notadamente os desafios epistemológicos, do ponto de vista de uma "lógica" lacaniana do significante, da antropologia estrutural de Lévi-Strauss, os desafios teóricos do estudo dos sistemas de parentesco para as questões relativas à interdição do incesto, o fetichismo e a significação sexual dos simbolismos, enfim e sobretudo, os desafios clínicos, confrontações etnopsiquiátricas colocadas por Devereux entre estruturas sociais e doenças mentais aos trabalhos dos antropólogos africanistas como Edmond Ortigues e a Paul Parain, aos quais Deleuze e Guattari se referem diversas vezes. Para a confrontação da psicanálise e da etnologia ver em particular Gilles Deleuze e Félix Guattari, *L'Anti-Œdipe*, op. cit., pp. 195-217 e 170-180, em que o questionamento de um "Édipo primitivo" inscreve a questão do familialismo, de um lado, na dupla genealogia da moral e do capitalismo e de outro lado na história moderna e contemporânea do colonialismo.

pode-se prestar ainda mais atenção à maneira com que eles a deslocam num plano político (ou no plano de uma "micropolítica da subjetividade"). Nada deixa mais preciso, justamente, que o conceito de "paralogismo do rebatimento" foi forjado precisamente para elucidar os efeitos políticos da edipianização e para explicitar de *qual política* se trata.

O desafio, numa primeira abordagem, é primeiramente de se instalar no terreno de uma "psicanálise aplicada" aceitando pôr sua validade teórica e terapêutica à prova de uma generalização, não somente às obras da arte, da filosofia, da ciência e da religião, mas a outras formações sociais que as formações ocidentais contemporâneas. O desenvolvimento crítico consiste assim em reconduzir essa generalização a suas condições de possibilidade que não dependem de uma causalidade universal ou de um *a priori* simbólico abstrato, mas de formas sociais determinadas, recorrendo à etnologia para contestar a pseudouniversalidade de um complexo edipiano ali onde se exibe os mecanismos sociais que tornam a familiarização dos investimentos inconscientes efetivamente *impossíveis*, de uma impossibilidade inscrita na objetividade social primitiva. Longe de simplesmente concluir trivialmente uma mera variabilidade sociocultural do complexo de Édipo (isso valeria "aqui", isso não "funcionaria" "acolá"), eles se apoiam nessa primeira linha para desencadear as relações de força e as operações de poder que determinam efetivamente o familiarismo, como agenciamento coletivo de enunciação e agenciamento maquínico de desejo, e que condicionam também a *aplicação* da psicanálise em nossa própria sociedade (isso não funciona "acolá", porque isso resiste; mas isso só parece funcionar melhor para "nós" tendo como paga contradições e resistências intrasubjetivas, das quais testemunha precisamente a esquizofrenia).

Reconstituamos esquematicamente alguns elementos desse movimento.

Seguindo a fórmula recorrente: "as condições [de Édipo] não se deram" nas sociedades primitivas. Quais são, por acaso, essas "condições"? Foi o assunto da quinta sessão do capítulo ii, consagrado aos diferentes paralogismos das sínteses produtivas do desejo inconsciente que acionam a montagem do dispositivo edipiano, os dois primeiros condicionando a *forma* triangular, a *reprodução* e a *causa formal*, o terceiro paralogismo, dito do "rebatimento" ou da "aplicação bi-unívoca", cerne sua *condição*.[2] Essa condição é identificada, em sua descrição abstrata, em termos que Spivak poderia qualificar de "topográfico", como certa relação entre o campo sócio-histórico e a família, tomada ao mesmo tempo como unidade sociológica e econômica e como sistema significante de ressituação para o sujeito, logo, como operador de socialização do sujeito e operador de subjetivação do desejo através dos significantes genealógicos e filiais e os imagos identificadores correspondentes. Uma primeira formulação foi dada por meio de um drible por uma "revolução discreta" operada por Bergson na concepção das relações entre o vivente e o mundo:

> A assimilação de um vivente a um microcosmo é um lugar comum antigo. Mas se o vivente era semelhante ao mundo, era, dir-se-ia, porque ele era ou tendia a ser um sistema isolado, naturalmente fechado: a comparação do micro e do macrocosmo era então aquela de duas figuras fechadas, em que uma exprimiria a outra e se inscrevia na outra. No início de *A Evolução criativa*, Bergson muda inteiramente o alcance da comparação abrindo os dois todos. Se o vivente se assemelha ao mundo, é, ao contrário, na medida em que se abre sobre a abertura do mundo; se ele é um todo, é na medida em que o todo do mundo como do vivente está sempre se fazendo, se produzindo ou progredindo, se inscrevendo em uma dimensão temporal irredutível e não fechada. Acreditamos que se trata da mesma coisa a relação família-sociedade.[3]

Se o meio familiar não constitui nunca um meio fechado sobre si mesmo, mas sempre um meio aberto sobre um campo social ele próprio aberto por forças em devir, o gesto sistematizado pela psicanálise, com justificações mais ou menos complexas, consiste em estabelecer uma correlação *expressiva* entre dois conjuntos fechados, o primeiro ocupado pelas múltiplas instâncias que

2. Cf. Gilles Deleuze e Félix Guattari, *L'Anti-Œdipe*, op. cit., pp. 100-126, em particular pp. 110-117.

3. Gilles Deleuze e Félix Guattari, *L'Anti-Œdipe*, op. cit., p. 114.

contraem relações reais no campo social, o segundo pelos personagens de um drama familiar em que os primeiros supuseram sistematicamente *substituir*. Assim, nesse dispositivo, os agentes efetivos da produção e da reprodução sociais são reduzidos a substitutos de figuras parentais; as relações de poder e de saber nas quais o sujeito se constitui, suas relações que daí decorrem com os agentes coletivos, são sistematicamente *traduzidos* em termos de relações intrafamiliais, neuróticas e neurotizantes. Esse mecanismo de tradução pode funcionar nos enunciados explícitos como no trabalho do sonho de um inconsciente familiarizado, suas construções fantasmáticas, fóbicas etc. A diferenciação tópica é aqui indiferente, já que se encontra, de qualquer maneira, a cada nível, no lugar de uma família aberta sobre um campo social ele próprio aberto pelos fluxos de desejo que o trabalham, um campo social acomodado sobre um "meio" fechado (família) que abafa as relações de força e as clivagens. Os diferentes elementos heterogêneos que povoam a máquina social são, por sua comum referência a uma mesma estrutura unitária que supostamente significam e representam, sistematicamente reduzidos a uma homogeneidade fictícia. Esse dobrar-se do social sobre o familiar, esse rebatimento das relações de força complexas da produção social sobre a estrutura triangular, mascara o fato de que o meio familiar nunca é completamente fechado, funciona sempre, mais ou menos, como um "*stimulus*" ou um "indutor a qualquer valor" para o investimento direto das relações sociais e das práticas sociais pelo desejo – em outras palavras, que a constituição da família como "meio" já é o efeito e o lugar de uma organização de poder em que o objetivo estratégico deve ser questionado.[4] A condição de um agenciamento de subjetivação familiarista está assim identificado: não consiste em uma exaustão da instituição familiar em geral, mas, ao contrário, em sua tirada de campo, de modo que a família se torna um conjunto a-prático que só man-

---

4. Sobre as figuras parentais como simples "*stimuli*", e não como "organizadores" ou "desorganizadores", a partir de um modelo embriológico, cf. Gilles Deleuze e Félix Guattari, *L'Anti-Œdipe*, op. cit., pp. 100-126, 198 e seguintes.

têm uma relação expressiva, e não determinante, quanto às determinações econômicas, tecnológicas e políticas da reprodução social. No entanto só temos aqui uma definição nominal dessa condição de aplicação, que nada diz das *forças reais* suscetíveis de preenchê-la e efetuá-la.[5] Pois esse ponto de vista das forças e mecanismos reais é indispensável, tanto para compreender o que conjura essa condição e produz a impossibilidade real do familiarismo nas sociedades primitivas, quanto para compreender *a contrario* como a condição do familiarismo é *para nós* preenchida – ou mais exatamente, como ela permanece sujeita, ali mesmo onde parece preenchida, às contradições e às resistências que a contestam. Apenas o ponto de vista *a contrario*, o ponto de vista da resistência antagônica, pode nos dar o ponto de vista efetivo, tanto micro como macropolítico, subjetivo e histórico. Isso que *O Anti-Édipo* analisa simultaneamente em três planos, clínico, epistemológico e histórico-político, o terceiro sobredeterminando explicitamente os dois primeiros.

Primeiramente no plano da prática terapêutica, Deleuze e Guattari emprestam ao antropólogo Victor Turner, cuja concepção funcionalista ou "praxeológica" dos símbolos rituais retém vivamente sua atenção,[6] a descrição de uma cura ndembu que apresenta uma "esquizoanálise em ato". K sofre: dois incisivos

---

5. Quando recapitulam os conhecimentos do exame dos três primeiros paralogismos, Deleuze e Guattari sublinham esse ponto que dá conta do caráter arrevesado do ponto de vista estritamente transcendental adotado no capítulo II, o que quer dizer, do ponto de vista das sínteses imanentes do inconsciente que deixa de lado as forças reais que determinam a utilização transcendental destas sínteses: "Tentamos analisar a forma, a reprodução, a causa (formal), o procedimento, a condição do triângulo edipiano. Mas voltamos à análise das forças reais, das causas reais das quais a triangulação depende" (Gilles Deleuze e Félix Guattari, *L'Anti-Œdipe*, op. cit., p. 134) – programa que será abarcado no capítulo III (análise dos três sistemas de repressão-recalque correspondendo aos três tipos de máquina social), depois na sessão 3 do capítulo IV. Precisemos todavia que do ponto de vista formal-transcendental ao ponto de vista material das forças, não há passagem de uma interioridade psíquica a uma exterioridade social, mas a passagem da exposição dos mecanismos da produção desiderativa imanente à produção social, à análise dessa presença imanente ela própria aos olhos da diferença e das relações entre os "regimes" produtivos das máquinas desiderativas e das máquinas sociotécnicas.

6. Sobre a cura ndembu, ver Gilles Deleuze e Félix Guattari, *L'Anti-Œdipe*, op. cit., pp. 196-198, 201, 321; e sobre a teoria dos símbolos, nas pp. 214-215.

do ancestre caçador escapam do patuá que os contém ordinariamente e penetram o corpo do doente. O adivinho e o médico não tiveram lá essa dificuldade para relacionar esse sintoma a significantes genealógicos, em particular ao avô materno cuja sombra está sempre puxando a orelha do doente. Mas a cadeia significante filiativa está ela própria ligada às unidades políticas e econômicas que ela fatia: a posição que ocupava o antepassado na chefia, o chefe atual unanimemente julgado inapto, o fracasso de K que teria de ser candidato à chefia, sua posição residencial delicada entre o grupo paternal em que viveu mais tempo que o de costume e a vila materna onde o sistema matrilinear lhe prescreve de se instalar...

> [A análise ndembu] estava ligada diretamente à organização e desorganização sociais; a própria sexualidade, através das mulheres e dos casamentos, era um investimento de desejo; os pais desempenhavam aí o papel de estímulo, e não o de organizador (ou desorganizador) de grupo, mantido pelo chefe e suas figuras. Em vez de tudo se rebater sobre o nome do pai e do avô materno, este se abria a todos os nomes da história. Em vez de tudo projetar num grotesco corte de castração, tudo enxameava nos mil corte-fluxos das chefias, das linhagens, das relações de colonização. Todo o jogo das raças, dos clãs, das alianças e das filiações, toda essa deriva histórica e coletiva: justo o contrário da análise edipiana, quando esmaga obstinadamente o conteúdo de um delírio, quando atocha com vontade no "vazio simbólico do pai."[7]

Essa cura ndembu mostra exemplarmente como as instâncias familiais estão submissas à segmentaridade maleável e polívoca das linhagens e das alianças que determinam a inscrição dos investimentos sociais do desejo nas relações complexas de chefia, onde a compreensão estrutural do Édipo implicaria um grande corte molar. As coordenadas genealógicas, os valores simbólicos que assumem nomes e atitudes nas cadeias significantes em que entram, não são de modo algum articuladas sobre um nome do pai como significante maior da castração, nem sobre uma cadeia

---

7. Gilles Deleuze e Félix Guattari, *L'Anti-Œdipe*, op. cit., p. 198. (Na edição portuguesa da Assírio e Alvim, op. cit., à qual cotejei, p. 174.)

de significantes intrafamiliais, mas são produzidos por complexos de signos que são marcadores de poder, de segmentações de linhagens e de territórios, de submissões e de rupturas políticas, em uma situação complicada ainda mais pela intrusão dos colonos ingleses que fragiliza as instituições tradicionais. Quanto às "pessoas" como suportes das "imagens familiais" que supostamente comandam as aventuras de nossas identificações imaginárias, elas também:

> [...] só funcionam se se abrirem às imagens sociais com as quais elas se acoplam ou se afrontam no decorrer de lutas e de compromissos; de modo que, o que é investido através dos cortes e segmentos de famílias, são os cortes econômicos, políticos e culturais do campo em que estão mergulhados".[8]

Esta análise tem repercussões epistemológicas no campo etnológico, e que se pode apreciar como uma estratégia argumentativa em que se esclarecem localmente os recursos, as escolhas e as provas seletivas que Deleuze e Guattari infligem aos saberes que instrumentam, e na ocorrência deles, a importância que outorgam às análises de Emmanuel Terray e Edmund Leach. Concordam com a tese de Leach segundo a qual as práticas de aliança nas sociedades primitivas são irredutíveis aos sistemas de filiação.[9] Criticando simultaneamente o primado conferido por Meyer Fortes às linhagens filiais, e a concepção lévi-straussiana do parentesco como arranjo entre classes matrimoniais abstratas, Leach faz valer uma dissimetria entre as regras da filiação e os

---

8. Gilles Deleuze e Félix Guattari, *L'Anti-Œdipe*, op. cit., p. 321. (p. 281 na edição portuguesa.)

9. Sobre a definição de máquina social primitiva como "máquina de declinação" das alianças e das filiações, e sobre a impossibilidade de deduzir das alianças de filiações, cf. Gilles Deleuze e Félix Guattari, *L'Anti-Œdipe*, op. cit., pp. 170-180; e Edmund Ronald Leach, *Critique de l'anthropologie* (1966), trad. fr. Dan Sperber e Serge Thion. Paris: PUF., 1968, pp. 206-207. Deleuze e Guattari tiram daí a distinção seguinte entre filiação e aliança: "a filiação é administrativa e hierárquica, mas a aliança é política e econômica, e exprime o poder de modo que não se confunde com a hierarquia nem dela se deduza, a economia de tal modo que não se confunde com a administração." (Gilles Deleuze e Félix Guattari, *L'Anti-Œdipe*, op. cit., p. 172.) Nesse problema da relação entre linhagens filiais e alianças, está em jogo "todo empreendimento de codificar os fluxos. Como assegurar a adaptação recíproca, o estreitar respectivo de uma cadeia significante e de fluxo de produção?" (Gilles Deleuze e Félix Guattari, *L'Anti-Œdipe*, op. cit., p. 173.)

procedimentos da aliança, compreendidos como os dois princi-pais conjuntos práticos da inscrição social primitiva (inscrição genealógica, inscrição econômico-política): a aliança não pode ser "deduzida" da filiação, o que quer dizer que ela responde a regras constrangentes e estratégias, contudo, sobre os recortes políticos e econômicos que não exprimem simplesmente diferen-ciações genealógicas preliminarmente fixadas. Mas o inverso é tão quão importante: os arranjos filiais não traduzem simples-mente na linguagem do parentesco as relações de poder e as relações econômicas. Têm-se ao menos *dois* meios de inscrição heterogêneos, que não estão em relação de homologia, de tradu-ção ou de expressão, mas em relação de interação, de fragmen-tação e de captura dos códigos nos quais as negociações sempre locais constituem a problemática social. Se as relações de paren-tesco não podem ser consideradas como estruturas ordenadas seguindo um princípio de equilíbrio geral e de equivalência entre termos homogêneos, é que elas mesmas são objeto de utilizações estratégicas que intercalam os significantes genealógicos nos pro-cedimentos de aliança. Leach estabelece assim que os signifi-cantes parentais, as denominações, atitudes e relações de troca formam as cadeias significantes da filiação, são indissociáveis dos cortes de aliança que operam nos fluxos econômicos e políticos, prestígios e obrigações, porções territoriais, direitos e deveres de residência etc. De modo que nunca há filiação pura. As cadeias significantes da filiação, as denominações parentais e as atitudes familiais nunca têm autonomia, mas são negociadas por meio das práticas de aliança que determinam os recortes políticos e econômicos. Eis o que explica a impossibilidade, para a família, de formar um microcosmo expressivo sobre o qual poderia se acomodar e se aplicar relações socioeconômicas autônomas: as alianças matrimoniais funcionam aí como mediações ativas, e devem ser analisadas como uma *praxis*.[10] Considerada como o

---

10. Edmund Ronald Leach, op. cit., pp. 140-141 e 153-154 (para a crítica das concepções do parentesco como sistema fechado). "Leach extraiu precisamente a instância das linhas

conjunto prático no qual se insere, o parentesco não é redutível a um sistema que distribui estruturalmente denominações e atitudes significantes. A práxis é transversal a essas duas ordens, e integra tanto as denominações quanto as atitudes com utilizações estratégicas que só se desdobram em favor dos desequilíbrios da organização social ou dos "desfuncionamentos" que fazem aí a dinâmica, por assim dizer, "normal". É evidente que as estratégias são reguladas, mas as regras de parentesco e de aliança não são os princípios abstratos de uma estrutura em direito estável ou em equilíbrio, mas os vetores de compensação mobilizados nos momentos críticos (fusão/cisão) de um sistema instável em direito.[11] Temos aí uma explicação sociológica do "valor indutor"

locais, no tocante a elas se distinguirem de linhagens de filiação e operarem nos pequenos segmentos; são estes grupos de homens habitando num mesmo lugar, ou em lugares vizinhos, que maquinam os casamentos e formam a realidade concreta, muito mais que os sistemas de filiação e as classes matrimoniais abstratas. Um sistema de parentesco não é uma estrutura, mas uma prática, uma práxis, um procedimento e até mesmo uma estratégia. [...] Um sistema de parentesco só se mostra fechado na medida em que é recortado por referências econômicas e políticas que o mantêm aberto, e que fazem da aliança algo diferente de um arranjo de classes matrimoniais e de linhagens filiais" (Gilles Deleuze e Félix Guattari, *L'Anti-Œdipe*, op. cit., pp. 172-173). Cf. também ibid., p. 196: "As famílias selvagens formam uma práxis, uma política, uma estratégia de aliança e de filiações; são formalmente os elementos motores da reprodução social; não têm nada a ver com um microcosmo expressivo [do tipo da família burguesa do século XIX]; o pai, a mãe, a irmã, funcionam sempre como algo além de pai, mãe ou irmã. E mais que o pai, a mãe etc., tem o aliado que constitui a realidade concreta ativa e torna as relações entre as famílias coextensivas ao campo social. Nem mesmo seria exato dizer que as determinações familiais eclodem por todo lado nesse campo, e continuam ligadas a determinações propriamente sociais, já que uma e outra são uma única e mesma peça na máquina territorial. A reprodução familial não sendo ainda um simples meio, ou uma matéria ao serviço de uma reprodução social d'outra natureza, não tem possibilidade nenhuma de rebater essa cá naquela acolá, de estabelecer entre elas duas relações biunívocas que dariam a um complexo familial qualquer valor expressivo e uma forma autônoma aparente. Ao contrário, é evidente que o indivíduo na família, mesmo um miudinho, investe diretamente um campo social, histórico, econômico e político, irredutível a qualquer estrutura mental tanto quanto a qualquer constelação afetiva." (Gilles Deleuze e Félix Guattari, *L'Anti-Œdipe*, op. cit., pp.178-179.)

11. "Os etnólogos não esbarram de dizer que as regras de parentesco não são aplicadas nem aplicáveis nos casamentos reais: não porque essas regras sejam ideais, mas, pelo contrário, porque determinam pontos críticos em que o dispositivo volta a funcionar sob a condição de ser bloqueado, e se situa necessariamente em uma relação negativa com o grupo" (Gilles Deleuze e Félix Guattari, *L'Anti-Œdipe*, op. cit., pp. 178-179).

das instâncias parentais que deixavam ver, no plano clínico, a cura ndembu, e pelo fato de que "a posição familiar é apenas um estímulo para o investimento do campo social pelo desejo".[12] Tem uma coisinha só – eis o terceiro plano que sobredetermina os dois primeiros –, o que é crucial, é que logo as condições sociais dessa cura, logo elas é que são destruídas com a chegada dos colonos, enquanto as formações sintomáticas dos sujeitos colonizados continuam a recusar a codificação familiarista que missionários evangelizadores após administração médica se esforçam por impor. Aqui intervém a referência a Fanon – especificamente às vinhetas clínicas inclusas no final dos *Damnés de la terre*:

> É curioso que tenha sido necessário esperar os sonhos dos colonizados para se aperceber que, nos cumes do pseudo-triângulo, a mamãe ralava coxa com o missionário, o papai era enrabado pelo coletor de impostos, o eu pegava taca dum branco. É precisamente essa cópula das figuras parentais com agentes de outra natureza, engalfinhados como lutadores, que impede o triângulo de voltar a fechar, de querer por si próprio e de pretender exprimir ou representar essa outra natureza dos agentes que estão em questão no próprio inconsciente.[13]
>
> É bem desse jeitinho nas periferias do capitalismo, onde o esforço feito pelo colonizador para edipianizar o indígena, Édipo africano, se vê contrariado pela eclosão da família segundo as linhas de exploração e de opressão sociais.[14]

A situação colonial intervém na argumentação para relançar o problema de saber em quais condições um código familiarista encontra a possibilidade de estabelecer e mostrar que estas condições não dependem de funções simbólicas abstratas e deshistoricizadas, mas de uma operação efetuada sobre o desejo que implica um estatuto particular da instituição familiar num dado campo social. Assim Deleuze e Guattari se referem a autores como Fanon e Jaulin, que chamam a atenção justamente sobre eventos históricos que afetam efetivamente a vida social, e que

---

12. Gilles Deleuze e Félix Guattari, *L'Anti-Œdipe*, op. cit., pp. 321.
13. Ibid., p. 114.
14. Gilles Deleuze e Félix Guattari, *L'Anti-Œdipe*, op. cit., p. 321.

esclarecem seus mecanismos internos de reprodução ao mesmo tempo em que os quebram. Às teorizações antropológicas do parentesco primitivo vem substituir uma consideração dessas linhas de fratura históricas produzidas na história contemporânea pelo imperialismo colonial, com seu cortejo de destruições dos códigos da vida coletiva concernindo os sistemas de chefia, os modos de viver, os regimes de filiação e de aliança, as condições ecológicas etc. Para a cura ndembu é preciso retificar: "se é verdade que a análise não começa edipiana [...] ela se torna em parte", e não sob o efeito da própria cura, mas "sob o efeito da colonização."[15] Por exemplo, quando os colonizadores abolem a chefia ou a utilizam para seus fins, minam os costumes estratégicos das alianças e das hierarquias nas quais as denominações eram "ativas" com certa polivocidade em função tanto das variáveis econômicas e políticas quanto genealógicas, para substituir as segmentações das linhagens ("mil cortes-fluxo das chefias, das linhagens, das relações de colonização") um grande "corte" unívoco da castração simbólica, ou significante do "nome do pai". Nas condições do colonialismo tal significante não chega a se estabelecer, não quando a autoridade social e moral conferida ao pai é aumentada, mas exatamente ao contrário, quando:

> [...] o colonizador diz: teu pai, é teu pai e só, ou o avô materno, não vá tomá-los por chefes,... podes fazer-te triangular em teu canto, e pôr tua casa entre as paternas e maternas [...] tua família, é a família e nada mais, a reprodução social não passa mais por aí, de modo que tenhamos necessidade de tua família apenas para fornecer um material que será submisso ao novo regime de reprodução... Aí sim, um quadro edipiano se esboça para os despossuídos: Édipo favelado.[16]

O mesmo para a descodificação dos sistemas de chefia, a ruptura das inscrições territoriais e residenciais das relações de filiação e de aliança exibe as condições reais sob as quais uma estruturação edipiana consegue se impor. Analisando os efeitos de diferentes

15. Ibid., p. 199.
16. Ibid.

missões realizadas nos anos 1950-1960 por capuchinos no conjunto dos Motiboles Bari da Venezuela, nos índios Chikri do Rio Caetete e nos índios Yukpos em Los Angeles de Tucucco, Robert Jaulin explica como os irmãos pregadores os persuadiram a renunciar à casa coletiva tradicional (*bohio*) por pequenas casas familiais ("garantia de moralidade e de propriedade dos hábitos evidente..."), Jaulin explica a mutação que arrasta a mudança de *habitat* para o conjunto das relações sociais e, em particular, para a articulação das relações de filiação e das relações de aliança políticas e econômicas.[17]

> O estado do colonizado pode conduzir a tal "redução" da humanização do universo que toda solução procurada será, na medida do indivíduo ou da família restrita, tendo como consequência uma "anarquia" ou uma desordem extremas no "coletivo"; anarquia em que o indivíduo será sempre vítima, com exceção daqueles que estão no controle de tal sistema, no caso os colonizadores, os quais, ao mesmo tempo em que o colonizado "reduzirá" o universo, tenderão a expandi-lo.[18]

É sobre essas análises que Foucault, um ano depois, apoiará sua breve descrição da organização disciplinar do tempo e do espaço levada pelos jesuítas aos povos colonizados: disciplinarização que se faz, segundo ele, em oposição ao princípio de escravidão, certamente por razões teológicas, mas também econômicas, a escravidão sendo julgada custosa demais, brutal, mal organizada e dispendiosa em vidas humanas inúteis. A constituição, por exemplo, nas repúblicas "comunistas" guarani no Paraguai, de "microcosmos disciplinares" organizados com um pleno emprego do tempo (pela sujeição a esquemas comportamentais exaustivos), com uma vigilância permanente (pelo isolamento dos alojamentos *e* abertura de cada um entre eles, providos de janelas sem persianas, a um possível olhar, ao longo de uma passagem feita para esse fim), e a uma penalidade do ínfimo, é muito referida

17. Cf. Robert Jaulin, *La paix blanche: Introduction à l'ethnocide*. Paris: Seuil, 1970, pp. 309 e 391-400. Ver Gilles Deleuze e Félix Guattari, *L'Anti-Œdipe*, op. cit., pp. 198-201 e 210-211; e Gilles Deleuze, *Cours à Vincennes*, 7 mar. 1972.

18. Robert Jaulin, op. cit., p. 309.

por Foucault como "uma espécie de individualização [...] na microcélula familiar".[19] Por seu lado Robert Jaulin punha a limpo a maneira com que o colonialismo procede a um enclausurar das células familiais sobre elas mesmas; de sorte que elas não desempenham mais nenhum papel nos recortes sociais, políticos e econômicos que os atravessam e, assim privados de qualquer possibilidade de intervenção no campo social, só têm o poder de exprimir as novas relações de opressão no que se tornou mera linguagem de tradução:[20]

> Na casa coletiva, o apartamento familiar e a intimidade pessoal se encontravam fundadas em uma relação com o vizinho definido como *aliado*, de modo que as relações interfamiliares eram coextensivas ao campo social. Na nova situação, ao contrário, se produz "uma fermentação abusiva dos elementos do casal sobre si mesmo" e sobre as crianças, de modo que a família restringida se feche em um microcosmo expressivo onde cada um reflete sua própria linhagem, ao mesmo tempo em que o devir social e produtivo lhe escapa mais e mais. Pois o Édipo não é apenas um processo ideológico, mas o resultado de uma destruição do entorno, do *habitat* etc.[21]
>
> *A inscrição materialista do paralogismo do rebatimento: Édipo entre acumulação primitiva e acumulação ampliada, a colonização continuada por outros meios.*

19. Michel Foucault, *Le Pouvoir Psychiatrique*, op. cit., p. 71.

20. Jaulin generalizava as conclusões distinguindo, de um lado, um modo de resolução pelas sociedades de seus conflitos segundo um processo de expansão que as faz buscar fora delas mesmas as soluções dos problemas que elas engendram, de outro lado a solução que pode encontrar, "no interior deste sistema, o estado de colonizado ou de alienação total": "uma espécie de sobrevida por vezes na extensão" mas autodestrutiva, "por vezes no estreitamento do mundo" que é também uma clausura e uma impotência – e os dois ao mesmo tempo, como "o camponês de Tipacoque, nas montanhas colombianas, [que] inscreve sua "universalidade" numa violência levada alhures, por vezes absurda e *suicida*, quando garante seu ser pela limitação de suas esperanças e de seus recursos a um quase nada de chão, um barraquinho; bocado de chão e barraco face aos quais seu cuidado é primeiramente de *permanência*, antes de ser de "rendimento". Essa permanência, face a um universo que se restringe, são menos as coordenadas do camponês que o meio, para um homem alienado, reconstituir, no interior de um mundo heterógeno e criminoso, um universo homogêneo e discreto" (*La paix blanche*, op. cit., pp. 308-309). O enclausuramento familialista evidencia esse último aspecto.

21. Gilles Deleuze e Félix Guattari, *L'Anti-Œdipe*, op. cit., pp. 199-200.

Venho rapidamente ao último ponto, para acentuar dando cabo de duas coisas. Por um lado, no fim dessa trajetória, o "paralogismo do rebatimento" é nada mais nada menos que a produção da fantasmática edipiana como uma "alegoria-*écran*", não de algum pensador ocidental, mas do tipo de subjetividade colonial fabricada pelo ocidente, uma subjetividade limitada por sua construção moïque-narcísica. Por outro lado, essa construção subjetiva é inscrita por Deleuze e Guattari nas coordenadas materiais da acumulação capitalista, o que os conduz tendencialmente a supor a diferencial entre "edipianização" (como operação de poder) e "complexo de Édipo" (como fantasmática nuclear do sujeito) à diferenciação marxista entre técnicas de acumulação "primitiva" e de acumulação ampliada, esta superposição tendo sobretudo o efeito crítico de demonstrar como consequência esta distinção como propriamente *insustentável*. Ela impede, por um lado, de identificar pura e simplesmente a situação das desestruturações coloniais com as "colônias interiores" caracterizando o "centro mole" do capitalismo: precisamente porque é um momento (dobradiça) de transição em que a privação familiarista dos investimentos desejantes *ainda não está adquirido, mas está se estabelecendo*, o colonialismo testemunha uma "resistência ao Édipo", e por isso mesmo, permite desencadear sob o abstrato complexo de Édipo um processo real de edipianização sempre inserido num complexo de forças social e politicamente determinado. Mas assim como a determinação primitiva é interminável, ou permanece como uma constante da própria acumulação ampliada, o trabalho da colonização edipiana nunca terminou: uma como a outra não cessam de ter de se reproduzir, sendo incessantemente contrariadas pelas contratendências que lhe opõem resistência, tanto no plano macropolítico (ou macroeconômico) quanto micropolítico.

> É a colonização que dá existência ao Édipo, mas um Édipo ressentido com o que é, pura opressão, na medida em que supõe que esses Selvagens sejam privados do controle de sua produção social, no ponto de abate para serem rebatidos sobre a única coisa que sobrou para eles, a reprodução familiar que lhes impõem, tanto edipianizada quanto alcoo-

lica e mórbida. [...] Vimos, no entanto, que os colonizados permaneciam um exemplo típico de resistência ao Édipo: de fato, aqui a estrutura edipiana não consegue se fechar, e os termos continuam colados aos agentes da reprodução social opressiva, seja numa luta, seja numa cumplicidade (o Branco, o missionário, o coletor de impostos, o exportador de bens, o principal da vila transformado em agente da administração, os anciãos que maldizem o Branco, os jovens que entram numa luta política etc.). Mas as duas coisas são verdadeiras: o colonizado resiste à edipianização, e a edipianização tende a se fechar sobre ele.[22]

É chegada a hora de voltar ao "paralogismo rebatimento" ou de "aplicação biunívoca", de sublinhar que ele tem como condição estrutural de efetuação a disposição do próprio modo de produção capitalista. A tese para a qual convergem as análises seguidas por Deleuze e Guattari na clínica com Turner, na epistemologia com Leach e Terray, e na políticoclínica com Fanon e Jaulin, é que os investimentos desejantes são tanto menos familiaristas conforme a instituição familiar está em relação direta e ativa com a produção e a reprodução sociais. Pra dizer inversamente, o código familiarista só pode se instalar quando a instituição familiar não atua mais como mediação nas regras e estratégias da produção e da reprodução socioeconômicas.[23] Assim, na situação colonial, a familiarização atua como operador de poder: ela tem uma eficiência estratégica, mas que só revela seu objetivo *a contrario*, quer

---

22. Gilles Deleuze e Félix Guattari, *L'Anti-Œdipe*, op. cit., p. 210.

23. Meu amigo Stéphane Legrand me faz observar que essa relação inversa dos códigos às estruturas objetivas eficientes não é estranha à análise dos sistemas jurídicos em Foucault (ver por exemplo *La Volonté de savoir*. Paris: Gallimard, 1976, pp. 114 e 190 notadamente; ou "Les mailles du pouvoir" in: *Dits et Écrits*. Paris: Gallimard, 1994, v. IV, pp. 185-186): a "forma jurídica" tendeu tanto a recodificar as relações de poder que deixou de ser o operador de poder efetivo que tinha sido quando da constituição do poder monárquico. Numa ótica mais diretamente conectada à de Deleuze e Guattari, mas que não está sem relação com essa que acabamos de evocar, certo está que na perspectiva de *La Volonté de savoir* e do curso sobre *Les Anormaux*, notadamente, a micro-célula familial não pôde ser constituída como essa zona de refração por onde transitavam e onde se refractavam o conjunto dos poderes sociais, no quadro do "dispositivo de sexualidade", que a partir do momento em que os laços familiares amplos tinham deixado de ser o que eram ainda no "dispositivo de aliança": um instrumento e um suporte eficientes para os processos econômicos e as estruturas políticas, de modo que seus objetivos de "reproduzir o jogo de relações e de manter a lei que as rege" (*La Volonté de savoir*, op. cit., p. 140) podiam ainda ter um papel crucial "na transmissão ou na circulação das riquezas", em vista de

dizer, pelas resistências que se vê opor, e que impedem a simples "aplicação" das relações sociais sobre relações intrafamiliares neutralizadas. Para que a aplicação possa se efetuar, não basta uma destruição ativa das mediações familiais que recortavam até então as coordenadas da produção e da reprodução sociais. É preciso que essa destruição seja *já feita*, ou pareça sempre já feita, que não seja mais o lugar de uma resistência. Encurtando, o familiarismo encontra a possibilidade de se estabelecer como um novo código – um agenciamento de enunciação que determina uma nova maneira de inscrever, de problematizar e de tratar as anomalias da existência, as subjetivações e as alienações, e que informa muito bem os enunciados coletivos (psicológicos, clínicos, pedagógicos, jurídicos...) – precisamente quando seu objeto, a família, *não tem estritamente mais importância nenhuma*, não tem mais nenhum poder ou eficiência estratégica, ou como escrevem Deleuze e Guattari, quando ela está "como que desinvestida, expulsa pra fora do jogo", "fora do jogo social que, no entanto, a determina". Mas essa expulsão para fora do jogo não significa que as coordenadas familiais não possam assumir uma função nesse mesmo impoder, onde precisamente se situa o agenciamento de subjetivação edipiana, de edipianização do desejo e de sua enunciação. Como meio privatizado, o familiarismo constitui uma sorte de vacúolo, por assim dizer, uma bolsa de antiestratégia, nas estratégias de reprodução social, aonde vêm se abismar tanto os enunciados coletivos como os destinos da psique individual. A questão é, seguramente, compreender como funciona tal vacúolo, e qual é sua necessidade na reprodução social desde que esse último passe sob o crivo da reprodução do capital.

De fato, o recorte capitalista com relação às outras formas sociais consiste em a inscrição tornar-se diretamente econômica e suprimir por direito qualquer outro pressuposto extra-econômico:

---

uma "homeostase do corpo social que tem por função manter"(ibid., p. 141). Poder-se-ia, em todos estes casos, falar de um princípio de transcrição funcional das estruturas objetivas em códigos.

[...] o que é inscrito ou marcado, não são mais os produtores ou não produtores, mas as forças e meios de produção como quantidades abstratas, que só se tornam efetivamente concretas em seu relacionamento ou conjunção: força de trabalho ou capital, capital constante ou capital variado".[24]

Seguindo a surpreendente expressão de Marx, os indivíduos então, não são mais que a "personificação das relações econômicas", suportes ou "proprietários" abstratos de meio de produção ou de força de trabalho, e simples engrenagens do processo de valorização.[25] Por certo, quando a codificação genealógica da reprodução humana deixa de ser determinante no mecanismo de reprodução das relações sociais, a família não deixa de constituir a forma da reprodução humana. Mas sua expulsão para fora do jogo significa que ela deixa de dar sua forma *social* à reprodução econômica. Ela se torna forma dessocializada ou *privada* de reprodução de um material humano indiferenciado, enquanto a reprodução social passa cada vez mais pelo processo do capital como forma social de reprodução autonomizada com relação aos antigos códigos da aliança e da filiação.[26] A forma familiar-privada da reprodução humana pode assim fornecer à reprodução social seres humanos aos quais ela própria não determina o lugar (de onde a igualdade abstrata dos homens) mas cujo lugar será determinado pelas exigências internas da acumulação e da valorização do capital, o problema passa a ser fazer com que cada indivíduo (*qualquer*) seja preso a "seu" lugar (*qualquer*), e é à maneira de uma assunção subjetiva que assegura, por assim dizer, a continuidade dos códigos não econômicos deslocados da individualização social e da socialização do desejo. A família só permanece no que é invariavelmente: descentrada, excentrada, atravessada por recortes que ela própria não engendra e que a impedem de se recluir num meio fechado – "sempre um tio da América, um irmão extraviado, uma tia que fugiu com um militar, um primo desempregado, falido ou

24. Gilles Deleuze e Félix Guattari, *L'Anti-Œdipe*, op. cit., p. 313.
25. Cf. Karl Marx, *Le Capital*, L. I, op. cit., pp. 619-630.
26. Gilles Deleuze e Félix Guattari, *L'Anti-Œdipe*, op. cit., p. 314.

que quebrou, um avô anarquista, uma avó hospitalizada, doida ou coroca...".[27] Simplesmente, ela deixa de ser um código *implicado* na determinação em última instância para tomar a forma de um meio fechado ("microcosmo") sobre o qual *se aplicam* as relações sociais que ela se contenta em "exprimir" em sua ordem própria separada, em virtude da autonomia relativa que lhe confere sua "impotênciação" real. Ela deixa de desenvolver seu código e sua linguagem nas estratégias dos agentes da produção e da reprodução social, para, ao contrário, envolver um saco de antiestratégia, por assim dizer, vacúolo em que vêm se abismar os enunciados coletivos como os destinos da psique individual. Constitui assim um aparelho de expressão ou de enunciação (em que os "enunciados" podem ser muito sortidos: representações inconscientes ou conscientes, formações fantasmáticas, oníricas, configurações afetivas, enunciados linguisticamente formados, comportamentos individuais, condutas coletivas), aparelho no qual todas as problemáticas sociais, econômicas e políticas serão sistematicamente "traduzidas" como *expressões* de uma subjetividade identificada (e ela própria se identificando) por e nas coordenadas da família restringida privada. Os significantes genealógicos, ao mesmo tempo em que perdem qualquer função motora na reprodução das relações sociais, deixam de ser vetores do investimento direto do campo social para o desejo inconsciente. São às avessas todas as relações sociais, todos os agentes coletivos da produção e da reprodução sociais envolvidos nessas relações, que surgem agora a favor dessa operação de aplicação redutora ou de "rebatimento", como derivados, deslocamentos: só podem ser investidos como simples substitutos de figuras parentais e de cenários familiares supostamente primeiros, para um sujeito que, em todos os níveis do campo social e em cada circunstância, reencontra papai-mamãe e seu cortejo de demanda de amor, de ambivalência afetiva, de culpabilidade e de angústia da castração como os rastros de seu próprio processo.

---

27. Gilles Deleuze e Félix Guattari, *L'Anti-Œdipe*, op. cit., pp. 111-112, 116, 315.

É por isso que propusera, num trabalho anterior, ver um remanejamento completo da compreensão freudiana da organização narcísica da libido. Se é verdade que as identificações primárias do eu se decidem no complexo paternal, esse complexo mesmo pressupõe o esmagamento do conjunto aberto do campo social sobre o conjunto finito (o triângulo) que define a situação. Os mecanismos identitários do sujeito edipiano pressupõem por si só a operação de "aplicação biunívoca" pela qual o registro familiarista do desejo, longe de exprimir um complexo edipiano primário, realiza uma formidável redução de complexidade dos investimentos imediatamente coletivos do desejo, do qual decorrem, e o Édipo, *e seus investimentos narcísicos*.[28] De modo que a ordem das razões não é: narcisismo originário abertura da libido a investimentos do objeto através dos conflitos edipianos (com os pais como primeiros objetos sexuais) retorno do recalcado e dos impasses identitários que aí estariam originariamente cristalizados possibilidade de uma solução patógena por regressão a uma posição narcísica. A ordem é: rebatimento dos investimentos libidinais-sociais sobre o triângulo edipiano clausura das possibilidades identitárias que só podem se estabelecer num modo narcísico (investimento narcísico *do qual os investimentos familiares fazem parte*) cristalização de todos os conflitos psíquicos no vaso fechado neurotizando pais-eu.

> A família se torna o subconjunto ao qual se aplica o conjunto do campo social. Como *cada um* tem um pai e uma mãe a título privado, é um subconjuntodistributivo que simula para cada um o conjunto coletivo das pessoas sociais, que lhes trancafia o domínio e lhes embaça as imagens. Tudo recai sobre o triângulo pai-mãe-filho, que ressoa respondendo "papai-mamãe" cada vez que o estimulamos com a imagem do capital. [...] No conjunto de partida tem o patrão, o chefe, o padre, o gambé, o preceptor, o praça, o peão, todas as máquinas e territorialidades, todas as imagens sociais de nossa sociedade; mas, no conjunto de chegada, no final das contas, só tem mesmo papai, mamãe e eu...[29]

28. Ver Gilles Deleuze e Félix Guattari, *L'Anti-Œdipe*, op. cit., pp. 317, 429-430.
29. Ibid., pp. 315-316.

Sob o conceito de rebatimento ou de aplicação biunívoca, eis *o mecanismo da alegoria-écran em pessoa*: repousa sobre a "exterioridade" especial do aparelho familiarista, exterioridade por assim dizer *dobrada*, como a membrana de uma bolsa isolando um meio interior cuja relação expressiva (e não determinante) ao conjunto social que a atravessa, no entanto, de toda parte, consiste em que todas as figuras sociais determinadas pelas diversas conjunções capital/trabalho são aí imediatamente *representadas* como tantos outros sujeitos dos enunciados. Quanto ao sujeito do enunciado que aí ocupa o centro, é preciso dizer que ele "se exprime" de tantas maneiras que é feito só para isso e não pode fazer mais do que isso ("euzinho pararaca"), e que sua matéria de expressão é indefinida, todos os agentes coletivos objetivamente determinados pelas conjunções do capital e do trabalho sendo finalmente redutíveis a sujeitos do enunciado nos quais se pode interminavelmente reconhecer, em uma relação especular sem fim, os vestígios de seu desejo edipianizado (sob as modalidades de substituição desencadeadas pela psicologia psicanalítica que, nesse estado terminal, guarda toda sua pertinência descritiva: deslocamento, condensação, sublimação, projeção...). Desse ponto de vista, a exterioridade do agenciamento de subjetivação familiarista inventa uma forma singular do *privado*, que sobredetermina as outras formas de divisão (notadamente jurídica) do público e do privado sem se confundir com nenhuma, já que é uma forma ilimitada, um privado sem fora. O agenciamento de enunciação edipiana procede por aí a uma vasta privatização do campo social.[30]

Para fechar provisoriamente essa leitura descolonial da problemática esquizoanalítica basta identificar o efeito majoritário desse mecanismo de rebatimento: uma profunda vulnerabilização da subjetividade assim produzida, incapaz de afrontar seus problemas de outro modo que não seja sob a forma neurótica e neurotizante do deslocamento e da representação substitutiva, é isso o que faz desse agenciamento edipiano um aparelho ade-

---

30. Gilles Deleuze e Félix Guattari, *L'Anti-Œdipe*, op. cit., p. 299.

quado para a vulnerabilidade objetiva imposta pela reprodução ampliada do capital e a mutação conjuntural ou estrutural das relações sociais que ela requer, para a desorganização endêmica da vida coletiva que ela desencadeia, desigualmente compensada pela intervenção das instituições etáticas, sociais, judiciais, ou policiais. Assim se explica o interesse que *O Anti-Édipo* traz a estudos consagrados aos efeitos etnocidas do colonialismo, que mostram tais mecanismos de precarização *in vivo*, se conduzindo sobre linhas fratura histórica que esclarecem os mecanismos internos de reprodução de sistemas sociais no momento mesmo em que as quebram:[31] destruição dos códigos coletivos, sistemas de chefia e de ritos religiosos, regimes de filiação e de aliança, modos de *habitat* e condições ecológicas. De onde a retomada, como sublinhei, do canteiro aberto, na dupla posteridade dos trabalhos de Frantz Fanon e da etnologia do etnocídio de Jaulin, sobre a indissociabilidade da colonização político-econômica e da imposição de formas de subjetividade específicas, e sobre as resistências a essa dupla colonização objetiva e subjetiva, resistências legíveis até nas entranhas do trabalho do sintoma. Precisamente porque ela marca o momento de transição em que a privatização familiarista dos investimentos desejantes não está ainda adquirida, mas está *se estabelecendo*, a situação colonial torna sensíveis a eficiência e a significação sociopolíticas do Édipo. Ela as torna sensíveis *a contrario*, quer dizer, pela resistência que se vê opor o rebatimento das relações sociais sobre relações intrafamiliares privatizadas, uma "resistência ao Édipo" determinável até nas construções sintomáticas dos sujeitos, à maneira dos sonhos e angústias dos pacientes seguidos por Fanon. O esforço do colonizador para edipianizar o indígena sendo contradito pelo próprio movimento que sucita de "estraçalhamento da família segundo as linhas de exploração e de opressão sociais",[32] a situação colonial, melhor que ninguém, trai a operação de poder que efetua a

31. Ibid., pp. 198-201.
32. Ibid., p. 321.

familização, e revela assim, sob o íntimo complexo edipiano dos berçários ocidentais, um movimento real de edipianização ele mesmo inserido em um processo que não é outro senão o processo genealógico de acumulação primitiva de capital: processo de destruição dos códigos sociais, do devir abstrato dos fluxos de produção, e da desapropriação de qualquer controle sobre a produção e a reprodução sociais. "Quanto mais a reprodução social escapa aos membros do grupo, em natureza e em extensão, mais se abate sobre eles, ou abate-os sobre uma reprodução familiar, restrita e neurotizada em que Édipo é o agente".[33] Se o imperialismo depende plenamente dos mecanismos da acumulação primitiva, segundo as teses clássicas de Rosa Luxembourg, ou, mecanismos econômicos que não pertencem tanto ao funcionamento interno do modo de produção capitalista quanto a suas relações antagônicas a outros modos de produção que ele parasita, se subordina ou destrói, é que essa acumulação não foi efetuada de uma vez por todas na alvorada do capitalismo, mas se refaz a cada momento de sua história, particularmente voraz nos limites periféricos de seu sistema expansivo.

Nessa perspectiva, a privatização da família, sua redução a um microcosmo expressivo nas condições específicas do etnocídio colonial que exibe seu alcance social e político, esclarecem mais geralmente uma dimensão essencial da *proletarização* condicionando a acumulação capitalista. No movimento de expropriação que designa esse termo, a despossessão não se dá apenas nos meios de produção, mas também sobre os meios de enunciação coletiva dos investimentos sociais do desejo. A acumulação primitiva do capital por apropriação privada e separação dos produtores imediatos das condições objetivas do trabalho, se duplica da acumulação primitiva de uma forma de subjetividade pela privatização e separação dos indivíduos dos meios coletivos de enunciação das posições do desejo. A expropriação é indissociavelmente a dos modos de produção e a dos meios de enunciação, logo, de

33. Ibid., p. 200.

formulação dos problemas e conflitos em escala coletiva, única escala, no entanto, em que podem ser postos e negociados, resolvidos ou transformados. Esses problemas e conflitos só podem ser tratados individualmente, em um sistema de registro e ressituação (a família restrita) que barra de antemão ao sujeito qualquer possibilidade de afrontá-los. A propriedade privada e a família privada constituem neste sentido as duas cabeças da privatização da relação subjetiva edipiana ao espaço social.[34] Surge assim uma afinidade entre a dimensão subjetiva do colonialismo etnocida na "periferia" do sistema capitalista mundial e o modo de subjetivação que organiza o agenciamento familiarista-edipiano ao centro – "nossa colônia íntima". Não se os identificará, entretanto, pura e simplesmente. Sua diferença não se deve tanto ao fato que, num caso, a edipianização se arreganha toda para o que ela é, elemento de uma política violenta e destrutiva dos códigos tradicionais de outra sociedade, sendo que aparece no segundo caso já feita e adquirida de uma vez por todas. O mesmo se dá na acumulação primitiva e na separação da força de trabalho e dos meios de produção e centros de decisões econômicas: ela se refaz todos os dias, mas de um jeito que pode a cada dia parecer sempre já feita, deixando por isso de ser consciente, evitando a dominação que ela reproduz de constituir um lugar de resistência, impondo-a com a necessidade de uma lei de natureza. Contudo, seria esclarecedor aqui apreender a maneira com que a tese de Luxembourg, que Deleuze e Guattari retomavam já por conta própria, se encontrou reposta em jogo nos últimos tempos por vários pensadores. David Harvey, Etienne Balibar, a título de uma "hipótese colonial generalizada" demarcando a reversão tendencial dos processos da acumulação primitiva no miolo do próprio continente europeu – marcando aqui ainda as transformações contemporâneas de "topografia imperialista".

---

34. Só falta mesmo um termo para suturar a *triangulação* analisada por Engels em *L'Origine de la famille, de la propriété et de l'État*: Cf. Guillaume Sibertin-Blanc, *Deleuze et l'Anti--Œdipe*, op. cit., cap. 2.

Concluamos provisoriamente sobre a significação descolonial, sobre o *front* da luta assim ampliada, não apenas aos modos de subjetivação, mas às produções do próprio inconsciente, que recebe em tudo isso o próprio procedimento de escrita de *O Anti-Édipo*, que aqui ainda esclarece paradoxalmente, porque a coloca concretamente em prática, a difícil exigência que enunciava Spivak: saber "fazer delirar a voz interior do outro em nós". Tentei demonstrar que ali onde Spivak vê nos objetos pensados por Foucault ou por Deleuze e Guattari alegorias-*écran* denegando a topografia colonial, estes mesmos autores tematizavam o funcionamento de tais alegorias-*écran*, e seu papel no *continuum* discursivo pelo qual não parou de circular e de se transferir produções de saberes, técnicas de poder, e modos de produção de subjetividade, entre o ocidente colonial e sociedades colonizadas. Se buscássemos determinar a singularidade da figura da esquizofrenia em Deleuze e Guattari, eu a identificaria, cá para mim, nessa espécie de transposição do limite que os conduz a inscrever esse *continuum* no âmago do processo do próprio inconsciente, e isto não em nome das concatenações metonímicas e metafóricas das cadeias significantes, mas, ao contrário, em nome de um inconsciente real que investe imediatamente, para o melhor e o para o pior, um campo histórico-mundial que foi historicamente mundializado pelos empreendimentos de conquista e de dominação colonial. Creio, aliás, que é precisamente o que puderam encontrar no trabalho clínico de Fanon: um apoio maior à sua tese de uma ligação imediata do inconsciente com a política, quer dizer, de uma imanência das relações histórico-políticas ao processo primário do inconsciente. É a impossível influência do complexo de Édipo nas condições da violência colonial que chama a refundição metapsicológica de um "inconsciente real" e não simbólico, e uma concepção do processo primário como investimento do real histórico-político que desfaz as elaborações metonímicas e metafóricas, testemunhando *a contrario* que essas últimas, seja a articulação das cadeias significantes que rebatem o trabalho do inconsciente sobre o elemento do fantasma, se fazem totalmente *sob a condição supostamente adquirida da fantasmática edipiana.* Mas é o que testemunham os sonhos e angústias dos colonizados "acolá", é o que testemunham os esquizofrênicos "aqui": a figura emblemática do esquizofrênico em Deleuze e Guattari, longe de constituir uma alegoria-*écran*, ao contrário, é o que aniquila o *écran* da "máquina narcisicaedipiana", pela resistência que opõe à sua empresa. De modo que se poderia dizer, recorrendo a uma linguagem tópica, que a esquizofrenia é o que "instancia" a luta de descolonização da subjetividade no lugar do mesmo, na tripa do "ventre mole" do ocidente.

Por mais ousada, por mais insustentável talvez que seja essa tese, é por ela que Deleuze e Guattari podem sustentar que não há outro meio de neutralizar o paralogismo do rebatimento e de desfazer a fábrica narcissizante do sujeito colonial, senão religar a subjetividade no processo esquizofrênico do inconsciente e, por aí mesmo, fazer exatamente o que Spivak nos pede de ser capaz: *"fazer delirar a voz interior que é a voz do outro em nós."* Somente que o que Spivak reteve com o subterfúgio de uma fórmula de Derrida, O *Anti-Édipo* fazia ao mesmo tempo a teoria e a prática de sua teoria na maquinaria enunciativa e seu próprio processo de escrita. Sem contar que os autores de O *Anti-Édipo* acrescentavam a isso que fazer delirar a voz interior do outro em nós não se dá sem quebrar o tópico moral da interioridade e de sua voz (sempre, em última análise, a voz da consciência), ou uma determinação desse "nós". Spivak neste sentido não se enganara em achar o termo "desterritorialização" agressivo: como se a descolonização em si, como se a destruição em si mesma do Ocidente – Artaud, Lawrence, Genet – podiam se fazer sem uma agressividade extrema. Isso obriga a levar a sério, mais uma vez, o regime de enunciação e de escrita de O *Anti-Édipo*. A começar pelo fato que, *ao pé da letra, O Anti-Édipo não é escrito* por Deuleuze e Guattari, que o "discurso esquizoanalítico" não é seu fato, ou que o procedimento material e estilístico de escrita faz aí exatamente uma reescrita entrelaçando outras escritas, uma escrita transformacional inscrevendo no discurso teórico, metapsicológico e antropológico, os discursos indiretos livres de uma *teorização esquizofrênica do inconsciente* que sempre já começou. E assim, mais uma vez, o essencial estava dito, e o lugar-fonte da "teoria", por mais insólito que fosse, não devia obstruí-lo: "O presidente Schreber tem os raios do sol no cu. *Anus solar.* E estejam seguros que isso funciona: o Presidente Schreber sente alguma coisa, produz alguma coisa, *e pode fazer a teoria disso.*" Lacan tinha dito, e Freud já se surpreendera com a sofisticação do sistema "psicoteológico" de Schreber: a questão continuava sendo de saber quais consequências tirar daí. A esquizoanálise, quanto a ela, tira daí sua aposta teórico-prática: um exercício de transcrição, de tradução ou *transfert*, do pensamento esquizofrênico no campo do pensamento clínico, integrando a equivocidade das palavras e a heterogênese do sentido como a condição positiva dessa "coprodução" de teoria. A teoria da esquizofrenia só pode ser levada a sério à custa de uma teoria esquizofrênica do inconsciente, que é ao mesmo tempo uma esquizofrenização da própria atividade teórica. Talvez nossa própria leitura dos textos filosóficos de algum modo alterada?

Parte III

Variações da função K: esquizoanálise da aliança

Capítulo 1

Por uma contra-antropologia esquizoanalítica
(Um inconsciente africano, amazônico, melanésio...)

Como assinalei no começo desse ensaio, o fato de que uma das solicitações mais poderosas dirigidas aos leitores de Deleuze e Guattari depois de vinte anos tenha vindo, não de filósofos, nem de psicanalistas, mas de um antropólogo, merece por si só uma reflexão, que toca de modo mais geral às condições atuais de uma hipotética articulação entre pesquisas antropológicas, psicanalíticas e filosóficas. Sem perder de vista essa aposta de fundo, meu problema será mais modestamente interrogar aqui, primeiramente, os esclarecimentos recíprocos que podem ocasionar o programa esquizoanalítico e o que Eduardo Viveiros de Castro propôs a título de uma "contra-antropologia", uma antropologia simétrica como uma antropologia "menor",[1] em seguida e como resultante, o efeito de sua interferência sobre as práticas do conceito filosófico. Para se fazer um primeiro fio condutor possível – já sua evidência não o torna menos tortuoso – pode-se encontrar na eficácia interpretativa das *Metafísicas canibais*, ou se quisermos, na luz que lança sua reterritorialização exegética sobre a leitura dos dois volumes de *Capitalismo e esquizofrenia*. Uma medida disso aqui se encontra: é pela mútua iluminação da antropologia *da* filosofia guattaro-deleuzina (os trabalhos de antropologia que mobilizam, mas também os problemas que os conceitos relançam em direção da disciplina antropológica) e da antropologia amazônica (os trabalhos dos antropólogos sobre os coletivos amazônicos, mas antes as "etno-antropologias" produzidas pelos coletivos amazônicos) que a partir de então se tornou

---

1. Eduardo Viveiros de Castro, *Métaphysiques cannibales*, op. cit.

inteligível uma série de deslocamentos do primeiro ao segundo volume de *Capitalismo e esquizofrenia*. Lembremos simplesmente a curva de conjunto tal como se evidencia dos capítulos 7, 10 e 11 das *Metafísicas canibais*, que lhe dão a forma de um duplo quiasma. De um lado, tudo se passa como se a crítica antiedipiana, a partir do momento em que abordava a questão das condições de possibilidade sócio-históricas de uma subjetivação edipiana, pressionava o dispositivo antropológico do livro de 1972 para um primado da *filiação*: é de fato esta última que concentra então todo o trabalho conceitual de Deleuze e Guattari sobre a distinção entre as condições ditas *intensivas* (testemunhando modos de diferenciação próprios à produção do desejo inconsciente) e as condições extensivas (de representação e de autorepresentação) de um sistema social.[2] Esta focalização explica (no contexto de uma antropologia disciplinar evidentemente determinada pela história colonial francesa no continente africano) a atração teórica que exerce o mito Dogon e através dele a pregnância na argumentação guattaro-deleuziana de uma base africanista em que as questões da descendência, do personagem social do ancestre, e das inscrições genealógicas, são cruciais. E é esta mesma focalização que permite a Deleuze e Guattari, por um lado, articular essa antropologia à questão das genealogias fabulosas do "esquizo", por outro, inscrever o transpassar do portal etático na genealogia

---

2. Em outros termos, a determinação da *aliança* (o sistema de trocas como atualização de uma função simbólica de diferenciação e de relacionalidade, a começar – segundo *Les Structures élémentaires de la parenté* – pela troca de mulheres, e o sistema de prescrições e de interditos que exprime sua estrutura no plano socioideológico) aparece em *O Anti-Édipo* como o operador de "atualização" da filiação intensiva em um sistema determinável em extensão, quer dizer, em um sistema de discretização, de discernabilização de lugares e de papéis refletidos na representação (tanto individual como coletiva, consciente ou inconsciente) na figura de "pessoas". Esta articulação vale então como uma sorte de "recalcamento originário" sobre o plano do *socius*. Não se passa de um indiferenciado primordial a um regime de diferenciação simbólica; passa-se de um regime de diferenciação a outro, de um regime de "disjunção inclusiva" a um regime de "disjunção exclusiva", ou de uma relacionalidade intensiva a uma relacionalidade extensiva que recalca a primeira, o que produz a ilusão transcendental (é em último lugar o que Deleuze e Guattari reprovam, em 1972, à concepção estrutural da diferença) de tomar por uma concepção diferencial e relacional da identidade, uma concepção identitária da relação e da diferença.

da subjetivação edipiana, ao termo de uma mutação da posição do ancestre e finalmente de sua exaustão na figura-limite de uma *soberania*, um "Nome do Déspota" mais que um Nome-do-Pai, em função do qual cada sujeito se vê re-individuado por sua sujeição a uma relação de "filiação direta" que dá curto nas correlações sociopolíticas de alianças laterais entre linhagens, de filiações repartidas por estas alianças, de ancestres relativos a estas filiações.[3] No entanto, o oposto desse primado conferido à filiação e às condições de atualização da filiação intensiva nas relações sociais e socializantes da aliança é a conservação por Deleuze e Guattari do eixo estruturo-representacional da própria aliança: aquele mesmo que Lévi-Strauss tinha magistralmente desenvolvido em *As estruturas elementares do parentesco*, e ao qual Deleuze e Guattari continuam a se apoiar ao mesmo tempo em que o criticam.

Se nos voltarmos agora para *Mil platôs*, observa-se aí a importância muito mais massiva de um material antropológico amazônico,[4] e simultaneamente uma problemática da aliança emancipada da crítica da representação cambista do *socius* que o enquadrava em 1972 (a questão que se abre então, assinala Viveiros de Castro, sendo de saber se não é o próprio conceito de *troca* que cuida de se safar de sua codificação ocidental, simbólica, jurídica, comercial, e acrescentemos – para introduzir o tema que será examinado nessa parte – conjugal). Em suma, se em 1972 eles ainda davam muita concessão à ideia extensiva e representacional da aliança (a aliança como instância *sociológica* por excelência, ao mesmo tempo socializante e sociocentrada) para criticar as *Estruturas elementares do parentesco*, assim como davam muita concessão ao Édipo para criticá-lo,[5] é levantando em *Mil platôs*

---

3. Sobre as duas categorias de "filiação direta" e de "nova aliança", essenciais ao tratamento antropológico-político do problema da origem do Estado em O *Anti-Édipo*, ver Gilles Deleuze e Félix Guattari, *L'Anti-Œdipe*, op. cit., pp. 178 e 230-240.

4. Ainda que não exclusivamente, como observa Viveiros de Castro lembrando notadamente as referências a Peter Gordon, Geneviève Calame-Griaule e Ziedonis Ligers sobre os rituais de iniciação sexual na África do Oeste (ver Gilles Deleuze e Félix Guattari, *Mille Plateaux*, op. cit., p. 303).

5. Mas para Viveiros de Castro os dois (o eixo edipiano de O *Anti-Édipo*, a representação

esse primado da filiação, e com ele o duplo primado da produção (social e desejante) e da reprodução (socioeconômica e sociofamiliar), e considerando diretamente uma instância intensiva da própria aliança, que esta última se torna diretamente determinável pela lógica da disjunção inclusiva, ao mesmo tempo em que a teoria dos devires acaba sua desterritorialização (*Kafka: por uma literatura menor* já tinha aberto o caminho, mas por que cargas d'água Kafka?) fora de coordenadas antropo e sociocêntricas que margeavam ainda implicitamente *O Anti-Édipo*. Para desviar uma fórmula de Viveiros de Castro, de *O Anti-Édipo* a *Mil platôs*, passa-se muito bem do africanismo que era o chão do "etnomarxismo" francês dos anos, ao amazonismo que é o chão do "etnoanarquismo" de Pierre Clastres.[6] Mas nessa passagem, a questão da aliança sai do quadro psicanalítico-sociológico do parentesco, e é precisamente o que torna possível a amarração da conceitualidade guattaro-deleuziana a uma das linhas de força da antropologia amazônica contemporânea, marcada pela invenção de uma "afinidade potencial" (ver *infra*. cap. 9).

Por minha parte, gostaria de reinquirir a distância que separa *O Anti-Édipo* de *Mil platôs*, mas do ponto de vista dos entrelaçamentos antropológico-psicanalíticos que, de um a outro, se fazem e se desfazem – para se refazer ainda, talvez, de outro modo. Isso implica, *a minima*, repor em questão a assimetria óbvia que conduziria a repartir, de um lado o prolongamento e até mesmo a radicalização da convergência do pensamento guattaro-deleuzino com certas pesquisas antropológicas contemporâneas (amazônicas em primeiro lugar, melanésias indireta e posteriormente), e do outro lado o único refluxo do debate inicialmente conduzido sobre o terreno psicanalítico e tornado em 1980, ao que se diz, *igarapé tão razinho*... Pois então, pode-se recolocar em ques-

---

estruturo-cambista do *socius*) refletem um ao outro, – todo o problema de *O Anti-Édipo* sendo então de produzir um conceito não representacional de um *socius* que no entanto só se apresenta objetivamente pelo jogo de alianças que o representam em extensão.

6. EduardoViveiros de Castro, "O intempestivo, ainda", Posfácio a Pierre Clastres, *Arqueologia da violência: Pesquisas da antropologia política*. São Paulo: Cosac Naify, 2004, p. 300, nota 5.

tão essa repartição estando quanto a isso totalmente convencido pela série complexa de deslocamentos que acabamos de lembrar a grosso modo, digamos: do "africanismo" de *O Anti-Édipo* ao "amazonismo" do décimo capítulo de *Mil Platôs*; mas também, da crítica do Lévi-Strauss das *Estruturas elementares do parentesco* em 1972 (que acentua sob o ideal da reciprocidade sistêmica a representação combinatória da estrutura) à crítica do Lévi-Strauss de *O pensamento Selvagem* e do contraste totemismo/sacrifício, mas de fato não sem entrar em ressonância com certos motivos maiores – ou menores! – das *Mitológicas*, a começar pela imanência da variação contínua, a terminar pela forma canônica do mito como "dupla-torsão" (Lévi-Strauss) retranscrita na fórmula esquizoanalítica da transferência como "duplo devir" (Deleuze e Guattari);[7] enfim, do primado da produção filiativa na repartição do virtual e do atual, a um primado de uma aliança improdutiva e antirreprodutiva como instância do virtual, convergindo com a extroversão amazônica do tema de uma afinidade potencial, transespecífica e socialmente inatualizável, predatória e não matrimonial, intensiva ou perspectivista e não representacional e identificatória, em que a lógica da síntese disjuntiva atinge todo seu alcance *antropológico* (mas com a condição de perder qualquer conteúdo antropocêntrico e sociocentrado, apesar da História universal que abraçava em 1972 o delírio do "sujeito-esquizo").

Estando isto admitido, outras maneiras de conceber esta curva continuam possíveis, não para lhe encontrar formulações alternativas, mas para, se podemos dizer, a "disjuntivar", em todo caso re-complexificá-la submetendo-a a outras variações perspectivas. Essa que experimentarei aqui repousa na hipótese de que se pode percorrê-la apoiando-se diretamente na descrição metapsicológica das conexões de alianças e na contradescrição que

---

7. É isso que motiva centralmente a noção de "síntese disjuntiva", ou um tipo de relacionalidade definida como "disjunção inclusiva" (de relação fractal diria Wagner; de comutação ou de troca perspectivista diria Strathern e Viveiros de Castro). A noção de "dupla torsão" é emprestada à famosa "fórmula canônica do mito" de Lévi-Strauss; será necessário mostrar alhures a maneira com que Viveiros de Castro transforma uma pela outra a "dupla torsão" mítica e o "duplo devir" de Deleuze e Guattari: é o objeto mesmo das *Metafísicas canibais*.

ela desencadeia da edipianização das relações de aliança, prestando atenção na maneira com que Deleuze e Guattari a articulam estreitamente ao casal conceitual, inextrincavelmente jurídico, econômico e metafísico, da *"pessoa"* (e contrastivamente de *"coisa"*) e da *troca* (de "coisas" entre as "pessoas"). Mas tal hipótese só interessa se seus efeitos se inscrevem sobre dois planos: o da formulação (eventualmente de reformulações sucessivas) do programa esquizoanalítico, e o das contribuições recíprocas entre pensamento antropológico e esquizoanálise, concebido como relance crítico e experimental do pensamento psicanalítico. De fato, ela conduzirá a nos atermos ao que se passa *entre* os dois *opus* de *Capitalismo e esquizofrenia*, e que toca singularmente a autonomização teórica e a variação específica, não mais do tema do parentesco e de sua codificação pelo triângulo edipiano, mas da questão da *conjugalidade*, da aliança conjugal e das estruturas conceituais, jurídicas, econômicas, sexuais, de sua "troca". Mas trabalhando alguns pontos salientes dessa inflexão – primeiro na apropriação "antiedipiana" da teoria kantiana do direito conjugal, depois em sua subversão pelo contrato epistolar kafkiano como anticontrato conjugal – poder-se-á ver que é precisamente do *interior* dessa inflexão que se discernem certos traços nodais da apropriação de *Mil platôs* pela contra-antropologia amazônica: o problema das alianças afins-potenciais, transespecíficas ou como dizem Deleuze e Guattari "contranatura" (mas esta expressão teológico-jurídica é antes aquela que reativa em Kant o problema da submissão da sexualidade às normas da razão prática e ao discurso do direito): o problema de devir-animal (mas que aparece antes como uma solução da escrita kafkiana aos impasses que o próprio agenciamento epistolar gera em seu empreendimento de conjuração da conjugalidade, solução ela mesma frágil que não deixa de se chocar com a empresa do "romance familiar do neurótico"); a economia "conjugalizante" da teoria benevistiana de enunciação ou de sua concepção da subjetivação no discurso, que provê, apesar dos pesares, desde os anos 1970, um instrumento recorrente dos antropólogos para pôr em questão as relações de dissimetria, de hierarquia enunciativa ou de "autoridade etnográfica" que subtendem sua própria prática.[8]

* * *

Antes de entrar em maiores detalhes nestes diferentes aspectos, um estranho benefício secundário dessa hipótese merece ser evocado. O fato é que o conjunto desses elementos parte de uma reavaliação das categorias jurídicas e econômicas da troca, e da maneira com que informam a antropologia implícita do Édipo analítico. Esse ponto de partida encontra-se em uma passagem nodal do segundo capítulo de O Anti-Édipo, em que Deleuze e Guattari se referem a uma seção famosa da Doutrina do direito de Kant consagrada ao direito da família e a seu primeiro ato, o contrato conjugal.[9] A passagem é a seguinte:

> A utilização parental ou familiar da síntese de registro se prolonga em uma utilização conjugal, ou de aliança, das sínteses conectivas de produção: [...] as conexões das máquinas-órgãos próprias para a produção desejante substituem uma conjugação de pessoas sob as regras da reprodução familiar. Os objetos parciais parecem agora recolhidos nas pessoas, em vez de estar nos fluxos não pessoais que passam de uns aos outros. É que as pessoas são derivadas de quantidades abstratas, no lugar de fluxos. Os objetos parciais, em vez de uma apropriação conectiva, tornam-se a possessão de uma pessoa e, se preciso, a propriedade de outro. Kant,

8. Ver Jeanne Favret-Saada em sua etnografia da feitiçaria no bosquete normando, *Les Mots, la mort, les sorts*. Paris: Gallimard, 1977. Cf. igualmente a utilização heurística de categorias benvenistas por Viveiros de Castro quando analisa os cantos de guerra arawete, em um texto essencial para a substituição da ideia de "perspectivismo" amazônico: "O assassino e seu duplo nos Araweté: Um exemplo de fusão ritual", *Sistèmes de pensées em l'Afrique Noir*, n. 14, 1996, pp. 77-104. Empresto a expressão de autoridade etnográfica a Gidas Salmon numa conferência esclarecedora sobre o problema da "economia das pessoas" ou de regimes de pronominalização na autocrítica da antropologia disciplinar dos três últimos decênios ("La délégation ontologique comme réponse à la crise post-moderne"), 11 dez. 2013, CNRS, na URL: *http://sophiapol.hypotheses.org/13777*). Observar-se-á que a crítica guattaro-deleuzina do interminável narcisismo discursivo da teoria benvenistina (dialogismo enunciativo ou "cogito discursivo a dois") e o conceito alternativo do "agenciamento coletivo da enunciação" continuam ausentes dessas discussões.

9. Emmanuel Kant, *Doctrine du droit*, §§ 22-30, trad. fr. Alain Renaut. Paris: Garnier Flammarion, pp. 76-86.

assim como tira a conclusão de séculos de meditação escolástica definindo Deus como princípio do silogismo disjuntivo, tira a conclusão de séculos de discussão jurídica romana quando define o casamento como o laço a partir do qual uma pessoa se torna proprietária dos órgãos sexuais de uma outra pessoa. Basta consultar um manual religioso de casuística sexual para ver com quais restrições as conexões de órgãos-máquinas desejantes continuam toleradas no regime da conjugação das pessoas, que fixa legalmente o levantamento parcial no corpo da esposa.[10]

No contexto argumentativo em que se apresenta essa passagem, os dois autores se põem a estabelecer as operações formais (formuladas em termos, também kantianos, de utilizações "paralogísticas" de "sínteses" do inconsciente) pelas quais a produção edipiana do desejo inconsciente vem a ser inscrita ou "codificada" simultaneamente na simbólica fálica da castração e no imaginário de identificações edipianas. Encontramos no capítulo anterior a *condição* da triangulação edipiana (o paralogismo do rebatimento); a referência à reescrita kantiana do direito matrimonial vem aqui ilustrar, no plano da enunciação jurídica, a operação que chamam de "reprodução" dessa triangulação, que fora o assunto nas páginas precedentes de um primeiro exame do ponto de vista de sua "formação".[11] Todavia, a referência assim feita ao

10. Giiles Deleuze e Félix Guattari, *L'Anti-Œdipe*, op. cit., p. 85.
11. "O que existe aqui é a oposição de duas utilizações da síntese conectiva: uma utilização global e específica, e uma utilização parcial e não específica. No primeiro caso o desejo recebe um sujeito fixo, isto é, um eu especializado num ou noutro sexo, e objetos completos determinados como pessoas globais. [...] Primeiro, a síntese de registo estabelece sobre a sua superfície de inscrição nas condições do Édipo um eu determinável ou diferenciável em relação a imagens paternais que servem de coordenadas (mãe, pai). Existe assim uma triangulação que implica um interdito constituinte, e que condiciona a diferenciação das pessoas: interdição do incesto com a mãe, e de tomar o lugar do pai. Mas é utilizando um estranho raciocínio que se conclui que, o que é interdito era, *por isso mesmo*, desejado. Na verdade, as pessoas globais, e até a própria forma das pessoas, não preexistem aos interditos que pesam sobre elas e que as constituem, nem às triangulações em que entram: o desejo recebe ao mesmo tempo os seus primeiros objetos completos e a sua interdição. Portanto, é a mesma operação edipiana que funda a possibilidade da sua própria "solução", por diferenciação das pessoas de acordo com o interdito, e a possibilidade do seu fracasso ou estagnação, por queda no indiferenciado como reverso das diferenciações que o interdito cria (incesto por identificação com o pai, homossexualidade por identificação com a mãe...). Tal como a forma das pessoas, a matéria pessoal da transgressão não pré-existe ao interdito. Vemos, pois, que o interdito

problema de uma codificação jurídica da sexualidade, faz da enunciação jurídica mais do que a simples "expressão", institucional ou ideológica, da edipianização como modo historicamente determinado de produção da subjetividade. Do mesmo modo que o discurso teológico-moral que herda, ou que prolonga não menos que o suplanta, o direito figura aqui como um operador discursivo que intervém ativamente na mutação de um fenômeno essencial à teoria de Deleuze e Guattari: o que denominam os *"investimentos coletivos dos órgãos"*, cujos regimes historicamente variáveis suportam e determinam as posições inextrincavelmente libidinais e políticas do desejo inconsciente (segundo a tese axial da esquizoanálise: a de um investimento *imediato* de campos sócio-históricos pelo desejo, que aí retém os objetos parciais e aí "maquina" as próprias "matérias" de suas produções sintomáticas, independentemente de qualquer deslocamento ou de qualquer metaforização como de qualquer dessexualização e sublimação).

O desvio pela teoria kantiana do contrato conjugal, por mais alusivo que seja, conjuga assim dois planos. De um lado, dá testemunho de uma transformação dos investimentos coletivos dos órgãos, no sentido justamente de sua privatização – o que Deleuze e Guattari reatarão mais na frente aos procedimentos dependentes da "acumulação primitiva", cujo conceito marxista se encontra ao mesmo tempo ampliado.[12] Sobre o plano do *socius*, essa privatização condiciona o "rebatimento" da lógica dos objetos parciais (a

tem a propriedade de se deslocar a si próprio, visto que, desde o início, desloca o desejo. Desloca-se a si próprio, no sentido em que a inscrição edipiana não se impõe na síntese de registo sem intervir na síntese de produção, e sem transformar profundamente as conexões dessa síntese ao introduzir novas pessoas globais. Essas novas imagens de pessoas são a irmã e a esposa, depois do pai e da mãe [...]" (ibid., p. 84; p. 74, em português).

12. Sobre a descodificação do corpo por "privatização dos órgãos" ou a dissolução dos "investimentos coletivos dos órgãos", do qual apenas a destruição torna materialmente possível algo como um corpo "produtivo", ver Gilles Deleuze e Félix Guattari, *L'Anti-Œdipe*, op. cit., pp. 166-170, 249-250, 291-295... ("A civilização se define pela descodificação e a desterritorialização dos fluxos na produção capitalista. Todos os procedimentos são bons para assegurar essa descodificação universal: a privatização não só dos bens, dos meios de produção, mas também dos órgãos do próprio 'homem privado'; a abstração não só das quantidades monetárias, mas também da quantidade de trabalho [...].").
A aparição de um "homem privado" como suporte de uma força de trabalho à qual pode

qual Deleuze e Guattari relacionam invariavelmente o processo impessoal e desterritorializado do desejo inconsciente) sobre uma *personologia* estreitamente modelada em uma estrutura jurídica que logo de cara limita a gramática simbólica e os imagos imaginários. De modo que não apenas o tema do interdito, mas até mesmo as categorizações do direito privado (coisa/pessoa, propriedade/alienação, vontade/contrato...) tendem a figurar aqui como *a priori históricos da própria fantasmática edipiana*. Mas correlativamente esta argumentação anuncia e prepara sua inserção na tese (que condensa o posicionamento que Deleuze e Guattari entendem defender de uma "psiquiatria materialista") da imanência das produções do inconsciente às relações socioeconômicas de produção, de circulação, de troca e de consumo.[13] O que conduz a sobrepor esta primeira argumentação à análise marxista do fetichismo da mercadoria, ou mais exatamente às duas análises que abrem O *Capital*: o "segredo" desse *Fetischcharakter der Ware* manifesto no capítulo 1, e a análise do processo da circulação mercantil desenvolvida no capítulo 2, onde Marx examina as relações de troca do ponto de vista dos indivíduos que lhe servem de suporte, e que são então subjetivados nas formas jurídicas do direito privado, logo, como "pessoas" dotadas de vontade autônoma e aptas ao *contrato*. O ponto de fuga de toda essa análise, em Deleuze e Guattari, parece mostrar que ao *fetichismo das coisas* portadoras de valor de troca, corresponde um *fetichismo da pessoa*

se referir como dono, usuário ou censor de sua utilização por outrem, supõe uma série de processos de dessocialização com relação ao corpo e dos valores de utilização de suas forças e de suas partes.

13. É o que indica furtivamente, na passagem citada anteriormente, a observação segundo a qual "as pessoas são derivadas de quantidades abstratas, em lugar de fluxos". Ela será explicitada mais na frente por uma determinação estrutural do modo de produção capitalista: daí que as relações socioeconômicas não são mais submetidas à "dominância" de códigos extraeconômicos, "o que está inscrito ou marcado não são mais os produtores ou não produtores, mas as forças e meios de produção como quantidades abstratas, que só se tornam efetivamente concretas quando relacionadas ou conjugadas: força de trabalho ou capital, capital constante ou capital variável" (ibid., p. 313), apesar das "pessoas" tendencialmente serem somente, segundo a fórmula do *Capital*, a "personificação" das relações econômicas.

que forma dele, por assim dizer, o reverso.[14] Mas é também de se sugerir que a relação entre estes dois fetichismos é ininteligível se não se levar em conta a maneira com que se intrincam dois movimentos simétricos: aquele pelo qual a lógica da troca mercantil (ou sua *universalização* pelo modo de produção capitalista) submete o desejo inconsciente e informa sua "economia";[15] mas também aquele pelo qual a libido investe, por contra, a forma contratual enquanto tal, erotizando até mesmo a forma jurídica das trocas entre pessoas privadas, tanto no mercado como na família. O que decerto só pode ter, a seus olhos, o efeito de soldar uma à outra a normatividade jurídica e a normatividade do Édipo, inscrevendo em um círculo as articulações discursivas e categoriais do direito e as articulações simbólicas e imaginárias da fantasmática familiarista (nem umas nem outras não se dão conta, no entanto, por si mesmas, de sua força normativa).

Precisaríamos, evidentemente, avaliar aqui o quanto essa tese deve ao trabalho anterior de Deleuze sobre Sacher Masoch e à importância dada à forma contratual na sintomatologia clinico--literária do masoquismo. Mas poderíamos igualmente observar os apoios que essa ideia encontra no texto do próprio Marx. Feministas marxistas sublinharam, a justo título, que:

> Marx não aprofundou o conhecimento do processo de produção da força de trabalho no capitalismo. Se lemos o primeiro livro do *Capital* sobre a teoria da mais-valia, em que descreve a produção da força de trabalho, constatamos que a maneira com que ele o faz é extremamente reduzida e limitada. Para Marx, a produção da força de trabalho está

14. De fato Deleuze e Guattari se aproximam, me parece, dessa ideia depois desenvolvida por Étienne Balibar, desta vez a partir de uma releitura do próprio texto de Marx nos dois primeiros capítulos do *Capital*: ver Étienne Balibar, *Citoyen sujet et autres essais d'anthropologie philosophique*. Paris: PUF, cap. 9: "Le contrat social des marchandises: Marx et le sujet de l'échange". Não é de todo impossível que Deleuze e Guattari tenham, quanto a eles, se inspirado nos desenvolvimentos de Jean Joseph Goux: ver *Freud, Marx: économie et symbolique*. Paris: Seuil, 1973, em que uma primeira versão do capítulo "Numismáticas" foi publicada em edições diferentes em *Tel Quel* em 1968-1969.

15. Ali conferir também a questão do desenvolvimento do valor de troca e da gênese da forma-moeda, e a tentativa de Goux de desencadear uma homologia entre a análise marxista do equivalente geral e a reescrita lacaniana da função fálica: Jean-Joseph Goux, *Freud, Marx: économie et symbolique*. Paris: Seuil, 1973, cap. "Numismatiques".

totalmente inserida na produção de mercadorias. O trabalhador tem um salário, com este compra mercadorias que utiliza e que lhe permitem se reproduzir, mas de jeito nenhum sai do círculo da mercadoria. Em consequência, todo o domínio do trabalho reprodutivo, que tem uma importância tão vital para as sociedades capitalistas, toda a questão da divisão sexual do trabalho está totalmente ausente.[16]

É ainda mais perturbador observar a maneira com que a própria escrita marxista não deixa de introduzir no "círculo da mercadoria" a questão do sexo... das próprias mercadorias! Assim, a abertura do capítulo 2 do *Capital* comporta ressonâncias sexuais mais ou menos apoiadas, mas seus "guardiões" ou "condutores" (Hütern) são deles também os mantenedores, preparando o mercado no qual se encontram para trocá-los, como uma vasta rede de prostituição generalizada...

> As mercadorias não podem de jeito nenhum ir com as próprias pernas ao mercado nem se trocarem entre si. É preciso então voltarmos nossos olhos para os guardiões [*Hüntern*], quer dizer, para seus proprietários [*Warenbesitzern*]. As mercadorias são coisas e, evidentemente, não opõem ao homem posição alguma [*Die Waren sind Dinge und daher widerstandslos gegen den Menschen*]. Se lhes faltar boa vontade, ele pode empregar a força, em outros termos, delas se apoderar [*Wenn sie nicht willig, kann er Gewalt brauchen, in andren Worten, sie nehmen*]. No século xii, século tão renomado por sua piedade, frequentemente se encontram entre as mercadorias coisas muito delicadas. Um poeta francês desse período assinala, por exemplo, entre as mercadorias que se viam no mercado de Landit, ao lado de pelegos, sapatos, couros e ferramentas de agricultura, "mulheres com corpos ardentes" [*Frauen mit feurigem Körper*] (nota K.M.). [...] O que distingue sobretudo o comerciante de sua mercadoria é que para este, qualquer outra mercadoria é apenas uma forma de aparição de seu próprio valor. Naturalmente debochada e cínica, está sempre a ponto de trocar sua alma e até mesmo seu corpo com outra mercadoria qualquer, mesmo que esta última fosse tão desprovida de atrativos quanto Maritorne [*Geborner Leveller und Zyniker, steht sie daher stets auf dem Sprung, mit jeder andren Ware, sei selbe auch ausgestattet mit mehr Unannehmlichkeiten als Maritorne, nicht nur die Seele, sondern den Leib zu wechseln*] [...].[17]

16. Silvia Federici, "La chaîne de montage commence à la cuisine, au lavabo, dans nos corps", URL: www.lavoiedujaguar.net, Entretiens, 24 out. 2012.

17. Karl Marx, *Le Capital*, L. i, cap. 2: "Des échanges". Conferir os desenvolvimentos de Luce Irigaray, em ressonância com essa passagem, em *Ce sexe qui n'en est pas um*. Paris: Minuit, 1977, cap. "Le marché des femmes".

Mas é antes ao texto do próprio Kant que precisaremos voltar, para examinar a maneira com que, na passagem da sessão da *Doutrina do direito* consagrado ao "Direito do meu e do teu exteriores", o próprio Kant pensou a articulação da sexualidade com a normatividade jurídica, e fez da contratualização da relação sexual (Hegel, vale lembrar, lhe censurará violentamente) a pedra de toque do direito matrimonial, ainda que à custa de uma série de anomalias das quais precisara chegar a cernir o estatuto.

Ora bolas, para começar a fazê-lo, ao menos se pode considerar que Deleuze e Guattari, apoiando-se em Kant para interrogar a maneira com que as categorias jurídicas e econômicas da troca informam a antropologia implícita do Édipo analítico, efetuando um gesto análogo (mesmo que por um viés completamente diferente) a aquele efetuado quase no mesmo momento em outro campo da antropologia disciplinar que o evocado até então. E não é menos surpreendente observar as similaridades entre a descrição esquizoanalítica da primeira síntese do inconsciente (o polo contrastivo que recalca o agenciamento edipiano para conjugar o objeto do desejo e assegurar a reprodução conjugal do próprio complexo edipiano), e a contradescrição antropológica dos sistemas de troca econômicos, simbólicos e matrimoniais iniciados pelo melanesista Roy Wagner, e retomado alguns anos mais tarde por Marylin Strathern em sua suma *The Gender of the Gift*. A descrição esquizoanalítica reconstrói uma lógica da produção de objetos parciais por meio de operações de comparações fractais ou recorrentes (*"connexions"*)[18] de fluxos, eles mesmos inseparáveis dos objetos-órgãos que os fragmentam, desqualificando qualquer norma de *totalização* e de *separação* com as quais

18. A recorrência é a determinação de base da "máquina desejante", como agente e efeito da produção inconsciente dos objetos pulsionais (ou do objeto pulsional como objeto recorrente ou "produção de produção"): "qualquer máquina é máquina de máquina. A máquina só produz um corte de fluxo contanto que esteja ligada a outra que supostamente produz o fluxo. E decerto esta outra máquina, por seu lado, é em realidade um corte. Mas só é mesmo para com uma terceira máquina que produz idealmente, quer dizer relativamente, um fluxo contínuo infinito. Assim a máquina-ânus, a máquina-intestino e a máquina-estômago, a máquina-estômago e a máquina-boca, a máquina-boca e o fluxo da manada ('e por aí vai'). Pra encurtar, qualquer máquina é corte de fluxo para com

poderiam ser aplicadas as categorias jurídico-econômicas de *pessoas* e de *coisas*. Quanto à contradescrição antropológica, Marylin Strathern não fala de objeto parcial, mas de "conexões parciais" (*partial connections*), e Roy Wagner não fala de relações fractais, mas de "pessoas fractais" (*fractal persons*), mas precisamente para redefinir uma lógica da relação de troca de um ponto de vista indígena que revira radicalmente as categorizações ocidentais. Ali onde a relação se objetiva para nós na forma da *coisa* trocada (seja essa concebida como entidade jurídica, como portadora de valor de troca, ou como signo ou metáfora de uma relação simbólica), a relação se objetiva ao contrário nos coletivos melanésios sob a forma da *pessoa*, ela mesmo concebida como um nexo de relações internas e externas. As coisas trocadas (quer dizer, aquilo que *nós* concebemos como "coisas"), em nada se distinguem de um polo que lhes seria oponível como "pessoas": elas são "partes" de pessoas, fragmentos ou partes "destacadas" das pessoas, e que são objetiváveis assim como o resto, quer dizer, sendo personificadas. A pessoa sendo um complexo de relações, os objetos parciais que podem ser deles separados são concebidos como partes de relação; e é por isso que as relações parciais podem ser transferidas sem alienação, replicadas em diferentes escalas (por exemplo as relações de gênero entre indivíduos replicando as relações internas entre partes corporais, que em si mesmos replicam as relações entre grupos de ilhas diferentes...), envolvidos em relações opostas (relações de sexo-cruzado (*cross-sex*) implicados em relações de mesmo-sexo (*same-sex*)), ou ainda desdobradas nas relações inversas (relações de "troca de perspectiva", segundo a noção forjada por Strathern, à maneira do que Wagner pôs em evidência nos Dabiri)[19].

aquela que está conectada, mas ela mesma é fluxo ou produção de fluxos para aquela à qual está conectada. Eis a lei de produção da produção." (Gilles Deleuze e Félix Guattari, *L'Anti-Œdipe*, op. cit., p. 46.)

19. A respeito da troca matrimonial entre os Daribi, Viveiros de Castro resume assim o ponto resgatado por Wagner: "o clã patrilinear doador de mulheres vê as mulheres que cede como um fluxo eferente de sua própria substância masculina; mas o clã receptor verá o fluxo aferente como constituído de substância feminina; quando as prestações ma-

É indubitável que esse tipo de deslocação reflexiva, como diria Viveiros de Castro, de nossas categorizações jurídicas, econômicas, sociológicas e metafísicas, naturalmente reabre um diálogo entre antropologia e filosofia que, depois da idade do ouro dos decênios estruturalistas, espera ainda sua restauração; a questão permanece no ar, de saber se o pensamento psicanalítico vai entrar na dança, o que por ora não parece ter pressa nenhuma para tal, desde que a questão da *antropologia da psicanálise* – essa que ela contesta, essa que ela reivindica, essa que ela também pressupõe implicitamente ou "inconscientemente" – pode se encontrar colocada explicitamente na ordem do dia.[20] Monique David-Ménard chamou nossa atenção, em especial, sobre um ponto particularmente vivo dessa confrontação com a contra-antropologia melanésia de nossas categorias econômico-jurídicas de *pessoa* e de *coisa* (e partindo de *propriedade*, de *troca* e de *alienação*), voltando-se sobre os parágrafos da sessão dos *Princípios da filosofia do direito*, de Hegel, concernente ao "direito abstrato ou formal", e sublinhando mais precisamente a importância que Hegel então

trimoniais seguem o caminho inverso, a perspectiva se inverte. O autor conclui: 'o que poderíamos descrever como troca, ou reciprocidade, é de fato uma [imbricação] de duas visões de uma só coisa' [Wagner, 1977, 62]. A interpretação da troca de dons melanésia como definível intencionalmente em termos de troca de perspectivas (onde, notemos bem, é a noção de perspectiva que determina conceitualmente a de troca e não o contrário) foi levantada por Marylin Strathern com um altíssimo grau de sofisticação em *The Gender of the Gift* [...]. Este aspecto dos trabalhos de Wagner e de Strathern representa assim uma 'transformação antecipada' do tema das relações entre o perspectivismo cosmológico e a afinidade potencial, que precariamente começava a ser esboçado pela etnologia amazônica na época. A sinergia das interpretações teve lugar bem mais tarde." (*Métaphysiques cannibales*, op. cit., p. 104, Viveiros de Castro remetendo aqui principalmente à Marilyn Strathern, *Property, Substance and Effect: Anthropological Essays on Persons and Things*. London & New Brunswick/New Jersey: The Athlone Press, 1999, p. 246 e seguintes; e Marilyn Strathern, *Kinship, Law and the Unexpected*. New York: Cambridge University Press, 2005, pp. 135-162.)

20. Mencionamos neste sentido o trabalho em curso de Christian Dunker na USP, que, partindo da categoria animista (aquela na qual o próprio Freud se apoiava, no artigo "O inconsciente" da *Metapsicologia*, para emprestar ao inconsciente propriedades animistas), se apropria da torsão perspectivista que lhe inflige Viveiros de Castro para desconstruir a antropologia implicitamente *totêmica* da psicanálise (ou aquela que Lacan herdaria de Lévi-Strauss). Ver seu "Oedipous Arawates: Why clinical structure must include totemism and animism", *6ème Congrès de la Société Internationale de Psychanalyse et de Philosophie*. Nimjegen/Gand, 2013 (acessível na linha).

foi levado a dar aqui a um critério de *separação*.[21] Esse critério parece, à primeira vista, simplesmente redundante visto a determinação especulativa da coisa como "natureza", ou seja, como exterioridade. A separação de uma entidade como não pessoa parece decorrer analiticamente desse estatuto da coisa concebida, não apenas como exterior às pessoas que dela se apoderam ou se desapoderam, mas como aquilo de que se pode apoderar-se ou desapoderar-se, antes de tudo porque é anterior a si mesma. De fato, observa-se rapidamente que esse critério, longe de ser redundante, intervém como um complemento necessário dessa determinação da coisa como natureza ou exterioridade para consigo, para o qual significa ao mesmo tempo as fronteiras litigiosas, ali onde o pensamento de entendimento, perdendo o apoio das disjunções exclusivas que dela escandem o desenvolvimento (ou...ou... ou "coisa" ou "pessoa"), é tomada de vertigem. Eis os casos de exemplo que aqui preocupam Hegel: até que ponto pode--se considerar um talento artístico, uma competência científica, uma habilitação ritual ou religiosa, como "separável" da pessoa que a exerce, e, portanto, como uma coisa, codificável como propriedade, trocável, alienável ou comerciável? Obras de arte, das ciências e da religião, estes exemplos são eloquentes pelo alto trabalho de sublimação que pressupõem: supõe-se que o sejam o bastante ao menos para neutralizar a desestabilização do corte entre pessoa e coisa (ou entre a inseparabilidade de uma e a exterioridade natural da outra) que o problema da separabilidade vinha momentaneamente provocar. No final das contas é ainda a "coisa" que vem dar o modelo do que a pessoa pode separar de si própria conferindo-lhe o estatuto de uma existência exterior imediata (ou mediatamente imediata, já que é preciso uma vontade...). Veremos que o pensamento melanésio (o "sistema M", segundo a expressçao de Alfred Gell) vê a coisa com outros

---

21. Georg Wilheim Friedrich Hegel, *Principe de la philosophie du droit*, trad. fr. Jean--François Kervégan. Paris: PUF, §§ 40 e seguintes. Remeto aqui a dois estudos ainda no prelo de Monique David-Ménard, "Note sur la plus-value et le 'plus-de-jouir': discours, institution, désirs"; e *Échanges et objets* (2014).

olhos, quer dizer, concebe de outro jeito as pessoas: justamente como as únicas "coisas" que são "repartíveis", das quais se pode separar partes, precisamente porque não são coisas mas conjuntos de relações das quais se pode desprender "relações parciais"; o que vale não apenas para relações sociais, econômicas, de cooperação produtiva, de trocas matrimoniais ou rituais, mas para as relações "sociais" que compõem o corpo, suas capacidades, até mesmo seus órgãos.[22] Nos encontramos na situação descrita pelos órgãos-objetos parciais da esquizoanálise:

> [...] um objeto parcial representa nada não: é representativo não. É sim, suporte de relações e distribuidor de agentes; mas estes agentes são pessoas não, do mesmo jeito como essas relações são não intersubjetivas. São relações de produção por si só, agentes de produção e de antiprodução"[23] [mas os melanésios poderiam evidentemente retificar: tudo depende do que se entende por "pessoas", e por "relações"].

Mas é precisamente para trabalhar esse contraste contra--antropológico refletindo, sobretudo de perto, esta questão da separação apontada na sessão hegeliana sobre o "direito abstrato", que é preciso separar da doutrina kantiana do direito de propriedade ("direito do meu e do teu") e especificamente do "direito pessoal de espécie real" (notadamente o direito conjugal, familiar e doméstico), e dela tirar todas as virtualidades interpretativas concernentes ao estatuto sociolibidinal do objeto de troca. Esse

22. "A separação convencional entre relações internas e relações externas, equivale à personificação do próprio corpo. Pois a imagem melanésia do corpo como composto de relações é o efeito de sua objetivação como pessoa. Na parcionabilidade [*partibility*] de suas extensões em relações além dele próprio e nas relações que compõem sua substância, o corpo aparece consequentemente como o resultado das ações das pessoas [...]. Se o corpo é assim personificado, suas partes físicas também o são. Tratamos aqui da replicação de substância que deve assumir uma forma *same-sex*. Nesse contexto, a distinção potencial entre macho e fêmea é crucial, e as partes corporais são personificadas vendo--se dotadas de uma identidade de um ou de outro gênero. Chegamos assim a precisar o paradoxo aparente segundo o qual a maior atenção ritual é prestada nos órgãos sexuais, não porque os órgãos sexualizam a pessoa, mas sim porque em sua relação com os outros, a pessoa sexualiza seus órgãos. Tornam-se então a prova da ativação alcançada por estas relações." (Marilyn Strathern, *The Gender of the Gift*. Berkeley: University of California Press, 1988, p. 208; tradução nossa.)
23. Gilles Deleuze e Félix Guattari, *L'Anti-Œdipe*, op. cit., p. 57.

texto continua sendo uma fonte inesgotável para refletir sobre o tipo de problemas que se apresentam quando se quer interrogar o objeto – e mais ainda que sua função: sua atividade ou sua produtividade –, não somente do ponto de vista de um "paralelismo" entre relações sociais e relações de desejo (ou entre perspectiva antropológico-social e perspectiva analítica de troca, ou ainda, entre as funções sociosimbólicas e econômicas e suas dinâmicas transferenciais...), mas do ponto de vista de sua sobredeterminação recíproca, o que implica talvez também à custa de uma condição de *equivocidade* irredutível das linguagens que se tenta entre-traduzir.[24] O que Kant coloca precisamente no centro de sua teoria, não simplesmente a inscrição da instituição conjugal e familiar na forma contratual de uma troca de propriedade (odiosa a Hegel como o foi vinte e cinco anos antes por Sade), mas o que constitui sua condição de possibilidade, ou seja, a *separabilidade* de uma parte corporal alienável como propriedade de outro... Coloca assim o problema do objeto do desejo mantido por sua vez em seu enquadramento jurídico e em sua materialidade corporal (como "membros e faculdades sexuais"). É isso mesmo o que faz de Kant, como sugerira um dia gaiatamente Balibar, um filósofo aqui muito mais materialista que Hegel. Impossível estatuar sobre um "direito de propriedade", e sobre a própria categoria de propriedade, sem contar "sempre já" a questão da propriedade de seu próprio corpo, da separabilidade ou não separabilidade de algumas de suas partes, e da alienabilidade ou não desse corpo ou de alguma de suas partes outro – quer dizer, fazer de seu próprio corpo o significante ou a "metáfora do gozo de outro", de carona numa expressão de Lacan que brinca voluntariamente acerca da

---

24. Cf. Eduardo Viveiros de Castro, *Métaphysiques Cannibales*, op. cit., pp. 57-58: "o equívoco é uma categoria propriamente transcendental, uma dimensão constitutiva do projeto de tradução cultural próprio da disciplina [...] Traduzir é instalar-se no espaço do equívoco e habitá-lo. Não pra desfazê-lo, pois isso supuria que ele nunca existiu, mas, muito ao contrário, para potencializá-lo, quer dizer, abrindo e alargando o espaço que se imaginava não existir entre as linguagens conceituais em contato – espaço que, precisamente, o equívoco ocultava. O equívoco não é o que impede a relação, mas aquilo que a funda e a propele: uma diferença de perspectiva...").

ambivalência da noção de gozo, analítica e jurídica, ou se preferir, freudiana e romana. E não por acaso: toda a reflexão lacaniana no seminário *La Logique du fantasme*, de onde essa formulação é extraída, leva do "deslizamento" do gozo (no sentido "subjetivo") ao "gozo de" (completado por um genitivo objetivo, o que inclui inevitavelmente a "questão do gozo" no próprio conceito de "possessão" e de "propriedade"). Necas de conceptualização possível da propriedade sem jogar nesse balaio a questão do gozo, e que mais é (como Lacan aponta debruçando-se precisamente sobre a questão da conjugalidade e do casamento, que vem aqui duplicar sua releitura da cena hegeliana da luta do domínio e da servidão), a questão do gozo do outro: "quando gozo de alguma coisa, será que essa coisa goza?" Mas é justamente nesse sentido materialista que Deleuze e Guattari farão, por sua vez, menção desta sessão da *Doutrina do direito*, na passagem de *O Anti-Édipo* precitada, empreendendo a reescrita do processo de "acumulação primitiva" de Marx e estendendo sua empreita, e não somente aos meios de produção e aos "*commons*", mas aos corpos, e não sem reativar, sob a forma de uma disjunção Kant/Sade, a ideia sadiana de uma socialização "republicana" dos corpos numa sorte de coletivização do gozo, ou ainda em uma possessão comum dos corpos como "metáfora do gozo" de cada um, por meio de uma *inversão* da propriedade privada do corpo que tanto supõe o *contrato conjugal* que o aliena a outro, quanto o contrato salarial que permite a venda de sua força de trabalho ao proprietário dos meios de produção advindos privados.

Agora gostaria de tentar, num primeiro momento, pôr na balança o seguinte ponto: quando Kant se esforça para pensar *em função dessa separação* o estatuto do objeto aqui colocado pra troca, como objeto inextrincavelmente jurídico e sexual, essa separação em si mesma se leva a duas figuras-limites que margeiam, e em último caso anulam a própria relação que o contrato supostamente instaura: um primeiro limite que é um limite *metafórico*, e um segundo, que é um limite *metonímico*, um e outro localizando o que se poderia identificar como os dois pontos desiguais, não simétricos, de angústia da sexualidade conjugal ou conjugalizada kantiana. Arrisquemos: dois limites impossíveis em que faz efração seu gozo singular. Sobre essa base, vai se tratar num segundo momento de transferir estes dois objetos-limites sobre um terreno, não mais filosófico-jurídico, mas analítico, já que dele tomaria emprestado o caso ao exame guattaro-deleuziano de um tipo de agenciamento de troca singular, que descobrem na correspondência de Kafka com Felice essa troca epistolar se analizando então como uma dupla transformação dos dois limites identificados em Kant. A troca epistolar funciona aqui como um dispositivo que permite extrair do "horror" da promiscuidade conjugal o objeto letra, e de fazê-lo funcionar como objeto causa do desejo que redistribui ao mesmo tempo a configuração pulsional do escriturário e os polos metafórico e metonímico da troca. É enfim por esse duplo desvio que se poderá voltar ao terreno antropológico, para reexaminar com o exemplo de um ritual Sambia analisado por Strathern, a maneira com que é recolocado o problema da constituição de um objeto de troca como "síntese disjuntiva" ou como "relação que separa" (Strathern), precisamente quando esse objeto por si só é um pedaço sexual do corpo, e quando esse pedaço por si só é personificado como bloco de relação parcial. Se fosse preciso resumir o risco crítico desse percurso, tratar-se-ia de fazer trabalhar o problema da separação ou do desprendimento metonímico do objeto ao invés da redução (da qual a semiologia estrutural foi fã) dos objetos postos em circulação na relação de troca a sua única função de significante ou de suporte metafórico. O problema a meu ver continua sendo o do corte, do desprendimento, como operação material de constituição do objeto pulsional (a síntese de "produção de produção" do objeto causa do desejo, segundo a descrição do inconsciente esquizoanalítico).

Capítulo 2

Kant, jurisdição do sexo e perversão conjugal

> Perguntei a um homem o que era o
> Direito. Ele me respondeu que era a
> garantia de exercício da possibilidade.
> Esse homem chamava-se Galli Mathias.
> Comi-o.
>
> OSWALD DE ANDRADE

Voltemos então à passagem da sessão da *Doutrina do direito* consagrada ao "Direito do meu e do teu exteriores", em que Kant busca pensar a articulação da sexualidade para a normatividade jurídica, e faz da contratualização da relação sexual a pedra de toque do direito matrimonial, ainda que às custas de uma série de anomalias que se pode tentar interrogar "sintomaticamente". Tais anomalias, de fato, nos obrigam a pensar o que resiste, talvez o que excede radicalmente a jurisdicisação contratual da relação sexual, no entanto, não reunindo logo as significações teleológicas de uma *Sittlichkeit* que ultrapassaria as categorias do direito abstrato integrando-as no processo de sua socialização, ou de seu desenvolvimento ao mesmo tempo objetivo e subjetivo, institucional e ético, mas abrindo, ao contrário, essas categorias sobre um ponto de contingência radical, ameaçando irredutivelmente tornar impossível não apenas o direito como tal, mas a própria sexualidade, por mais que ela possa estar inscrita no código antropológico-jurídico que condiciona seus registros de sentido. Ou para dizer talvez de outro modo: confrontando as categorias do direito a um ponto de apoio que põe em causa diretamente o casal categorial, da *propriedade* e da *comunidade*, em função do qual Kant busca pensar uma síntese possível do direito e do sexo, e logo, a submissão possível da sexualidade às relações jurídicas da razão prática.

O que acabo de chamar "anomalias" remete de fato a várias coisas:

a/ Partindo do mais geral, lembremos primeiro que a sessão que se abre ao §22 da *Doutrina do direito* não consiste simplesmente em justificar a extensão da esfera dos contratos, logo, das relações de propriedade e de troca, no domínio do direito doméstico. Ela consiste, sobretudo, em justificar a complexificação que este domínio impõe em contrapartida à forma contratual, e através dela à arquitetônica do "Direito privado do meu e do teu exteriores", reclamando a admissão de um título jurídico especial do qual Kant inventa a palavra e reconhece a aparente estranheza, não deixando de sublinhar que esse título, no entanto, sempre esteve em uso no estado prático do direito, e que deve, apesar de tudo, continuar litigioso o bastante para que seja-lhe preciso explicá--lo de novo em um apêndice acrescentado posteriormente à sua primeira exposição.[1] Tal é a famosa torsão que impõe, segundo Kant, o direito da família – exemplarmente, mas não exclusivamente, o estatuto jurídico dos menores – à disjunção exclusiva de base do direito de propriedade entre "coisa" e "pessoa", ou entre *direito real* e *direito pessoal*. Dupla torsão, em forma de disjunção *inclusiva*, obrigando a pensar, por um lado, um "direito real de espécie pessoal", por outro, um "direito pessoal de espécie real" (DPER), *dinglich Art persönlichen Recht*.

b/ Sabe-se que só o segundo, "o direito que possui o ser humano de ter como sendo *o seu* uma pessoa exterior", quer dizer, de tratá-la e dela fazer uso "sob algumas condições" "como se

---

1. Emmanuel Kant, *Doutrina do direito*, "Notas explicativas sobre os primeiros princípios metafísicos da doutrina do direito" (sessões 1-3), publicados em 1798 em resposta ao sumário de Boutewerk publicado em fevereiro de 1797. É precisamente uma das críticas que Hegel fará a Kant, por ter reduzido a família às categorias do "direito abstrato", começando pela forma do contrato. Para o próprio Kant o buraco é mais embaixo, pois as situações tributárias do "direito pessoal de espécie real" são precisamente situações anômicas com relação a relação contratual, anomia que a explicitação desse "título de direito estranho' deve precisamente permitir reabsorver.

fosse uma coisa", pode ter um sentido. Quanto ao outro caso de figura, de um "direito real de espécie pessoal" (não mais usar uma pessoa como coisa sem que para tanto ela perca seu estatuto ético-jurídico de pessoa, mas se reportar, ao contrário, a uma coisa como portadora de direito a nosso respeito e suscetível de nos obrigar), só é evocado por Kant como uma possibilidade lógica, mas sem consistência jurídica, "pois não se pode pensar direito algum de uma *coisa* para com uma *pessoa*".[2] Basta essa assimetria para já despontar uma dificuldade. A categoria de DPER vem completar a partilha axial pessoa/coisa; ou como Kant o diz estruturalista antes da hora, ela permite passar da divisão simplesmente lógica dos conceitos do direito, necessariamente dicotômica, a uma divisão metafísica e "tetracotômica" tendo em conta não somente relações entre os termos, mas relações de relações entre si:

Dicotomia lógica: 2 termos (Pessoa/Coisa) dando lugar a duas relações orientadas:

P—P (direito pessoal) P—C (direito real)

Tetracotomia: 2 relações dando lugar a 2 novas relações cruzadas:

P—P (direito pessoal) P—C (direito real)
P—P/C* C/P**—P
(dir. pessoal de espécie real) (dir. real de espécie pessoal)

---

2. Salientemos aqui, simplesmente, que as controvérsias atuais sobre os direitos dos animais, e mais radicalmente aquelas ocasionadas pela nova constituição equatoriana em 2009 sobre a terra como sujeito jurídico portador de direito, obrigaria evidentemente a apreciá-la de outra forma. Para uma apresentação sinóptica destes debates atuais, ver os dois artigos de Eduardo Gudynas, "Développement, droits de la nature et Bien Vivre: l'expérience équatorienne", *Mouvements*, 2011/4, n. 68 ; e "La Pacha Mama des Andes : plus qu'une conception de la nature", *Revue des livres*, n. 4, mar.-abr. 2012, pp. 68-73.
*. Pessoa tratada sob alguns aspectos "como" uma coisa por uma pessoa.
**. Coisa tendo direitos ("como" uma pessoa) frente a uma pessoa.

Pois a primeira questão é de saber se a categoria de DPER pode vir completar a dicotomia direito pessoal/direito real sem simultaneamente desestabilizá-la, ou sem pôr em questão a univocidade ou impermeabilidade do corte categorial pessoa/coisa, enfim, sem chamar ao mesmo tempo operações, digamos em termos derridianos, de *suplemento* para delas retirar a fronteira ou a "disjunção exclusiva". Isso se percebe singularmente, voltarei a isso, nas situações empíricas que Kant invoca para ilustrar a necessidade do título de DPER, e no trabalho da metáfora que aí opera, introduzindo um terceiro-termo, por assim dizer, entre "a pessoa" e "a coisa", e suportando a partir daí toda carga de equivocidade de sua distinção: o animal, mais exatamente o *animal doméstico*.

c/ A terceira anomalia concerne a continuidade, ou a homogeneidade da análise kantiana do DPER. De fato essa categoria não se aplica somente ao direito dos esposos em virtude do contrato conjugal, mas a uma pluralidade de situações jurídicas que são também figuras jurídicas sucessivas da *comunidade* – as relações entre esposos na comunidade conjugal, as relações dos pais com os filhos na comunidade familiar, a relação da família com funcionários e empregados na comunidade doméstica –, pluralidade de situações e de relações jurídicas que a categoria de DPER permite precisamente *ordenar*, quer dizer, fazer aparecer, não mais como os ramos de uma dicotomia classificatória, mas como os termos ou os momentos de uma série. Pois desde que damos atenção a essa forma serial da exposição kantiana, se põe inevitável a questão, ao mesmo tempo, do princípio de ordem que determina sua progressão, e a maneira com que a instabilidade categorial evocada precedentemente (na divisão entre coisa e pessoa, mas também entre possessão física e propriedade inteligível, ou entre utilização e utilisabilidade etc.) introduz nessa série *limiares* que estorvam a continuidade ideal.

Pode-se aí identificar ao menos dois. O primeiro, seu *limiar liminar* poder-se-ia dizer, é aquele que aparece imediatamente na própria relação conjugal, contanto que não coloque simplesmente em relação de direito e de dever recíprocos das pessoas, mas apresente essa singularidade de estabelecer uma relação de direito face a face de uma pessoa *sobre um título de possessão de alguns de seus "membros e faculdades"* determinados. Antes de voltar nesse ponto, mencionemos agorinha mesmo um segundo limiar, não menos litigioso, e talvez ainda mais sujeito a interpretação. Ao limiar liminar da série, corresponde à outra extremidade da exposição kantiana a questão de um *limiar final*, nesse momento em que a exposição do DPER nas relações entre esposos, com filhos e com domésticos, deixa espaço ao exame das relações dos empregadores com seus empregados por contrato locativo ou salarial. Limitarei-me a esse respeito a algumas ligeiras observações. Kant exclui naturalmente do direito doméstico os contratos de aluguel e de salariado. Mas o argumento é complexo. Os domésticos "se colocam no seu" do mestre da casa, e a esse título, eles "se presta[m] *a tudo que é permitido concernindo o bem do governo da casa*". A diferença com o contrato salarial consistiria em que, ao contrário, "aquele que é engajado para um determinado trabalho (operário ou jornaleiro) não se coloca no seu do outro, e, nesse sentido, tampouco é membro da casa".[3] De fato, Kant combina assim dois argumentos, um atrelado à determinação formal da possessão, o outro à sua determinação material (o uso do "meu"). Mas nem um nem outro, nem a combinação dos dois parece ser suficiente para demarcar de forma unívoca domesticidade e salariado, sem entrar em tensão com outras proposições de Kant nas mesmas páginas:

a/ O critério material enunciado aqui: "engajado para um trabalho determinado", se tanto se distingue do serviço doméstico (*"tudo que é permitido* concernindo o governo da casa" sendo suposto não "especificamente determinado", bem que se deva decerto – Sabe lá Deus o que pode necessitar um bom governo da

---

3. Emmanuel Kant, *Doctrine du droit*, "Remarques explicatives", op. cit., p. 191.

casa! – lhe reconhece algum limite, ou alguma negação, logo, alguma determinação), não se superpõe àquele apresentado no § 31 para o contrato salarial, define como "abandono voluntário do emprego de minhas forças a um outro por um preço determinado" (e não para um trabalho determinado), falando de outro jeito, por seu valor de troca (e não por seu valor de uso).

b/ O que este último critério (valor de uso) põe em possessão de um empregador, certamente que não a pessoa do empregado (o que o faria recair numa relação de pura servidão, e anularia a própria possibilidade do contrato), mas apenas suas "forças". Só que Kant distinguia no § 25, na ocasião de seu exame do direito matrimonial, que "a aquisição de um elemento do ser humano é ao mesmo tempo aquisição da pessoa todinha, na medida em que esta é uma unidade absoluta". É verdade que "o elemento" ora em questão eram os órgãos sexuais, que precisaria carregar de uma potência metonímica singular (ainda que Kant nada precise – senão indiretamente, mais na frente, precisamente na intrigante menção de um princípio "canibal" do gozo sexual). Haveria aí então – mas quem duvidaria? – partes ou forças que seriam mais "totais" ou "pessoais" que outras...

c/ Mas então a diferença entre domesticidade e salariado tende a se tornar inidentificável: nos dois casos, o critério formal é aquele da possessão de uma pessoa *como de uma coisa* (formalmente), junto a um uso (materialmente) conciliável com seu estatuto ético-jurídico de *pessoa*. A confirmação se encontraria na aplicabilidade com operários assalariados (e de fato, historicamente, na aplicação efetiva) do caso jurisprudencial privilegiado por Kant para ilustrar cada caso do direito pessoal de espécie real: o direito de possessor, de "pôr a mão" sobre seu "seu" (esposo, filho, ou doméstico) quando este *fugir*, para "recolocá-lo em seu poder como se se tratasse de uma coisa".

O que tende a ser recolocado em causa com tudo isso é a estrita superposição, subentendida pela análise de Kant, do direito da família e da esfera do DPER, que parece, ao contrário, dever ser estendido além do domínio que a arquitetônica do "Direito privado do meu e do teu exteriores" busca circunscrever. Mas isso poderia também muito bem reforçar uma primeira leitura, a mais evidente, do princípio de ordem ou de seriação que dirige a exposição da sessão sobre o DPER: a razão da família e, diria Hegel, de sua "dissolução". Das relações entre esposos às relações entre pais e filhos, e daqueles às relações da casa com os filhos maiores e com o pessoal doméstico ao qual podem ser integrados, e em último caso, às relações extradomésticas dos empregadores com os empregados, é evidentemente a trajetória "antropológica" e jurídica seguindo a evolução da criança de sua concepção à sua maioridade civil (de fato, Kant não silencia sobre este ponto, sobre sua autonomia jurídica tanto quanto material) que adota a ordem da análise. O par desta progressão, ou outra maneira de lhe provar a continuidade homogênea, é precisamente a reiteração do mesmo caso empírico invocado por Kant, a cada etapa, para ilustrar a validade da categoria de DPER ligando sua necessidade com o problema geral da *minoritas*. Mas é também o aspecto sob o qual uma leitura sintomal se impõe, prestando atenção às microvariações que perturbam a repetição dos "casos". Examinemos singularmente esta, à qual se fazia alusão mais acima: na série de esposos e esposas volúveis, de filhos fujões, de domésticos saudosos ou de operários pegando o beco, é dado o direito ao possessor de "meter a mão" sobre o "seu", "igualzinho como se fosse uma coisa" – mas também, ou então, "como se fossem animais domésticos que tivessem escapado" (§ 30).

Não se temerá sobreinterpretar, tanto os significantes pesam particularmente pesados no direito, buscando assinalar nessa referência animal uma função bem precisa. De fato, lhe vem a tarefa de assegurar uma materialização significante deste intervalo entre "pessoa" e "coisa", logo, de sua relação disjuntiva necessária no momento mesmo em que essa disjunção é perturbada pelo "como se" permitindo tratar uma (pessoa) como se fosse outra (coisa). É que de fato, se uma pessoa em fuga pode em direito ser trazida à força ao lar (literalmente: doméstico) como uma coisa, uma coisa pode muito bem, quanto a ela, ser furtada ou roubada, mas nunca foge. Ao menos não sem condições especiais... que folgar-se-á chamar fetichista ou animista. O animal doméstico é precisamente esta coisa (juridicamente falando) que pode fugir *como uma pessoa*, abandonando a fórmula inversa daquela do DPER: para ilustrar a relação jurídica que permite tratar uma pessoa como uma coisa, Kant deve fazer intervir uma comedinha pondo em cena uma coisa que se comporta como uma pessoa. A animalidade vem assim, ao mesmo tempo, "coisificar" a pessoa em fuga, e "personificar" a coisa sobre a qual se exerce o direito de embargo ou de *detenção* (*manipulativo*), o que evidentemente só se pode fazer sob a condição de que o animal seja ele próprio domesticado, ou seja, integrado em alguma medida à *comunidade* doméstica. É mister que o animal já esteja quase personificado, para que possa metaforicamente significar não apenas que a pessoa em fuga pode ser tratada como coisa, mas que a coisa assim tratada não deixará de conservar seu estatuto ético-jurídico de pessoa.

Só que o que torna essa referência ao animal doméstico necessária, não apenas sobre o registro do "como se" da ficção jurídica, mas como metáfora significante, só faz com que seja mais difícil dominá-lo do ponto de vista dos efeitos de sentido que ela provoca no texto kantiano. Mencionemos duas delas, um interno à sessão do "Direito privado do meu e do teu exteriores", o outro mobilizando *A antropologia do ponto de vista pragmático* (cuja publicação é contemporânea da *Doutrina do direito*). Por um lado, essa metáfora faz voltar ao seio das relações em DPER essa animalidade que Kant tinha logo de cara excluído, e até mesmo duplamente excluído da "comunidade sexual conforme a *lei*": o animal como *objeto de gozo* das abominações *contranatura*, o animal como *sujeito* de uma sexualidade "conforme a simples *natureza* animal", seja essa libido "vaga", errante, "vagabunda" justamente, abreviando, desterritorializada e não domesticada. Concedamos o que haveria de mais temerário a levar mais adiante a questão de saber se a metáfora do animal doméstico pode evitar a reintrodução, em virtude mesmo da relação em direito pessoal de espécie real, a questão dos gozos "contranatura" no âmago de nossas mais honestas conjugalidades... Veremos mais adiante o que é antes essa figura limite do gozo sexual que Kant qualifica de *kannibalisch* (mas que parece então designar uma "contranatura" de um registro completamente diferente que as inomináveis transgressões zoofílicas). Notemos simplesmente, para fechar esse primeiro ponto, que o animal *doméstico* está, em todo caso, longe de ser neutro de qualquer ressonância sexual, ao menos de qualquer conotação de *gênero*. Se se lembrará assim dessa passagem de *A antropologia* onde – enunciando o que tem lugar no "estado de selvageria natural" de uma diferença dos sexos condensando divisão de trabalho, diferença das condutas econômicas e diferença de "caráter" ou de hábitos – Kant escreve que "a mulher não passa dum animal doméstico. O homem anda na frente, as armas na mão, e a mulher o segue carregada dos utensílios".[4] Essa divisão ainda ecoará para além do trabalho da cultura civilizando os hábitos no "estado de sociedade civil", esta dupla divisão econômica e moral: "O sistema econômico do homem é a *aquisição*, o da mulher é a *poupança*"; "A mulher *recusa*, o homem *pede*."[5] Pois nenhuma destas diferenças antropológicas é neutra *do ponto de vista do próprio direito*, pelo menos do Direito do meu e do teu exteriores, que se abre precisamente sobre as questões nodais, por um lado, da *aquisição*, por outro, da *pretensão*. Pode-se sublinhar a justo título o que a doutrina kantiana do direito conjugal encerrava, até mesmo em virtude da reciprocidade contratual, de igualitarismo entre os sexos; essa igualdade não está menos arranjada em um sistema de direito em que *os próprios problemas* (ou os problemas que a norma de direito supostamente "regula") são "antropologicamente" questões "viris"... Aí ainda, sem levar

4. Emmanuel Kant, *Anthropologie du point de vue pragmatique*, trad. fr. Michel Foucault. Paris: Vrin, p. 149.
5. Ibid., pp. 150-151.

mais longe essa simples superposição dos textos, ela basta para sugerir que se o animal doméstico pode vir na *Doutrina do direito* metaforizar assim a zona de imbricação da Coisa e da Pessoa, coisificar a Pessoa e personificar a Coisa, ele o faz na medida em que é ele próprio, não somente *personificado* como tinha adiantado mais arriba, mas também *feminizado*. Ele constitui assim o operador *quase-antropológico* (excluído logicamente de seu domínio, reincluído metaforicamente para significar o que escapole e deve ser reconduzido ao lar) que permite arrimar o pensamento do direito da família a um circuito de metaforização recíproca do animal e da mulher, como da *domesticação* e da *domesticidade*. Inversamente à qual se encontraria o prolongamento da crítica do familiarismo em Deleuze e Guattari, em sua teoria da desidentificação por meio dos "devires-mulher" e dos "devires-animais".

Chego agora ao segundo limiar da exposição do DPER, seu limiar liminar, aquele que marca a relação de possessão codificada pelo direito conjugal e, no entanto, não sobre a pessoa jurídica do conjunto, mas apenas sobre seus órgãos e faculdades sexuais. Ele põe, por sua vez, outras dificuldades. Esse título de possessão, Kant insiste em precisar que ele incide apenas sobre seu uso, e define de algum modo uma situação de usufruto, sem "propriedade" nominal: não se confundirá certamente seu esposo ou esposa com um servo ou com uma escrava. Essa precisão, todavia, só resolve muito parcialmente a questão do tipo de relação *metonímica* que deve aqui ser implicada, entre o *órgão físico* sobre o qual incide o direito de uso, e a *pessoa jurídica* sobre a qual incide o direito pessoal,[6] para que tomada e penhora possam ser exercidos sobre essa pessoa sob alguns aspectos "como uma coisa".

---

6. Necessitar-se-ia precisar: num certo nível reencontra-se aqui um princípio geral que Kant tinha estabelecido no prólogo da sessão do "Direito do meu e do teu exteriores", relativo à "possessão física" (relação empírica de detenção e de utilização atual) e à "possessão inteligível" (relação jurídica ao meu e ao teu, encontrando seu critério na legitimidade de uma "pretensão"), Kant sublinhando ao mesmo tempo a necessidade de distingui-las, e as contradições que resultariam de uma possessão inteligível excluindo a possessão física (uma "utilizabilidade" em direito sem uso possível de fato). Somente no direito conjugal, a coisa fica difícil, a relação entre possessão inteligível e possessão

Essa relação metonímica, na verdade sinedóquico, faz com que o próprio órgão sexual se encontre em uma posição análoga àquela que metaforizava precedentemente o animal doméstico: uma posição limite, *entre* as categorias de coisa e de pessoa, quase-coisa e quase-pessoa, impossível no entanto fixar numa *ou* noutra categoria de modo unívoco, e apesar disso, necessário para *devolver um corpo* – corpo-de-coisa ou coisa incorporada – à mui inteligível "personalidade jurídica". O objeto-órgão *vale* juridicamente *pela pessoa* que o porta, é desse ponto de vista a *própria pessoa* (que, lembra Kant, é uma totalidade íntegra, impossível de cortar em partes...); mas é ao mesmo tempo uma coisa, ao menos usável como coisa, e comunica até mesmo à pessoa a possibilidade de ela mesma ser tratada como coisa (de onde o DPER).

Só o que pode agora chamar nossa atenção é que o órgão sexual não encontra no texto kantiano nenhuma metáfora para significar a ambiguidade de sua posição limite – nem sequer de metáfora animal. Apesar disso, na situação típica do fujão, poder-se-ia observar que não é o órgão sexual em si que foge, mas a pessoa que o porta e o faz tornar a casar alhures. A ver... já tem um tempinho que as delongas do Cavaleiro dos Grisus desencantaram a esse respeito. Mas o essencial está noutro lugar: ele se atém ao fato de que lá onde falta a metáfora, tem-se algo totalmente diferente de uma metáfora: algo como uma cena, que funciona ao mesmo tempo como uma encenação da possessão desse objeto-órgão e como uma cenarização fantasmática comovente *do próprio dispositivo jurídico*, no sentido que essa cena fantasmática, exibida pelo texto kantiano, é ao mesmo tempo o obsceno que o "direito privado do meu e do teu exteriores" deve imperativamente recalcar para poder se desdobrar. Esta cena sequer aparece no corpo dessa sessão, mas no Apêndice em que, voltando ao direito con-

---

física não sendo mais apenas de *condicionamento* a priori, mas também de *metonímia*: a possessão inteligível recai sobre a pessoa jurídica do esposo-a, mas a possessão física está limitada pelo direito de uso de algumas "partes" de seu corpo.

jugal, Kant aí acrescenta uma cláusula suplementar que impõe não mais apenas a conformidade ao direito, mas uma necessidade moral.[7] Eis aqui a passagem:

> Nem o homem pode desejar a mulher para dela *gozar* como de uma coisa, quer dizer, provar um prazer imediato na comunidade simplesmente animal que pode instaurar com ela, nem a mulher pode se abandonar a ele com esse objetivo, sem que as duas partes renunciem às suas personalidades (coabitação carnal ou bestial): em outras palavras, isso não é possível fora da condição do *casamento*, o qual, enquanto abandono recíproco de sua própria pessoa, que se encontra colocada em possessão da outra, deve ser concluída *de antemão*, para que, pela utilização corporal que uma parte faz da outra, não haja desumanização.
>
> Sem essa condição, o gozo da carne tem, em seu princípio (mesmo que não seja sempre efetivamente o caso), algo de *canibal* [*Ohne diese Bedingung ist der fleischliche Genuß dem Grundsatz (wenn gleich nicht immer der Wirkung nach) kannibalisch*].[8]

Essa passagem surpreendente ulula por vários comentários:

a/ De primeiro, é preciso sublinhar que essa cena de devoração sexual, que religa o ato sexual a seu cumprimento *kannibalisch*, não se inscreve confortavelmente na distinção que Kant tinha estabelecido desde seu primeiro exame do direito conjugal entre dois aspectos da *"comunidade sexual (commercium sexuale)"* segundo a utilização feita "dos órgãos e das faculdades sexuais de outrem": utilização "natural (aquela pela qual pode-se procriar seu semelhante)", ou então utilização "contranatura", seja "com uma pessoa do mesmo sexo, seja com um animal de outra espécie que a do homem" (§ 24). De um lado, esse princípio antropófago do gozo sexual, longe de se inscrever numa estrita continuidade com *A Antropologia do ponto de vista pragmático*, marca antes de tudo

---

7. Deste ponto de vista, contrariamente a uma leitura corrente, Kant não se limita aqui a reiterar sua dupla crítica da concubinagem e da prostituição, mas introduz um novo argumento e, de alcance mais geral, que concerne a relação conjugal o mais rigorosamente conforme o direito (mesmo se este argumento pode, além do mais, vir reforçar retroativamente estas duas proibições).

8. Emmanuel Kant, *Doctrine du droit*, "Remarques explicatives", op. cit., pp. 189-190.

um corte radical. Produz uma *interrupção* do ponto de vista, refletindo o que aí autorizava a conjectura de uma finalidade interna conforme a esta "previdência da natureza" de ter munido os dois sexos, "nessa qualidade de animais racionais, com tendências sociais que permitem transformar sua comunidade sexual em união doméstica durável,[9] e, concernindo especificamente o "caráter do sexo" feminino, que garantissem "esta intenção mais elevada da natureza com respeito à sexualidade humana [...]: a/ a conservação da espécie; b/ a cultura da sociedade e seu refinamento pela sociedade".[10] Mas por outro lado, esse canibalismo do gozo sexual "no seu princípio" não se encaixa exatamente no que Kant chama a sexualidade contranatura, "nessas transgressões das leis, esses vícios contranatura (crimina carnis contranaturam), que se designa também como inomináveis, [e que] não conseguiriam, apesar de prejudicar a humanidade em nossa pessoa, ser salvos de uma reprovação total por nenhuma restrição nem exceção" (§ 24). A tendência antropofágica da sexualidade evocada nas "Notas Explicativas", se parece abolir qualquer possibilidade procriadora, não o faz, no entanto, sem tomar alguma outra via que aquela "natural" da procriação, e sem nenhum *crimina carnis* homossexual ou zoofilo, – de modo que não sem um deslocamento fortemente marcado do móbil genital sobre uma oralidade ávida e gulosamente consumidora... A explicação de Kant na sequência da passagem brinca com essas diferentes conotações:

> Que seja abertamente e a belas dentadas ou pela gravidez e o parto que pode dela resultar, e pode ser mortal para ela, que a parte feminina se encontre *consumada* ou *consumida*, enquanto a parte masculina também o é pelo esgotamento resultante de exigências frequentes demais da mulher frente às capacidades sexuais do homem, é somente na maneira de gozar que há uma diferença, e cada parte leva efetivamente em consideração o outro, nesse uso recíproco dos órgãos sexuais, um objeto

---

9. Emmanuel Kant, *Anthropologie du point de vue pragmatique*, op. cit., p. 148.
10. Emmanuel Kant, *Doctrine du droit*, "Remarques explicatives", op. cit., p. 150.

consumível (res fungibilis): nesse caso, colocar-se em tal postura por intermédio de um contrato, isso corresponderia a um contrato contrário à lei *(pactum turpe)*. [11]

b/ Em segundo lugar, essa tendência demasiado canibalesca sobre qualquer teleologia da vida específica e social, e no entanto totalmente *interna* à sexualidade "natural" (seguramente a sexualidade mais normativa, só se pode compreender hoje até mesmo essa normalidade como uma "perversão", ou um desvio quanto à meta antropófaga do gozo da carne *em princípio*), infringe da mesma maneira a segunda distinção introduzida no § 24, dessa vez no ventre da "comunidade sexual natural", entre sua conformidade "à simples *natureza* animal (vaga libido, vênus vulgivaga, fornicatio)"e sua conformidade à lei (casamento). Como as bestas não seriam premunidas, até mesmo em virtude dessa "libido vacante" ou "divagante", com tal encarniçamento extenuado no gozo. Esta última inverte a lucreciana "Vênus vagabunda" da sexualidade natural animal, não menos que o princípio moral que sustém para Kant a lei conjugal, associando a fixação de seu objeto (a sexualidade conjugalizada não erra mais) à durabilidade de seu uso (a conjugalidade não se esgota de si mesma em sua própria "autoconsumação", que potencializa sua própria fixação...[12]).

A análise kantiana trabalha aqui sobre *duas vias* de desumanização, cuja continuidade afirmada permanece, todavia, problemática. Uma remete a uma cena *bestial*, lugar de realização de "um prazer imediato na comunidade simplesmente animal", que uma necessidade moral impõe de regular, de jugular, para torná-la possivelmente conforme a uma norma de direito. Viu-se preceden-

---

11. Ibid., p. 190.

12. Não retorno aqui à questão, essencial para a economia político-libidinal de *O Anti-Édipo*, das transformações das "sínteses de consumação" na família "privatizada", articulando de um lado a destruição dos códigos de parentesco ou sua relegação "fora de jogo" com relação aos mecanismos da produção e da reprodução social (redução da família a uma "unidade de consumo"), de outro "a economia" da subjetivação edipiana como "máquina narcísica" (produção em massa de "euzinhos pararacas e boçais" pedindo do papai-mamãe que "consumam").

temente que, precisamente por meio do direito, ela, no entanto, não desaparecia pura e simplesmente, mas antes se transferia, ou se deslocava metaforicamente, para a entranha dos diferentes tipos de relação jurídica dependendo do direito pessoal de espécie real, através do "como se fosse um animal doméstico". A menos que esse trabalho da metáfora seja já esse deslocamento e até mesmo essa domesticação, orientando o animal para uma estruturação *totêmica* da diferença antropológica... Somente, dessa cena do *prazer animal* (na qual se vê o quanto ela torna ambígua a desumanização que ameaça segundo Kant a relação sexual, tanto que dela não defende a codificação jurídica da relação matrimonial), não há passagem contínua a essa *outra cena* do gozo canibal. Não seria porque essa excede a própria categoria de comunidade (embora essa comunidade paradoxalmente desumanizante que é a "comunidade animal" do "prazer sexual imediato") em proveito de um "consumo", de uma incorporação em que se consome e se abole qualquer comunidade possível. De uma a outra cena, há ao mesmo tempo uma inversão e uma transposição do limite, e necas de desenvolvimento. O efeito de limiar nele se marca, não mais por uma referência ambivalente à animalidade, mas pela hiperbolização dessa tendência que a excede levando a uma *sexualidade antropófaga*, inumana decerto, mas seguramente não animal: demasiado humanamente inumana, demasiado inumanamente humana em verdade. Temos então de fato uma *dupla* desumanização: desumanização por animalização do desejo sexual, desumanização por devir-canibalesco desse desejo. A primeira remete ao parceiro sexual não como parceiro, mas como puro e simples *objeto de prazer*; a segunda remete ao parceiro sexual não como uma coisa (não haveria então canibalismo), mas como uma *coisa-a-se-gozar* que é bem uma *pessoa*: para se devorar sexualmente. Ponto certamente insuportável: que uma pessoa possa ser *comida pelo sexo de outra*. Não que não haja mais relação sexual, *não há relação canibal*. (Ao qual todo modernismo brasileiro, da vanguarda artística à antropologia pós-estruturalista de Viveiros de Castro, traria evidentemente um singular desmentido: voltar-se-á nisso logo mais).

O que deste modo se situa no centro do argumento kantiano não é somente a codificação jurídica da sexualidade, a juridicização do sexo necessária para lhe submeter o valor de uso na forma conjugal, e assim racionalizá-la inserindo-a no dispositivo ao mesmo tempo socializante e individualizante da família (é nesse plano que se situará a crítica hegeliana, mas às custas de um deslocamento do problema da sexualidade para aquele do *sentimento* de amor). É o problema de uma *sujeição* da própria sexualidade, quer dizer, o problema *antropológico* de uma regulação da sexualidade tornando possível a atribuição de um sujeito da sexualidade – e, reflexivamente, a autoatribuição por um sujeito de "sua" sexualidade, imediatamente simbolizada, logo, duma só vez espiritualizada e materializada, ou duma lapada *idealizada* na forma jurídica de uma "propriedade", e *incorporada* em um "órgão" (Deleuze e Guattari diriam: em uma *disjunção exclusiva de órgão*) tornando-se conteúdo de uma vontade e determinação material dessa propriedade. (Poder-se-ia aqui confrontar o texto kantiano àquele, publicado dois anos antes, em 1795, de Sade, as famosas páginas do quinto diálogo de *A Filosofia na Alcova*, e sua crítica do casamento precisamente em nome da inalienabilidade da pessoa, brincando com uma condensação da possessão sexual e da possessão jurídica)[13].

---

13. "Nunca um ato de possessão pode ser exercido sobre um ser livre; é tão injusto possuir exclusivamente uma mulher quanto o é possuir escravos; todos os homens nasceram livres, todos são iguais por direito; jamais percamos de vista estes princípios; não se pode nunca ser dado, partindo daí, direito legítimo a um sexo de se apoderar exclusivamente do outro, e jamais um destes sexos ou uma dessas classes pode possuir o outro arbitrariamente. [...] O ato de possessão só pode ser exercido sobre um imóvel ou um animal; nunca que o poderá ser sobre um indivíduo que se nos assemelha, e todos os laços que podem prender uma mulher a um homem, de qualquer modo que possais supô-los são tanto injustos quanto quiméricos." (Sade, *Système de l'agression*, anthologie établie par Noëlle Châtelet. Paris: Aubier Montaigne, pp. 226-227.)

c/ Enfim, não é de todo impossível demarcar nessa ideia de um canibalismo originário do gozo sexual o trabalho subterrâneo de um motivo frequente na literatura teológica (e em grande parte *demonológica*)[14], mas que se dá igualmente na literatura médica do século XVIII, relativo à "incontrolabilidade dos apetites femininos" (Kant faz a isso uma fugaz alusão em *A Antropologia*), emprestando ao "furor ulterino", "furor da trombeta" e outra "sufocação da matriz" a instabilidade voraz e extenuante da *histeria libidinosa*.[15] Mas de novo o texto kantiano procede claramente de um transpassamento do limite: de primeiro porque o esgotamento sexual ameaça aqui, diferente mas comumente, os dois sexos; depois porque é associado às "maneiras de gozar" que, sem apagá-lo completamente, fazem escorregar para o segundo plano a codificação médica destas perigosas exagerações sexuais; enfim e sobretudo porque, aos olhos do espaço teórico do próprio pensamento kantiano, o registro oral culminando na referência ao canibalismo sexual vem marcar um ponto literalmente impossível no seio das disjunções categoriais do direito.[16]

14. Lembremos a derivação útil a quaisquer fins, comum ao alemão e ao francês, entre *Besitzen* (possuir uma coisa, uma qualidade...) e *besessen sein* (ser possuído, obsecado...). É na obra de Pierre Klossowski que se encontraria uma simetrização crítica da estrutura teológica na qual se sustenta a doutrina kantiana do direito conjugal: sua reinterpretação de Sade de certeza que não é à toa nessas novas "leis da hospitalidade", mas talvez mais ainda sua demonologia ou *teologia menor*, a serviço de uma perversão totalmente diferente de "troca"... Meu estudante e xará Guillaume Molin me lembra a esse respeito a importância em Klossowski do problema *psicofágico*.

15. Ver Elsa Dorlin, *La Matrice de la race: Généalogie sexuelle et coloniale de la Nation française*. Paris: La Découverte, pp. 46-47 e seguintes, p. 68 e sequintes, pp. 83, 88-91 seguintes. Veja também Olga B. Cragg e Rosena Davison (dir.), *Sexualité, mariage et famille au XVIIIe siècle*. Québec: Presses de l'Université de Laval, 1998, p. 164: "Decerto a definição do termo 'Antropofagia' na *Enciclopédia*, ridiculariza as ideias em curso sobre as causas físicas do canibalismo; no entanto continuam os rumores sobre a relação entre o corpo insubmisso da mulher prenha, e seus desejos perigosos continuaram a circular até o século seguinte." E o autor remete, por exemplo, à imagem satírica dos *Desejos das mulheres Buchudas*, publicado em 1823 no *Álbum Cômico de Patologia Pitoresca*. A passagem da *Enciclopédia* de Diderot e D'Alembert evocada é a seguinte: "Alguns médicos ridiculamente imaginaram ter descoberto o princípio da antropofagia num humor acre, atrabilioso que, alojado nas membranas do ventrículo, produz pela irritação por ela causada essa horrível voracidade que eles lá juram de pé junto ter notado numa pá de doentes; servem-se destas observações pra apoiar seu sentimento..."

16. Boa hora para lembrar que a sublimação da oralidade está até mesmo no princípio

Na real, tal cena de devoração sexual dá o que pensar, em uma zona certamente de relativa indecidibilidade entre o fantasmático e o teórico, um cenário (infra) jurídico em que se anulariam simultaneamente a *conjugação das pessoas* – a conjugalidade e a reciprocidade ético-jurídica que ela implica – e a *disjunção pessoa/coisa* – a não reciprocidade que implica a relação sexual na relação conjugal, em que um dos termos não pode ser uma pessoa sem que a outra se torne uma (sua) coisa, e (juridicamente, logo, idealmente) vice-versa, a *reciprocidade jurídica* do contrato *de juris* pessoal dando lugar a uma *reversabilidade perspectivista* que exclui a simetria simultânea dos dois "pontos de vista". Tudo se passa assim como se ele voltasse à codificação jurídica da sexualidade, em um único e mesmo gesto, *a/* de recalcar essa cena primitiva antropofágica, e *b/* de instituir uma *perversidade regrada* que faz até mesmo a matéria da vida conjugal *in juris*. Compreende-se agora não somente o mecanismo, mas a razão desta perversão institucionalizada, a qual ele acaba de conjurar, invertendo-a, o princípio canibalesco do gozo: o direito conjugal hauri do direito pessoal de espécie real, ou do direito de tratar uma pessoa, em certos aspectos, como uma coisa, precisamente porque o ato sexual consiste "em princípio" em tratar uma coisa como uma pessoa, ou a consumir um órgão sexual "como" se comêssemos a pessoa que o porta. Encurtando, mais vale ser perverso em família que canibal fora da lei. Daí é forçoso concluir que é sob a condição imperativa de recalcar esta cena antropofágica que essa mesma codificação se constitui ao mesmo tempo *a/* como condição de possibilidade de sua própria diferenciação estrutural de base coisa/pessoa (a conjugalização da sexualidade como *radical title* do próprio direito privado, que só pode aparecer a partir do momento em que se deixa de se devorar), *b/* como con-

---

do trabalho da cultura em Kant: no casal maneiras de mesa/arte da conversão, seja a disjunção comer/falar, em um nó cego supostamente regulador do objeto pulsional *voz* às possibilidades de incorporação. Agradeço à Monique David-Ménard por suas sugestões a esse respeito. Do ponto de vista do "direito do meu e do teu exterior", é evidentemente a diferenciação tópica de um "exterior" que é assim diretamente posto em jogo.

dição de possibilidade de seu objeto (condição de uma criança, que até onde se sabe só tem alguma chance de nascer a partir do momento em que a sexualidade deixa de ser devoração para se constituir o operador "doméstico", domesticado e domesticando de uma *filiação intraespecífica*), c/ e em última instância, como a condição de possibilidade de seu objeto *liminar*: o próprio órgão sexual, enquanto apenas o recalque operado pela codificação jurídica o torna discernível e o faz aceder ao estatuto de *coisa*.

Que conclusão podemos tirar do problema inicial, aquele da forma serial da exposição kantiana do DPER? Sua significação mais patente já foi evocada, ela é num certo sentido também a mais dialética, fazendo-nos seguir a série das figuras da minoridade jurídica até uma plena autonomia, não sem que se transfira subterraneamente, nós o vimos, uma "metáfora doméstica" dupla, animal-feminina, discernível no problema da fuga e da captura. Mas reconsiderada a partir de seu limiar liminar antes que de seu limiar final é outra série ou outra circulação que entre-aparece, e que talvez não seja contraditória com a primeira, mas que inevitavelmente a sobredetermina. A série dos momentos do DPER tomaria então outro sentido que ético-biográfico. Ela não seguiria somente o desenvolvimento da criança da minoridade à maioridade civil; ela *transferiria metonimicamente* o problema liminar da possessão sexual a cada uma das situações jurídicas com as quais abre a série: a criança como órgão-objeto sexual dos pais, as mucamas como objetos sexuais dos senhores, os empregados como objetos sexuais de seus empregadores... Não são apenas os fatos históricos tocando o problema da regulamentação jurídica das relações sexuais entre senhores e escravos,[17] nem mesmo os avatares literários e cinematográficos da erotização das relações entre senhores e mucamas (Losey...), mas também a escrita kantiana do problema da minoridade jurídica, que deixa entender que ser fodida por seu patrão não é um acidente de linguagem

---

17. Sobre a maneira com que os problemas são aí colocados nas colônias plantocráticas, ver exemplarmente Elsa Dorlin, op. cit., cap. III.

(fora de direito), nem apenas um abuso de pessoa (no direito), mas a realização, a *literalização* – a violação no real antes que seu deslocamento metafórico – do *fantasma do próprio direito*.

Agora é possível buscar uma articulação sistemática do conjunto desses elementos mantendo a arquitetura "tetracotomica" desenvolvida por Kant? Ao menos se pode tentar reescrever o que, nessa arquitetônica mesminha, se esboça de matriz estrutural. Ao mesmo tempo, as análises precedentes devem chamar a atenção, não simplesmente sobre as possibilidades combinatórias dessa matriz, mas mais ainda pelas possibilidades que ela inclui e que, no entanto, são excluídas por Kant, ou pela *letra* do texto, e logo, velando também às *diferentes* modalidades dessas exclusões. Pois olhando bem, o texto kantiano não descarta apenas uma possibilidade do Direito do meu e do teu exteriores (o "direito real de espécie pessoal"): ele exclui *quatro*. São seguramente quatro anomias aos olhos da disjunção *exclusiva* do direito privado entre Coisa e Pessoa, mas que sua disjunção inclusiva torna, todavia, pensáveis, e até mesmo inevitavelmente pensadas pela doutrina do direito, mesmo que essa não deva querer saber de nada. Talvez espantar-nos-íamos menos demarcando nessas quatro possibilidades, da mesma maneira, quatro figuras ou quatro variantes do próprio *fetichismo*, do qual faltaria mostrar como os dois primeiros induzem a não pessoa na direção de uma estrutura totêmica da metáfora, enquanto os dois segundos orientam-no no sentido de um perspectivismo animista da metamorfose.

Proponhamos então, como pedra angular, o seguinte esquema:

Dicotomia lógica

$$P \longleftarrow dp \longrightarrow P$$
$$P \longrightarrow dr \longrightarrow C$$

2 possibilidades *lógicas* excluídas

$$C \longrightarrow drep \longrightarrow P \ (f1)$$
$$C \longleftarrow drer \longrightarrow C \ (f2)$$

Ou duas primeiras figuras do fetichismo (f):

(f1) Relação de direito de coisas obrigando as pessoas ("alienação")

(f2) Relação entre coisas se obrigando reciprocamente ("contrato social das mercadorias", segundo a expressão de Balibar, ou "interobjetivado" antes que intersubjetivado).

Nota Bene: o argumento de Kant para descartar como sem consistência o DPER repousa apenas nessa dicotomia lógica, *e não* na tetracotomia que dela resgata a categoria: "pois não se pode pensar nenhum direito de uma *coisa* para com uma *pessoa*." Ela só se sustentaria se uma coisa pudesse se considerar "como" uma pessoa (e eventualmente considerar a pessoa à qual ela se refere "como" uma coisa). Daí duas outras possibilidades excluídas:

Tetracotomia metafísica

$$P —dr \longrightarrow C —drep \longrightarrow P$$
$$P —dp \longrightarrow P —dper \longrightarrow P/c$$

2 possibilidades perspectivistas excluídas

$$C/p \longleftrightarrow P/c \ (f3)$$
$$P/c \longleftrightarrow C/p \ (f4)$$

(f3) Uma coisa, tratando nossa pessoa como uma coisa, ela mesma se torna uma pessoa.

(f4) Uma pessoa, tratando uma coisa como uma pessoa, ela mesma se torna uma coisa.

Nota Bene: Estas duas possibilidades abertas para a tetracotomia das relações do "Direito do meu e do teu exteriores" não são excluídas por Kant como as duas primeiras, quer dizer, explicitamente como não tendo consistência lógica. São antes denegadas, mas por isso mesmo reconhecíveis por alusões notáveis nas margens do texto kantiano, como às margens da comunidade juridicamente pensável: em sua margem interna, o caso f3 na ilustração empírica da tentativa de fuga (e sua "animalização" ainda *metafórica*), em sua margem externa, o caso f4 no problema do gozo sexual (e sua "antropofagização" *literal*).

Capítulo 3

Kafka, o amor pelas cartas

Mais que examinar a partir delas mesmas essas quatro variantes do fetichismo, gostaria de nelas me apoiar para ficcionar o contraste retórico que se extraiu da análise kantiana entre os dois limites da troca jurídico-sexual, ou entre esses dois limiares de "desumanização" onde, segundo Kant, não há mais "pessoa", mas onde não há mais troca também: mais contrato, mas no final das contas, igualmente, mais comércio sexual possível. De um lado a cena animal que dispersa a comunidade sexual conforme a lei em uma (não) comunidade sexual abandonada a esta circulação vaga ou vagabunda de uma libido não fixada, não domesticada ou não territorializada sobre um objeto, cena a qual assinalei que não figurava a montante do contrato conjugal, mas que trazia de volta a seu seio em virtude do direito pessoal de espécie real que a rege, embora sob a forma empírica singular, logo, aparentemente contingente, da fuga, da escapadela (figura ativa da errância vagabunda), e que dá à troca jurídico-sexual seu verdadeiro objeto no *animal doméstico*. Objeto metafórico evidentemente, mas sob a condição de ficar explícito aqui o jogo da metáfora, circulando não entre dois, mas entre *três* séries significantes: sobre o plano jurídico, em que o animal doméstico metaforiza a "pessoa tratada como uma coisa" (supondo personificar o animal); no plano antropológico-político, onde o próprio animal doméstico é metaforizado pela mulher (supondo a domesticação da sexualidade feminina); no plano metateórico, onde essa dupla metáfora se identifica com o circuito de *domesticação do sentido*, pela dupla redução (a) da coisa trocada transformada em signo, e (b) do jogo do signo (que como o sexo não deve errar, vadiar em diferenças livres ou não ligadas, em suma, o signo que deve ser devolvido ao jogo regulado da disjunção exclusiva *ou ainda* sobre o modelo heteronormativo da diferença binária dos sexos) à estruturação simbólica que regula as equivalências analógicas ou "totêmicas": na "pessoa tratada como uma coisa", a pessoa é para a coisa o que o animal é para sua domesticação, o que a mulher é para sua domesticidade, o que o sexo é para a esfera doméstica, o que o signo é para a codificação analógica desta mesma série.

A outra via de desumanização, como vimos, remete a uma cena totalmente diferente: antropófaga antes que animal, tendo menos por objeto uma animalidade metafórica que um corpo sexual tornado assim coisa-para-gozar. O problema não é mais, como no primeiro caso, a linha de fuga de uma pessoa que se subtrai ao contrato, quer dizer, o próprio signo fugidio de uma distância tomada, e que é preciso neutralizar e anular pelo jogo domesticante da metáfora. O problema é, ao contrário, o de uma proximidade grande demais, de uma contiguidade hiperbólica de uma invoração mortal. Não se trata mais de dominar, pelo embargo da metáfora, o jogo fugidio do signo para devolvê-lo à ordem doméstica do contrato; trata-se, pelo contrário, de conjurar o excesso metonímico de uma oralidade voraz, consumidora nos dois sentidos, que não deixará atrás de si mais nada para se trocar, nem palavra, nem pessoa, nem sexo. Superpondo esse contraste com aquele proposto por Lévi-Strauss em 1962, poder-se-ia concluir que no bojo do texto kantiano se distingue a oposição de um *vetor totêmico* da metaforização animal e doméstica, e de um *vetor sacrificial* que porta o excesso metonímico de uma fusão identificatória por incorporação do outro:

duas vias de sexualização "desumanizante"

Para tentar agora fazer trabalhar esse contraste, gostaria de experimentar deslocá-lo do plano da doutrina do direito sobre um plano psicanalítico para reexaminar, fazendo isso, alguns aspectos resgatados por Deleuze e Guattari em um escritor que justa-

VETOR TOTÊMICO	VETOR SACRIFICIAL
Prazer animal-comunidade sexual imediata	Gozo interno à comunidade sexual natural
Pb dos seres de fuga, risco de separação transgressiva	Pb da contiguidade oral, perigo do excesso metonímico
Interação excessiva dos casos de fuga	Repetição intensiva da "consumação" sexual
Constituição metafórica do objeto sexual	Constituição metonímica do objeto sexual (órgão)
Metaforização domesticante Animalidade/Feminilidade	Literalização da incorporação por invoração do outro
Regulação analógica das diferenças extensivas sobre a cena totêmica do texto kantiano	Abolição da identificação intensiva por incorporação sobre a ob-cena de um sacrifício ao gozo

mente explorou intensivamente as configurações libidinais das formas jurídicas, e que pôs em jogo em sua escrita uma espantosa subversão – uma perversão, de fato, que é uma *contraperversão* da perversão jurídica kantiana[1] – da troca conjugal e de seu contrato. Eis então o caso Kafka. Um caso que tomou para a esquizoanálise de Deleuze e Guattari o valor de um caso prototípico, não seria por esta razão que, ao se perguntar o que é ou o que seria uma esquizoanálise, dele se oferece de fato nestes dois autores o único exemplo concretamente desenvolvido. Não apenas um segundo *K*, depois de Kant, mas sua transformação, por esse regime de escrita ou essa peça da "máquina de escrita" kafkiana que é a escrita de cartas. "Cartas à fulana ou cicrana, cartas aos amigos, carta ao pai", diversas então para seu destinatário manifesto, de modo que "ele tem[nha] aí sempre uma mulher no horizonte das cartas,

---

1. Entendemo-lo primeiramente no sentido em que se trata de um "desvio quanto ao objetivo" da libido conjugal em benefício de algo muito diferente: escrever, escrever cartas que por si mesmas imitam a troca conjugal diferindo-a, conjurando-a, e tornando-a finalmente impossível em proveito do único real do qual se sustém o desejo de Kafka, escrever, a escrita e seu processo.

seja ela a verdadeira destinatária, aquela a quem o pai supostamente tem de mostrar, aquela com quem os amigos querem que ele rompa etc. Substituir o amor pela carta de amor(?). Desterritorializar o amor. Substituir, ao *contrato conjugal* tão duvidoso, um *pacto diabólico*. As cartas são inseparáveis de um pacto", subvertendo a troca amorosa em que ela dá curto e da qual se servem mais do que se colocam a seu serviço, mas parodiando até mesmo esse pacto faustiano no qual elas se inspiram condensando nelas mesmas o elemento diabólico com o qual o pacto é feito, o próprio pacto ou a tinta com a qual ele é escrito, a alma que só se dá por uma ficção inocente (por uma "deslocação de alma"), e a reciprocidade aparente que só promete a troca para diferi-la e traí-la, o próprio dom da alma.[2] Mas como a carta assegura em sua própria materialidade o conjunto desta subversão?

É antes de tudo nas cartas a Felice que são identificados o funcionamento acabado, os meios e os fins, mas também, nós o veremos, os impasses e os perigos propriamente ditos. A "verdadeira destinatária" é Felice: é ela mais que qualquer outra que Kafka transforma, de conjugue potencial em destinatária de um fluxo interminável de cartas. "Não se trata exatamente de sinceridade ou não, mas de funcionamento", quer dizer, de reagenciamento ao mesmo tempo material e pulsional por meio de uma *transferência epistolar* permitindo extrair um objeto (carta) de uma configuração assustadora e insuportável (o "horror da conjugalidade", ou de sua perspectiva simplesmente possível ou até mesmo "desejada"), configuração na qual este objeto vai abrir um espaço de transformação ou de solução criadora. Transformando assim o amor em cartas de amor, mas transformando precisamente a conjugalização do desejo em um desejo de cartas, ou seja, produzindo a carta como máquina desejante ou objeto "a". Falta-nos ainda ver como este põe em marcha um agenciamento pulsional complexo, agenciamento disjuntivo de múltiplas maneiras, a co-

---

2. Gilles Deleuze e Félix Guattari, *Kafka: pour une littérature mineure*. Paris: Minuit, 1975, p. 53.

meçar pela maneira com que aí se encontra, mas espantosamente remanejadas pela perversão epistolar, os dois limites intensivos do contrato conjugal identificados por Kant.

A "perversão" ao mesmo tempo em que a "inocência" do procedimento epistolar kafkiano consiste antes de mais nada em explorar a divisão enunciativa que implica qualquer ato de troca, mas que a forma contratual, como as do juramento ou da promessa, deve reduzir ao mínimo, e até mesmo fingir anular para que os sujeitos de troca contratual sejam tidos por seu compromisso, quer dizer, sejam comprometidos *em pessoa* na enunciação recíproca daquilo que juram lá eles mutuamente trocar. Sabe-se ao menos desde Benveniste que a estrutura discursiva de qualquer troca quer que cada um dos trocadores não receba nunca do outro mais que um sujeito do enunciado, não o próprio sujeito da enunciação. É a razão pela qual jamais se promete a alguém sem lhe prometer a traição da promessa, do mesmo modo que não se troca equivalentes objetivados no elemento qualificável dos valores de troca sem reproduzir a ambivalência que funda nas instâncias enunciativas da troca a desigualdade ou a assimetria da transação. E é do mesmo jeitinho no contrato salarial segundo Marx, repousando no equívoco entre o sujeito da enunciação operário como portador de força de trabalho, e o sujeito do enunciado operário com o qual tem de se haver o empregador, quer dizer, o uso ou o "consumo produtivo" que este último poderá fazer dessa força de trabalho. Mas é ainda esse mesmo equivoco que explora a escrita epistolar de Kafka, na qual a divisão do sujeito deixa de figurar apenas como condição geral de troca para se tornar nada menos que a carta ativa: nomeadamente uma divisão entre um sujeito da enunciação como instância-escriturário da carta (sua "forma de expressão") e um sujeito do enunciado como "forma de conteúdo no qual a carta fala (mesmo se *eu* falo de *mim...*)". Eis como nele é descrito "o uso perverso ou diabólico":

> Em vez do sujeito da enunciação se servir da carta para anunciar sua própria vinda, é o sujeito do enunciado que vai assumir todo um mo-

vimento tornado fictício e aparente. É o envio da carta, seu trajeto, o caminho e os gestos do carteiro, que substituem vir (de onde a importância do carteiro ou do mensageiro, que desdobra a si mesmo, como os dois mensageiros do Castelo, com roupas colantes como se fossem de papel). Exemplo de um amor verdadeiramente kafkiano: um homem se enrabicha de uma dona que ele só viu uma vez; toneladas de cartas; ele nunca pode "vir"; ele não deixa as cartas, numa mala; e no dia depois da ruptura, da última carta, voltando pra casa de noite no campo, esmaga o carteiro. A correspondência com Felice é cheia dessa impossibilidade de vir. É o fluxo de cartas que substitui a visão, a vinda. Kafka não deixa de escrever a Felice, tendo-a visto apenas uma única vez. Com todas suas forças ele quer lhe impor um pacto: que ela escreva duas vezes por dia. É esse o pacto diabólico. O pacto faustiano diabólico é haurido de uma fonte de força longínqua, contra a proximidade do contrato conjugal. *Primeiro enunciar*, e só rever depois ou em sonho: Kafka *vê* em sonho "toda a escada coberta de alto a baixo com uma espessa camada de suas páginas já lidas, [...] era um verdadeiro sonho de desejo" [*Cartas à Felice*, I, p. 117]. Desejo demente de escrever e de arrancar cartas do destinatário. O desejo de cartas consiste então nisso, a partir de um primeiro caráter: ele transfere o movimento sobre o sujeito do enunciado, confere ao sujeito do enunciado um movimento aparente, um movimento de papel, que poupa ao sujeito da enunciação qualquer movimento real.[3]

Trata-se de transformar a assinatura do contrato matrimonial em uma escrita epistolar que só relê o que ela separa e mantém à distância: a operação de uma síntese disjuntiva, *ainda que funcione aqui restrita* a duas posições do sujeito determinado pelo "processo" enunciativo em geral. Mas já sem essa forma limitada, essa mesma dualidade permite interiorizar a relação conjugal no próprio sujeito, fabricar um cogito epistolar que já é em si mesmo como um casal, sujeito da enunciação e sujeito de enunciado, mas para fazer da carta o próprio operador de sua separação e da distribuição assimétrica de seus respectivos movimentos. Pela proximidade exigida pela troca conjugal, substituir-se-á a troca de cartas que elas mesmas só religam os dois sujeitos entre os quais circulam acentuando a separação interna ao escriturário entre sujeito da enunciação e sujeito do enunciado, ou essa dis-

3. Gilles Deleuze e Félix Guattari, *Kafka: pour une littérature mineure*, op. cit., p. 56.

junção que a carta é em sua própria materialidade móvel, entre o movimento aparente que envia o primeiro como conteúdo desta carta (o "eu" do qual *ela* – a carta – "fala"), e reserva ao segundo o movimento real, quer dizer, o não movimento de sua reserva, em seu quarto, na sua cama, ou desse escritório de onde ele escreve já uma nova carta antecedendo a resposta àquela que ele acaba de enviar (duas cartas por dia, mas sempre um lance antecipado). A carta como objeto do desejo e ao mesmo tempo objeto de troca, opera aqui como síntese disjuntiva, que causa o desejo e que produz o processo de escrita como a realização da troca e o adiamento da troca.

Examinemos agora a maneira com que esse dispositivo formal de base se desdobra como uma dupla transformação dos dois limites do contrato jurídico-sexual kantiano: por um lado seu limite interior, ou antes, interiorizado pelo jogo da metáfora animal e feminina, metáfora domesticada e domesticante; por outro seu limite exterior, o de uma metonímia excessiva literalizada, "realizada" em uma oralidade devorante e consumidora.

Quanto à primeira, o fato é que o objeto *carta* permite, no agenciamento de desejo epistolar de Kafka, uma *inversão* da cena jurisprudencial kantiana. Em lugar da cena de fuga interrompida pelo embargo autorizado pelo direito pessoal de espécie real, a mão da dominação e da domesticação trazendo de volta ao lar, opor-se-á o pacto de escrita: escrita mais que pegar ou ser pêgo. É outro uso da mão, mas também outro uso do espaço como meio de exterioridade de uma distância tomada. No lugar da fuga ativa, inexoravelmente exposta a ser barrada e trazida de volta para a casa, opor-se-á a boa vontade de uma vinda vencida, ou pelo menos uma vinda diferenciada por uma lista de obstáculos, disposta em detalhe na própria carta, como tantos contornos e desvios, submetendo mesmo a possibilidade da aproximação física a constrangimentos ainda mais fortes, e de um formalismo ainda mais rigoroso que a própria norma jurídica. "O que é o mais profundo horror do sujeito da enunciação vai ser apresentado como um obstáculo exterior que o sujeito do enunciado, confiado à carta, se esforçaria por vencer a todo custo, mesmo se devesse aí perecer. Chama-se a isso Descrição de um combate". O horror kafkiano da conjugalidade é transferido pelo intérprete da carta em *uma topografia dos obstáculos* (onde ir? Como vir? Praga, Viena, Berlin?)",[4] que forma a substância do conteúdo correspondendo à distribuição assimétrica dos sujeitos da enunciação. Para a proximidade conjugal (seu comércio sexual), a distância contraconjugal que opera a síntese disjuntiva da carta constitui o *sujeito como a exteriorização* dessa mesma distância. Isso pode ser melhor escrito em termos hegelianos, tanto que o dispositivo kafkiano os vira de pernas pro ar: não é o objeto trocado que, como coisa exterior e separável, exterioriza a relação entre duas pessoas conferindo à sua vontade respectiva uma existência empírica imediata; é, ao contrário, o objeto que toma sobre si a interioridade da relação que ao mesmo tempo separa e religa, que projeta correlativamente uma vontade que não é mais que o mimo paródico de sua própria veleidade, e faz do sujeito a exteriorização dessa ligação contrastante, dessa relação que só religa sob a condição de separar, e que identifica o sujeito a essa distância ao mesmo tempo necessária para atravessar (para se reunir ao outro), impossível de atravessar (tanto os obstáculos são intransponíveis), inútil de atravessar (já que a carta já o fez – é indispensável que ela chegue à destinação!). De onde a curto--circuitagem epistolar do dispositivo jurídico-moral em condição de submeter a libido à lei conjugal: "a inocência do sujeito da enunciação, já que aí nada pode, e nada fez; a inocência do sujeito do enunciado, já que fez todo o possível; e até mesmo a inocência do terceiro, da destinatária (mesmo tu, Felice, és inocente)."

Mas se é assim, então não se foge. De fato, sequer é preciso, já que, ao contrário, se envia ao ser amado o sujeito do enunciado, esse duplo de papel encarregado de lhe explicar a topologia dos obstáculos propriamente fractais sobre um mapa virtual – o espaço da própria carta – em que dois pontos só podem ser

---

4. Gilles Deleuze e Félix Guattari, *Kafka: pour une littérature mineure*, op. cit., p. 57.

religados passando pelo desvio de um terceiro, mas que não se pode alcançar sem o desvio de um quarto etc., como numa linha de Koch, ou na estrada do Castelo em que só se consegue se aproximar vendo-o continuar longe.[5] É pouco dizer que o caminho do amor é tortuoso nesse drolático mapa do afetuoso, tão inocentemente preverso. Quando Sudhir Kakar pôs na roda a correspondência trocada entre Gandhi e uma de suas próximas colaboradoras, Madelaine Slade, aliás, Mira, a função que Gandhi parece dar à escrita epistolar choca por um uso da carta que faz analogia com o de Kafka. Encontra-se aí uma maneira de manipular o "quente-frio", todo de distância mantida e de controle na distância: fazer vir, fazer partir, manter distanciada fisicamente a correspondência e, no entanto, sujeitá-la a uma proximidade proclamada e incessantemente reafirmada na escrita das cartas.[6] Se Saul Friedländer pode religar tal agenciamento às motivações homossexuais que animam tanto a vida quanto a obra de Kafka, Kadar sugere quanto a Gandhi uma ligação dessa singular prática epistolar com a questão frequentemente tratada da feminilidade de Gandhi: sua posição "maternal", sua renúncia à sexualidade e à vida familiar, mas também sua paixão ciumenta violenta em que até ali ele experimenta para com sua própria mulher, corre-

---

5. É um dos traços mais humorísticos com os quais Deleuze e Guattari aproximam o uso kafkiano da carta àquele de Proust: "as topografias de obstáculos e as listas de condições são elevadas a grande altura por Proust, como funções da carta, a ponto de o destinatário não compreender mais se o autor deseja sua vinda, nunca desejada, a repulsa para atrair ou o inverso: a carta escapa a qualquer recognição, do tipo lembrança, sonho ou foto, tornando-se uma carta severa dos caminhos a tomar ou evitar, um plano de vida estritamente condicionado [...]. É evidentemente nas cartas a Sra. Strauss [...] Mas, mais ainda, nas cartas de Proust a seus jovens, abundam os obstáculos topográficos que concernem os lugares, e também que concernem as horas, os meios, os estados de espírito, as condições, as mudanças [...]". "Sois livres para fazerem o que bem entenderem, e se quiserem vir, não me escravam, mas telegrafem-me dizendo que já estão chegando, e se possível num trem que chegue em torno das seis da tarde, ou então entorno do fim de tarde, ou depois da janta, mas não muito tarde, e não antes das duas da tarde, pois gostaria de vos ver antes que qualquer pessoa os tenha visto. Mas vos explico tudo isso caso queiram..." (Gilles Deleuze e Félix Guattari, *Kafka: pour une littérature mineure*, op. cit., pp. 61-62 e nota 9.)

6. Sudhir Kakar, *Eros et imagination en Inde*, trad. fr. Cécile Delesalle. Paris: Des Femmes, 1990, pp. 185-189.

lacionando aqui ainda, como em Kafka, a escrita epistolar a um trabalho de transformação de uma pulsão de *empresa* e de dominação. O que adquiri em Gandhi um aspecto imediatamente político, fazendo da prática epistolar uma tentativa de *dominar a pulsão de dominação*, segundo uma torsão essencial ao problema da não violência. Mas sabe-se também que nele, esse problema está estreitamente ligado à dominação da pulsão num registro completamente diferente, pelo qual devia contornar códigos tradicionais de proscrições alimentares, e enriquecê-las com estupendas experimentações culinárias, em um empreendimento de contenção propriamente obsessivo, e até mesmo notavelmente violento, articulando o problema da dominação da pulsão de dominação a uma empresa radicalizada da *oralidade*. Para continuar com a carta kafkiana, é precisamente para o lado de seu agenciamento pulsional oral que é preciso se voltar brevemente; também nos deixa no mínimo com o queixo caído.

O fato é que o motivo antropofágico, que Kant identificava com o princípio do "gozo da carne", está longe de estar ausente em Kafka, como salientou Elias Canneti em sua edição das cartas à Felice. Só que ele entra por sua vez num regime disjuntivo, em uma relação contrastante com outra coisa que mantém sua carga libidinal diminuindo-lhe o pavor. Essa nova disjunção parece comandada pelo seguinte problema: o contrato conjugal não implica somente a promiscuidade, o comércio sexual e o perigo de sua extenuação *kannibalisch*; implica também falar. Falar, para se explicar, confessar ou se confiar, fazer confessar, pedir explicações, falar e fazer falar... A troca de palavras não parece um limite menos impossível e insuportável para Kafka, e em um sentido não menos radical uma morte do desejo. Em testemunha *a contrario* a fascinação inextrincavelmente burocrática, comercial e erótica de Kafka por todas essas maravilhosas "máquinas de escrever e falar" que surgem em sua época, fascinação a qual ele mesmo explicará em uma carta à Milena, mas que aparece já, e sob uma forma mais compulsiva, nas cartas à Felice. Esta, lembram Deleuze e Guattari, trabalhava em uma empresa de "falografos" da qual se tornou diretora:

> Kafka é assaltado de uma febre de conselhos e de proposições, para colocar os falografos nos hotéis, nos escritórios de correio, nos trens, nos barcos e nos zepelins, e para combiná-los com máquinas de escrever, com "praxinoscopios", com o telefone... Kafka está manifestamente encantado, pensa assim consolar Felice que tem vontade de chorar, "sacrifico minhas noites com teus assuntos, responda-me de forma detalhada..." Com um grande élan comercial e técnico, Kafka quer introduzir a série de invenções diabólicas na boa série das invenções benéficas.[7]

De fato "Kafka distingue duas séries de invenções técnicas: as que tendem a reestabelecer "relações naturais" triunfando sobre as distâncias e aproximando os homens (o trem, o carro, o aeroplano), e aquelas que representam a revanche vampírica do fantasma ou reintroduzem "o fantasmático entre os homens" (o correio, o telégrafo, o telefone sem fio)".[8] Como a carta objeto do desejo se insere nessa operação? Ou como combina seu agenciamento "perverso" com a articulação dessas duas séries técnicas e pulsionais? Observemos ao menos que temos aí a inversão, no plano oral, do que operava a carta em sua gerência da divisão sujeito da enunciação/sujeito do enunciado. A carta exaltava um movimento fictício ou aparente do sujeito do enunciado; a "máquina de falar" virtualiza, desrealiza ou "fantasmatiza" o próprio sujeito da enunciação. Mas então tudo se passa como se a oralidade se tornasse de repente disponível para algo diferente de falar, na carta, pelas cartas, e para poder escrever cartas: o que Cannetti tinha identificado (e o que esclareceu um estudo

---

7. Gilles Deleuze e Félix Guattari, *Kafka, pour une littérature mineure*, op. cit., p. 55, nota 5, citando Franz Kafka, *Lettres à Felice*, I. Paris: Gallimard, pp. 297-300.
8. Gilles Deleuze e Félix Guattari, *Kafka, pour une littérature mineure*, op. cit., p. 56.

mais recente sobre as fontes dos contos e folclores fantásticos de Kafka)[9] em seu móvel *vampírico* – "um vampirismo epistolar". Citemos uma derradeira vez Deleuze e Guattari sobre esse ponto:

> Drácula, o vegetariano, o jejuador que suga o sangue dos humanos carnívoros, tem seu castelo não muito longe. Tem um Chupa-cabra em Kafka, um Drácula por cartas, as cartas são o mesmo que morcegos. Ele vela durante a noite, e de dia se fecha em seu escritório-caixão: "A noite não é bastante noturna..." Quando imagina um beijo, é aquele de Gregório que sobe até o pescoço nu de sua irmã, ou aquele de K à Iaiá Bürstner, como de um "animal sedento que se lança às linguadas sobre a fonte que acabou de descobrir". À Felice, Kafka se descreve sem vergonha nem gozação como extraordinariamente magro, tendo necessidade de sangue (meu coração "é tão fraco que não chega a impulsionar o sangue em toda a extensão das pernas"). Kafka-Drácula tem sua linha de fuga em seu quarto, na sua cama, e sua fonte de força longínqua no que as cartas vão lhe trazer. Só teme duas coisas, a cruz da família e o alho da conjugalidade. As cartas devem lhe trazer sangue, e o sangue lhe dar força para criar. De modo algum busca uma inspiração feminina, nem uma proteção maternal, mas uma força física para escrever [...] Um fluxo de cartas para um fluxo sanguíneo. Desde o primeiro encontro com Felice, Kafka vegetariano é atraído por seus braços musculosos, ricos em sangue, assustado por seus grandes dentes carniceiros; Felice tem o sentimento de um perigo, já que garante comer como um passarinho. Mas, de sua contemplação, Kafka toma a decisão de escrever, de escrever muito a Felice.[10]

Seria tentador pacas, ao termo dessa dupla transformação dos dois limites identificados no dispositivo jurídico-perverso da conjugalidade kantiana, considerar que é por este segundo polo, o de uma oralidade tornada vampírica enquanto o vampirismo se passa inteiramente na troca entre a escrita de cartas anoréxicas e a recepção de cartas sanguíneas, que levou o mais longe a subversão do primeiro limite encontrado em Kant, quer dizer, o problema da metáfora animal. Isso exigirá um exame mais detalhado do impasse ao qual Kafka acaba de se expor, segundo Deleuze e

---

9. Patrick Bridgwater, *Kafka. Gothic and Fairytale*, Amsterdam/New York, Editions Rodopi B. V., 2003, pp. 140-141, 164-168.
10. Gilles Deleuze e Félix Guattari, *Kafka, pour une littérature mineure*, op. cit., p. 54.

Guattari, por seu próprio procedimento epistolar, arriscando cair no mundéu do fluxo de cartas que suscita em troca, e por não ter transformado humoristicamente o sentimento de culpabilidade que por se encontrar fechado em uma repetição mais mortífera ainda, a de um julgamento interminável, através da carta ao pai, mas também as cartas à Felice que "voltam em 'Processo no Hotel', com todo um tribunal, família, amigos, defesa, acusação";[11] enfim e sobretudo o novo objeto que permitirá sair desse impasse, deslocando o procedimento ainda imaginário da divisão epistolar dos sujeitos da enunciação e do enunciado para um novo agenciamento conectado ao *real* de uma metamorfose: o animal como objeto das novelas, ou antes como o objeto do desejo tal como o devir-animal agindo nas novelas permite, ali onde essa espécie de resistência passiva ou inocentemente perversa da distância epistolar se fecharia em impasse, abrir uma saída desta vez ativa: "diferente das cartas, o devir-animal nada deixa subsistir da dualidade de um sujeito da enunciação e de um sujeito do enunciado, mas constitui um único e mesmo processo, um único e mesmo *processus*" de metamorfose (no sentido em que "não há como distinguir os casos onde um animal é considerado em si mesmo e os casos onde há metamorfose; tudo no animal é metamorfose, e a metamorfose está em um mesmo circuito devir-homem do animal e devir-animal do homem")[12]:

> É que a metamorfose é como a conjunção de duas desterritorializações, a que o homem impõe ao animal forçando-o a fugir ou escravizando-

11. Gilles Deleuze e Félix Guattari, *Kafka: pour une littérature mineure*, op. cit., p. 60: "Kafka tem desde o início o pressentimento, já que escreve o Veredito ao mesmo tempo em que começa as cartas à Felice. Pois o Veredito é o grande medo que uma máquina de cartas pegue o autor na arapuca: o pai começa por negar que o destinatário, o amigo de Russie, existe; depois reconhece sua existência, mas para revelar que o amigo não deixou de lhe escrever, a ele pai, para denunciar a traição do filho (o fluxo das cartas muda de direção, se volta contra...). 'Tuas cartinhas sebentas...' A 'cartinha sebenta' do funcionário Sortini, no Castelo... [...] Ele para quem as cartas eram uma peça indispensável, uma instigação positiva (não negativa) de escrever plenamente, se encontra sem vontade de escrever, todos os membros quebrados pela arapuca que precisou se fechar. A fórmula 'diabólica em toda inocência' não foi suficiente."

12. Gilles Deleuze e Félix Guattari, *Kafka: pour une littérature mineure*, op. cit., p. 64.

-o, mas também a que o animal propõe ao homem, indicando-lhe as soluções ou os meios de fuga nos quais o homem jamais teria pensado sozinho (a fuga esquizofrênica); cada uma das duas desterritorializações é imanente à outra, precipita a outra, e lhe faz transpor um limiar...[13].

Evitando delongas sobre a introdução em 1975 do problema do devir-animal, digamos que todo o problema nessa data, para Deleuze e Guattari, é saber até que ponto esse devir-animal pode ser desolidarizado do modelo da troca, como paradigma ao mesmo tempo jurídico (sob a forma contratual), comercial (sob seu princípio de equivalência generalizada), conjugal (sob sua função normalizadora, jurídico-moral e edipiana), e em última análise semiológica (sob a divisão ou o redobramento-rebatimento especular do sujeito da enunciação e do sujeito do enunciado). Limitaria-me aqui, tendo ainda em mente a metáfora animaleira e doméstica apontada no texto kantiano, de lembrar a maneira com que, seguindo o apontamento proposto por Deleuze e Guattari, se definirá em Kafka o impasse do próprio devir-animal, que é a causa, a seus olhos, da forma inacabada das novelas, ou, ao contrário, de sua transformação em outros agenciamentos de escrita característicos dos romances – romances ilimitados, logo inacabados eles também, mas desta vez por outra razão, positiva, e onde os devires-animais quase não aparecem mais. "As cartas tinham a se temer um refluxo dirigido contra o sujeito da enunciação; as novelas deparam-se por sua conta a um sem-saída da saída animal, a um impasse da linha de fuga".[14] A razão disso seria, explicam Deleuze e Guattari, que o devir animal não deixa de ser atravessado por dois "polos igualmente reais, um polo propriamente animal e um polo familiar", ou ainda um polo *metamórfico* e um polo *metafórico*, entre os quais o próprio animal oscila como "entre seu próprio devir inumano e uma familiarização demasiado humana", à maneira de Gregório Samsa; "a metamorfose de Gregório é a história de uma re-edipianização que o leva à morte,

---

13. Ibid.

14. Gilles Deleuze e Félix Guattari, *Kafka: pour une littérature mineure*, op. cit., p. 66.

que faz de seu devir animal um devir-morte. [...] É apenas deste ponto de vista que a metáfora, com todo seu cortejo antropocentrista, arrisca reintroduzir-se".[15] Todos os elementos levantados na ocasião do texto kantiano estão aí: a linha de fuga *real* levada por uma figura animal que não tem mais existência para o sujeito que *metafórica*; o rebatimento do próprio sujeito na cena *doméstica* conjugal ou familiar; o esvaziamento do desejo na cena mortífera de uma repetição voltando ao vazio. Tudo o que o agenciamento epistolar do desejo kafkiano já buscava justamente conjurar. E, no entanto, é nesse ponto preciso que se podem medir os efeitos do esclarecimento embasbacante vindo da antropologia ameríndia sobre a problemática do devir-animal, para compreender como, em *Mil platôs*, esta última se verá livre dos limites que a inibiam ainda em 1975 –, e é justo nesse ponto que se pode medi-las *sem, no entanto, renunciar* à investigação esquizoanalítica dos agenciamentos pulsionais, ou dessa "*engineering* micropolítica" de uma sexualidade diretamente comprometida com as formas jurídicas, institucionais, sócio-históricas, que constituíam a trama comum de *O Anti-Édipo* e de *Kafka: por uma literatura menor*. Em outras palavras, sem impor uma escolha binária entre uma leitura (contra)psicanalítica e uma leitura (contra)antropológica do devir-animal, mas deixando aberta, ao contrário, a questão da contribuição da antropologia a esta reutilização experimental do campo psicanalítico que nomeia a esquizoanálise.

Limitaria-me então, para arrematar, a ciscar alguns indícios me escorando em alguns textos de antropólogos amazonistas,[16] atolado de inocente incompetência para apostar que seus efeitos de transformação dos dois eixos metafóricos e metonímicos res-

---

15. Ibid.

16. Notadamente Anne-Christine. Taylor, "Le sexe de la proie. Représentations jivaro du lien de parenté", *L'Homme*. Question de parenté. Le corps en héritage, n. 154-155, abr.-set., 2000, pp. 309-334; e Anne-Christine Taylor, "Corps, sexe et parenté: une perspective amazonienne" in Irène Théry e Pascale Bonnemère (dirs.), *Ce que le genre fait aux personnes*. Paris: Éditions de l'Ecole des Hautes Études en Sciences Sociales, 2008. Voir aussi Philippe Descola, "The genres of gender: local models and global paradigms in the comparison of Amazonia and Melanesia", in Donald Tuzin e Thomas Gregor (eds.), *Gender in Melanesia and Amazonia: An exploration of the comparative method*. Berkeley: University of

gatados em Kant e Kafka se farão suficientemente entender por si só quando submetidos a um conceito de afinidade potencial, e quando este, reciprocamente, é avaliado à luz da fórmula esquizoanalítica da sexuação, que O *Anti-Édipo* chamava os "n-sexos" de um "sexo não humano".

***

Repartamos do primeiro motivo resgatado em nossa leitura da doutrina kantiana do direito conjugal, o de uma orientação da jurisdicização do sexo no sentido de sua subordinação às linhas metafóricas da domesticação e da domesticidade, ou de sua inscrição na metaforização recíproca da animalidade e da feminilidade. Os antropólogos ameríndios analisaram uma questão próxima desse motivo sob o tema da domesticação (Erikson) e da familiarização (Taylor). A abordagem desse tema por Philippe Erikson nos dará um ponto de partida que é tanto mais útil por propor uma interpretação por si mesma metafórica, ou se preferirmos, analógica e totêmica. O desvio julgado pertinente, *desse ponto de vista*, é aquele que chamaria junto contraditoriamente "a ideologia amazônica onde prima a noção de reciprocidade", e a centralidade da predação frequentemente ressaltada no pensamento amazônico, instaurando uma assimetria essencial à imagem trófica que atravessa esse esquema predatório como dimensão basal da relação com outrem. É no patamar dos meios utilizados pelos amazonistas para reduzir essa contradição que Erikson analisa o papel da instituição dos *animais familiares* (xerimbabos) que sua posição de complementariedade semântica com a caça articula em um sistema analógico permitindo religar duas não relações (ou duas relações excluindo a reciprocidade) pelo intermédio de duas relações (recíprocas): a relação de amansamento é para a (não)relação de predação o que a relação de consanguinidade é

California Press, 2001; e Philippe Erikson, "De l'apprivoisement à l'approvisionnement: chasse, alliance et familiarisation en Amazonie amérindienne", *Techniques & Culture*, n. 9, 1987, pp. 105-140. URL: *http://tc.revues.org/867*.

para a (não)relação de afinidade.[17] Se deixamos de lado por um instante a questão de se saber porque aqui é privilegiado o contraste xerimbabo/caça, antes que o contraste xerimbabo/predador (o primeiro parecendo uma versão já neutralizada do segundo, precisamente sua versão capturada e domesticada que ao mesmo tempo o familiariza – tornando-o congênere – e o familiarisa – inscrevendo-o como parente), pode-se contentar-se com os seguintes elementos de descrição. Primeiro:

> [...] as espécies amansadas e as espécies caçadas são no mais das vezes idênticas. Concretamente, na maioria dos casos, os animais amansados foram trazidos pelo caçador que lhes matou a mãe. Na sequência o animalzinho costuma-se dar à esposa do caçador que aleita os mamíferos e dá de comer no bico dos passarinhos. Realmente, homens, mulheres, caça e xerimbabos parecem então estar "em distribuição compelementar".[18]

Se os homens e sobretudo as crianças podem igualmente ter xerimbabos, estes últimos são idealmente a "possessão" das mulheres. Significativamente os cachorros são associados aos homens, não são "domesticados" no mesmo sentido, e não entra na definição indígena de "xerimbabo". É que longe de ser trazido da caça, o cachorro é encarado como caçador, e fica por esse viés preso à relação predatória que a familiarização tende justamente a enfraquecer.[19] Ou então a "complementariedade" representável em extensão pela dupla analogia: trazido da caça/partido para a caça – mulheres/homens – xerimbabo/animal caçador (cachorro). Quanto à relação animal caçado/amansado, é também de continuidade e inversão, acusando seu contraste mais que suas similitudes, fazendo do amansamento um processo de alteração que, em face de sua "contrapartida selvagem" o animal cativo pode acabar até mesmo levando um nome completamente

---

17. Philippe Erikson, "De l'apprivoisement à l'approvisionnement: chasse, alliance et familiarisation en Amazonie amérindienne", *Techniques & Culture*, n. 9, 1987, pp. 105-140. URL: http://tc.revues.org/867.

18. Ibid., p. 106.

19. Ibid., p. 106, nota 2.

diferente daquele de sua espécie de origem (o papagaio *kule* virando *palakut*, o saitauá *ka'i* virando *maja*...). Mas essa alteração é relativa e subordinada a relações de simetria entre animais amansados e caça, que se encontra na analogia simbólica: "os animais amansados são para as mulheres o que a caça é para os homens [...], xerimbabos e caça se opõe(m) e se completa(m) como os sexos aos quais estão associados...)."[20]

Enfim parecemos ter menos uma aplicação particular de uma estrutura analógica de tipo "totêmica", que o pressuposto doméstico do próprio totemismo. Lembre-se o famoso exemplo utilizado por Lévi-Strauss, aquele dos Bororo se proclamando Araras frente aos Trumai, para ilustrar esse analogismo do "pensamento selvagem" como:

> [...] a conexão entre a relação do homem com a natureza e a caracterização dos grupos sociais, que Boas estima contingente e arbitrária, não parece como tal porque a ligação real entre as duas ordens é indireta, e que passa pelo espírito. Esta postula uma homologia nem tanto no miolo do sistema denotativo, mas entre os intervalos diferenciais que existem, por um lado entre a espécie x e a espécie y, por outro lado entre o clã a e o clã b.[21]

O importante no exemplo levi-straussiano, comentou Frédéric Keck:

> [...] não é que os Bororo afirmam que são Arara, mas que os Bororo *se vangloriam* diante dos Trumai por serem Araras, enquanto os Trumai não são mais que animais aquáticos (os Trumai são uma sociedade vizinha dos Bororo, que vivem perto do rio Xingu, e que possuem uma estrutura social menos elaborada). Em outras palavras, o enunciado em questão não comporta dois termos, mas quatro: "Os *Bororo são para os Trumai o que são as Araras para os animais aquáticos*." Não toma seu sentido no interior de uma sociedade unificada que se refletiria na unidade de um animal-totem, mas na divisão fundamental da humanidade em dois clãs rivais.[22]

---

20. Ibid., p. 107.
21. Claude Lévi-Strauss, *Le totémisme aujourd'hui*. Paris: PUF, 1962, p. 22; cf. Claude Lévi-Strauss, 1964, p. 44.
22. "De modo que é falso afirmar que os Bororo ignorem o princípio de não contradição quando dizem que são Araras, pois os Bororo sabem muito bem que não são Trumai, e

Mas o importante, do ponto de vista que nos ocupa, está noutro canto: no fato que os Bororo vão buscar filhotes de araras, não apenas para lhes pegar o nome, mas além de sua carne saborosa, porque os pegam pra xerimbabo. Se se poderia perguntar, "analogicamente" de modo justo, se a descrição de Erikson não é conduzida totalmente *do ponto de vista do amansamento*, quer dizer, do ponto de vista da familiarização que condiciona a reconstrução da dupla relação entre humanos e animais e entre homens e mulheres (através da dupla relação de caça e amansamento) como uma relação de analogia orientada teleologicamente para um ideal de reciprocidade.[23]

As coisas se mostram diferentes pra chuchu se as encaramos do ponto de vista do *outro* vetor identificado em Kant sob o registro trófico de uma sexualidade antropófaga – hiperbolicamente metonímica e não mais metafórica, contranatura antes que doméstica ou domesticante –, e se imaginar-se esse vetor mesminho em uma série de transformações, na qual não seria mais que uma variante, do esquema predatório da alteridade resgatado pelos

que mais vale ser Bororo (logo, uma Arara) que um Trumai (logo, um animal aquático)" (Frédérick Keck, "'Les Bororo sont des Araras': essai d'analyse d'un cas de 'logique primitive' " in Pierre Macherey, *Groupe de travail La Philosophie au sens large*, 5 maio 2004.).
23. "O problema colocado pela caça é que, contrariamente às alianças entre humanos em que a reciprocidade é de regra, [ela é] uma aliança sem contrapartida, onde reina a enganação. Excetuada a morte, a relação não leva a nada, nem à contraprestação, nem à filiação [...] poder-se-ia dizer dessa aliança unilateral e letal que é contranatura." (Philippe Erikson, op. cit., p. 113.) Os tratamentos nos quais os animais familiares são os atores concerne, em última análise, às relações arriscadas que a caça induz entre os caçadores e os espíritos protetores dos animais: o amansamento mostrava-se assim, para Erikson, como um "meio de paliar a ausência de reciprocidade" na caça ("se a caça vem envenenar as relações entre humanos e os donos das caças, os xerimbabos são uma sorte de antídoto. A maneira com que são tratadas e seu estatuto testemunham: são mimados, alimentados, e considerados como verdadeiros filhos daqueles que os criam. Assim, a consanguinidade assegura a continuidade da afinidade, pela violência cede para a afeição, e o homem nutre o animal em vez de acontecer o contrário". Ibid., p. 117). Se "a troca, a aliança e a predação devolvem um ao outro" (como se observa entre os Tatuyo: ibid., p. 112), é que em tudo isso se trata, conclui Erikson, de refazer da aliança "o modelo geral da caça na Amazônia" (Ibid., p. 111). O esquema da afinidade potencial o qual será questão aqui conduziria a dizer exatamente o contrário: o modelo predatório vem antes, e repousa sobre relações de afinidade que a aliança atualiza (e despotencializa) inscrevendo-o no jogo de uma troca na qual o modelo é tanto o parentesco como a consanguinidade.

antropólogos amazonistas sob o *conceito intensivo de afinidade potencial*. Um conceito intensivo: quer dizer, que subordina o jogo binário da reciprocidade e de sua ausência (a "falta", o déficit da reciprocidade legível como o "falho" de um equilíbrio analógico ideal) no jogo de englobamento ou de envolvimento de relações assimétricas que incluem a reciprocidade como o simples limite pessimal de uma relação despotencializada que não "produz" nada, ou nada "passa" nem "se passa". É nessas novas condições que, por exemplo, Anne-Christine Taylor lembra:

> De fato, os ritos guerreiros amazônicos oferecem inumeráveis ilustrações da sobreposição entre relação de sexo cruzada e relação congênere/inimigo, as mulheres (ou algumas mulheres) têm o posto de inimigos (masculino), ou então sustentam o posto de homem congênere enquanto os homens fazem a função de mulheres inimigas. A relação entre as duas oposições – homens/mulheres e congêneres/não humanos – é instável, a primeira por vezes subsumindo a segunda enquanto que em outros momentos é o inverso. No entanto, como já mostrou Philippe Descola, a curvatura geral dos sistemas amazônicos de relações sociais atesta o caráter englobante da oposição entre afins e consanguíneos, mais geralmente entre congêneres e não humanos, aquela entre sexos operando de maneira claramente mais circunscrita.[24]

É o ponto justo em que se pode atestar a inversão que opera a subcodificação ocidental da diferença antropológica humana/não humana *pela diferença sexual* (tanto mais controlada e sobreinvestida discursivamente – politicamente, cientificamente, juridicamente, moralmente... – quanto mais justamente sobredeterminante): "para nós" a oposição entre os sexos se torna a oposição englobante, da qual depende a oposição congêneres/não humanos ou a oposição afins/consanguíneos (quer dizer, tornando impossível uma relação com afins potenciais que não sejam já pré--codificados ou pré-atualizados no jogo de oposição binária dos

---

24. Anne-Christine Taylor, "Corps, sexe et parenté: une perspective amazonienne", op. cit., p. 99. Ver Eduardo Viveiros de Castro, "GUT feelings in Amazonia: Potential affinity and the construction of sociality" in Laura Rival e Neil Whitehead (dirs), *Beyond the Visible and he Material: The Amerindianization of Society in the Work of Peter Rivière*. Oxford: Oxford University Press, pp. 19-43.

sexos, ou que não pressuponha já um rebatimento das multiplicidades afins-virtuais da sexualidade sobre a máquina binária do sexo m/f). Todavia, a última frase da citação precedente parece prejulgar o que precisamente está em questão: identifica de saída "a oposição entre os sexos" ao registro conjugalizante – familiar, social, antropocêntrico – da própria consanguinidade, ali onde o caráter englobante do contraste afins/consanguíneos deveria levantar em contrapartida o problema de saber *o que faz a afinidade ao sexo*. A começar pelo problema de saber se "a oposição entre os sexos" (supostamente dois, admite-se ao menos por hábito) já não testemunha por si só a fragilidade desta "circunscrição" do campo da sexualidade. Mais vale então retomar o problema da maneira com que o colocaram Viveiros de Castro e Carlos Fausto para sublinhar a mudança radical de problemática resgatada a partir dos anos 1980 pela categoria de afinidade potencial:

> Uma fratura atravessa o domínio da afinidade nos sistemas amazônicos. O mundo dos afins apresenta um quiasma que o divide em duas regiões simétricas e inversas: por um lado, vemos nele afins sem afinidade, por outro lado, a afinidade sem afins. Os termos e as relações divergem, isolados por uma linha análoga àquela que separa o ato da potência. De um lado, a afinidade efetiva é atraída pela consanguinidade: pela endogamia local, a troca simétrica reiterada, as alianças avunculares e patrilaterais, as ficções de prescrição, a teknonímia consaguinizante, as ideologias da cognação e da consubstancialidade conjugal, as preferências matrimoniais expressas em termos de proximidade genealógica. A afinidade se reduz aos afins. Por outro lado, a afinidade potencial abre a introversão do parentesco ao comércio com o exterior, no mito e na escatologia, na guerra e no rito funerário, nos modos imaginários do sexo sem afinidade ou de afinidade sem sexo. Ela se condensa em uma pura relação articulando precisamente os termos que não *são religados pelo casamento*. O afim verdadeiro é aquele com o qual se troca não mulheres, mas outras coisas: mortos e ritos, nomes e bens, almas e cabeças. O afim efetivo constitui sua versão empobrecida e local, contaminada realmente ou virtualmente pela consanguinidade; o afim potencial é o afim global, genérico e prototípico. A afinidade potencial é definitivamente a esfera onde o parentesco como estrutura conhece seus limites de totalização.[25]

25. Eduardo Viveiros de Castro e Carlos Fausto, "La puissance et l'acte. La parenté dans

Em tudo isso, como sublinham Viveiros de Castro e Fausto, a afinidade potencial não é de modo algum "uma simples ilustração do princípio lévi-straussiano da aliança como instauradora da Sociedade". Ela é dele o *avesso* e o *fora*: o avesso da estrutura sociosimbólica do parentesco, de troca matrimonial e da conjugalização sexual. Tanto que é erigida como instância instauradora da Sociedade, a aliança só convoca "julgamentos prescritivos da afinidade cognática, em que o casamento não faz nada além de atualizar o que já está dado": interditos, normas prescritivas ou "preferenciais" só funcionam aqui num uso "analítico" que só requer – ou só tolera – a afinidade em sua relação de complementariedade inversa com uma consanguinidade como polo de *identidade* ideal do "grupo", e lhe dando seu conteúdo "efetivo" matrimonial. Somente quando os antropólogos se dão conta que o casamento não é objeto de uma ritualização particularmente acentuada em muitos coletivos amazônicos, é para insistir, em revanche, sobre a atenção contínua que se faz objeto em seguida a vida do casal, sobreinvestida como uma tarefa perpétua de consanguinização dos cônjuges, quer dizer, de neutralização dos perigos dessa dimensão afim da racionalidade que forma dela, ao mesmo tempo, como diria um desconstrucionista, a condição de possibilidade *e* a condição de impossibilidade: esta afinidade potencial que a conjugalidade supõe, mas que só pode atualizar suprimindo tendencialmente, e sem a qual, no entanto, ela seria impossível.[26]

les basses terres d'Amérique du Sud", *L'Homme*, La remontée de l'Amazone, , v. 33, n. 126-128. 1993, pp. 141-170 e pp. 149-150 para este trecho. Ver igualmente Eduardo Viveiros de Castro, "GUT feelings in Amazonia", op. cit.

26. "Tudo se passa assim como se nós tivéssemos, por um lado, o parentesco (consanguinidade mais afinidade), e, por outro lado, a afinidade potencial. Figura que surge do estatuto problemático da aliança e dela exprime uma contradição fundamental: de tanto domar a afinidade dividindo-a entre o poder e o ato, as sociedades ameríndias acabam por produzir uma afinidade pura que assume o valor de termo não marcado, limitando o parentesco na própria medida em que este se localiza e cria em torno dele uma afinidade generalizada. É o caso por exemplo da contradição piaroa analisada por Overing Kaplan (1975, 1984), em que as mônadas locais se constituem pela aliança endógama, mas onde a afinidade "não existe" pois é projetada para o exterior, ao plano supralocal, e atribuída mitologicamente às origens selvagens da cultura. O verdadeiro afim não é aqui o afim real, mas antes o estrangeiro canibal, não domesticado pela troca simétrica e repetida

O que isso primeiramente nos mostra, é que "os limites do parentesco não são estabelecidos pelo parentesco", ou como dizia O *Anti-Édipo*, que "a família não engendra seus cortes. As famílias são cortadas de cortes que não são familiais"[27] (se não precisamente na forma da subjetivação edipiana como "limite deslocado e interiorizado")[28]. Mas é fazer ressaltar, mais essencialmente, que a diferença entre consanguinidade e afinidade é tipicamente uma diferença intensiva, assimétrica (e talvez mais próxima, nesse sentido, da maneira com que a psicanálise buscou pensar a diferença dos sexos que do modelo de reciprocidade da troca simbólica): uma diferença de diferenças, uma diferença entre dois regimes ou duas maneiras de "fazer a diferença". Num sentido, todo o "poder" da diferença é trazido pelo polo da afinidade, que a determina imediatamente sob o esquema da incorporação predatória, guerreira e canibal. Pois não é a diferença que determina a predação, mas, ao inverso, a predação que determina conceitualmente a diferença, como diferença de potencial ou diferencial de potência predador-presa, comedor-comido etc. Sob esta perspectiva, o outro polo – de consanguinização e "parentalização", familiarização e familialização – se organiza por uma *despotencialização* da afinidade (é antes por um jocoso eufemismo que Erikson descrevia o amansamento como um "processo de

que, produzindo afinidade, engendra a consanguinidade. Lembremos também o caso dos Tupinambá, em que o cunhado ideal é o inimigo cativo, casado no grupo de seus raptores antes do sacrifício canibal. Entre a preferência avuncular da sociedade tupinambá e esse simulacro ritual de exogamia ao qual se submetem a vítima e seus raptores, a afinidade desaparece, esquartejada entre dois extremos: o canibalismo (literal, contra os afins metafóricos) e o incesto (metonímico, com a filha da irmã)." (Eduardo Viveiros de Castro e Carlos Fausto, "La puissance et l'acte", op. cit., pp. 149-150).

27. Gilles Deleuze e Félix Guattari, *L'Anti-Œdipe*, op. cit., p. 119.

28. Por mais que o capitalismo tenha necessidade de interiorizar seu próprio limite, "restringindo-o, fazendo-o passar não mais entre a produção social e a produção desejante que dela se desprende, mas no interior da produção social, entre a forma da reprodução social e a forma de uma reprodução familial sobre a qual esta se rebate, entre o conjunto social e o subconjunto privado ao qual este se aplica. Édipo é esse limite deslocado ou interiorizado, o desejo aí se deixa pegar. O triângulo edipiano é a territorialidade íntima e privada que corresponde a todos os esforços de reterritorialização social do capitalismo. Limite deslocado, já que é o representante deslocado do desejo, tal como sempre foi Édipo para qualquer formação" (Ibid., p. 321).

alteração", salvo entendendo-o como uma alteração da própria alteridade, quer dizer, sua redução ao mesmo), sua codificação numa linguagem consanguinizada da aliança matrimonial e parental permitindo desarmar relativamente, de maneira sempre limitada e precária, o diferencial predatório que envolve qualquer diferença afim. Até mesmo nas alianças conjugais a diferença dos sexos não é mantida sem reintroduzir em seu seio a diferencial predatória da afinidade potencial.[29] Mas é precisamente aí que está a bronca toda: como essa diferença intensiva se instancia nas relações entre os sexos – ou segundo a formulação de Fausto e Viveiros de Castro, como se articulam sinteticamente (e disjuntivamente) o "sexo sem afinidade" do parentesco ideal (plenamente consanguinizado) e "a afinidade sem sexo da racionalidade ideal (com o Outro real ou o Real como outro – inimigo, presa, não humano)? Ou ainda, para começar a aproximar esse problema da formulação esquizoanalítica da sexuação: como se passa da "afinidade sem sexo" ao "sexo sem afinidade" da instituição sociofamiliar (o parentesco e sua "ordem simbólica"), e sobretudo como a primeira continua a trabalhar nessa sexualidade desafinizada (domesticada, familializada, socializada, antropologizada) – senão precisamente sob a forma de uma afinização de uma sexualidade ela mesma repotencializada fora das coordenadas domésticas (antropocêntricas, sociais, familiais), tais n-sexos da própria afinidade potencial (logo, um sexo não humano, ele próprio contranatura, improdutivo, antirreprodutivo, associal e a-familiar)?

É aqui que assume toda sua importância esse conjunto de operações de "familiarização" (onde é preciso entender ao mesmo tempo a redução da estranheza, e a familialização na linguagem de uma consanguinização tendencial), ou a atenuação intensiva da predação para com as formas enfraquecidas e metaforizadas da incorporação: o comércio sexual, a sedução, a adoção, como modalidades de um amansamento convertendo a alteridade in-

---

29. Encontrar-se-á uma formidável ilustração na análise por Bruce Albert dos rituais de reclusão pubertária conjugal nos Ianomâmis: *Temps du sang, temps des cendres*, cap. XIII, "Homicide et menstruation: écoulement du sang, écoulement du temps", p. 570 e seguintes.

tensiva do afim potencial em um afim atual, quer dizer, como parente e como semelhante. Modalidades pelas quais o sexo tende a se identificar com uma relação "analiticamente dedutível" do que se dá nas relações de parentesco, e para dizê-lo inversamente, pelos quais a sexualidade perde seu poder sintético de afinização. Seguindo esse vetor, sublinha A.-C. Taylor, a relacionalidade tende para uma relação de identificação, quer dizer, para a similitude como não relação, grau zero ou limite da relacionalidade (os próprios corpos dos esposos são ditos tornar-se semelhantes). É nesse sentido que sugeria precedentemente que esse vetor é também aquele que faz passar do excesso metonímico – da devoração, ao jogo representacional da metáfora como domesticação, familiarização e familialização do sentido: "a socialização, e sobretudo a comensalidade, permitem 'familiarizar' os não humanos, quer sejam espíritos, inimigos ou animais; familiarizar no sentido próprio do termo, quer dizer, transformar em congênere, outro termo para designar um parente", o que passa não somente por tecnonímias complexas de parentalização, mas por uma domesticação propriamente corporal, esta domesticação, socializando Outrem (o afim), conferindo-lhe uma corporeidade tendencialmente idêntica àquela de seu novo coletivo de pertencimento.[30] Inversamente "a doença ou a morte são frequentemente atribuídas à ação atrativa da sociedade dos mortos ou dos coletivos dos animais de caça, que capturam os humanos para lhes familiarizar e substituir seus congêneres abatidos".[31] Em todos os casos as

---

30. Anne-Christine Taylor, "Corps, sexe et parénté: une perspective amazonienne", op. cit., p. 97.

31. Ibid. De onde, ainda por esse viés, a importância do polo oral-alimentar em sua feitura domesticante do corpo: "Os seres animados [...] definem-se por uma apetência pela relação, pulsão cuja forma sensível primeira é o desejo de incorporação. O regime alimentar impõe-se desde então como o esquema fundamental da relação em geral, e constitui o primeiro critério de classificação dos seres: ou Outrem come como Ego e com ele, ou está cara a cara com o Ego em posição de presa a se consumir ou então de predator. Isso explica o lugar considerável que têm as proibições e as prescrições alimentares nas culturas amazônicas, mais largamente a importância dada às "maneiras à mesa" e às nuanças da comensalidade. É pela maneira de oferecer (ou de recusar) o alimento que se exprime e que se mede a natureza e a intensidade dos sentimentos; é alimentando os

práticas de domesticação metafórica e de metaforização doméstica permitem "relações entre dois sujeitos não congêneres [que] sobresaiam sempre ao esquema geral da predação", "tomar uma forma de incorporação não assassina, seja por consumação erótica, seja, ou ao mesmo tempo, por amansamento/adoção. Essa modalidade "adocicada" de predação se orienta para a identificação progressiva dos termos da relação, de maneira que Ego e Alter se tornam eventualmente semelhantes – quer se trate de cônjuges (segundo os índios Jivaro do Brasil, os esposos acabam por se assemelhar fisicamente) ou de índios sujeitados e seus patrões mestiços".[32] Mas logo esse vetor se torna inevitavelmente legível em outro sentido, testemunhando a maneira com que essas modalidades "açucaradas" continuam a ser assombradas pela não relação (ou as relações entre não congêneres) que constitui o limite ao mesmo tempo intensivo e imanente à sedução, ao comércio sexual, à consumação erótica. Nesse sentido, explica ainda Taylor a respeito dos Jivaro:

> "Inimigos" [é] a categoria sociológica que reagrupa todos os sujeitos com os quais se mantém *a priori* uma relação belicosa – membros de outras tribos, animais de caça ou espíritos. Do ponto de vista de cada um dos dois sexos, a outra metade da espécie, pelo simples fato de sua diferença de princípio, é automaticamente chupada para o polo da alteridade, do não humano inimigo. Essa imantação justifica a conotação guerreira da relação homem-mulher, tal como se exprime nos elementos ritualizados do casamento – forma atenuada de rapto –, nas concepções relativas à procriação – forma atenuada de afrontamento agonístico – , e na tolerância pela violência exercida pelos homens sobre as mulheres. Porque elas são Outros – sobretudo em se tratando daquelas em posição de aliadas, julgada inerente à subjetividade masculina, desde que esse furor latente é reavivado por um luto, uma humilhação ou uma desgraça sofrida.[33]

seus que se lhes fabrica uma carne de semelhante, que se produzem corpos de parentes; é modificando seu regime que se adquire ou que se desfaz de propriedades corporais não humanas." (Ibid., p. 98.)

32. Ibid., p. 103.
33. Ibid., p. 98.

Mesmo quando o etos conjugal é marcado pelo "pacifismo", como entre os Airo Pai ou nos diferentes grupos arawak que insistem na harmonia necessária entre aliados e, portanto, entre esposos, é ainda a insistência, no seio da relação entre homens e mulheres, da hostilidade belicosa e predatória da afinidade, que explica que seja necessário "gastar tanta energia discursiva, ritual e social para assegurar seu acordo".[34] "Mulheres" constitui aqui, não o máximo de alteridade com relação a "homens" do ponto de vista do sexo e do gênero, mas, ao contrário, "a mais próxima incarnação da alteridade inimiga"[35] do ponto de vista não inimigo, uma alteridade de baixo impacto em que o não humano constitui o alto impacto, breve, a figura mais humana do não humano. Para dizê-lo inversamente, a alteridade inimiga encontra na relação binarizada dos sexos cruzados, ao mesmo tempo seu limite e sua intensificação: seu limiar (tendencial) de anulação (na consanguinização, familiarização e domesticação), mas à perspectiva do qual se exacerba duma porrada seu perigo. Donde o sobreinvestimento ritual da relação conjugal da qual testemunham ainda, por exemplo, os rituais de passagem de reclusão conjugal que analisa Bruce Albert entre os Ianomâmis (e os perigos que enunciam os mitos ianomâmi referentes à sua transgressão, e justo em primeiro lugar o perigo de um devir-animal, à maneira do devir-macaco desse esposo tendo infringido a reclusão, metamorfoseado em animal à margem de um bando-multiplicidade simiesco).[36]

De tudo isso reteria, menos para concluir e mais como pontos de suspensão e por provisão, duas observações principais.

De primeiro, o jogo da metáfora doméstica-domesticante, identificado com o primeiro eixo da teoria kantiana da sexualidade, mostra-se assim como uma versão panema desse meca-

---

34. Ibid., p. 99, nota 9.

35. Ibid., p. 99.

36. A gente se lembrará que uma transgressão análoga da reclusão conjugal pubertária desembestou, na floresta dos tempos primevos, o cataclismo que tornou estrangeiros alguns de seus habitantes: principalmente aquele desinfeliz que fez vir à existência os brancos. Davi Kopenawa traz esse saber em: Davi Kopenawa e Bruce Albert, *A queda do céu*. Paris: Plon, 2010, pp. 228-230.

nismo absolutamente essencial à matrimonialização e ao código conjugal da sexualidade amazônica. E a razão é precisamente que, longe de ser vacuolizável nos códigos da afinidade eles mesmos identificados aos sistemas de regras prescritivos, proibitivos ou preferenciais ditando as normas das alianças matrimoniais e presidindo à construção social dos laços de filiação, a sexualidade é aí coextensiva a um campo de afinização que ultrapassa essas estruturas: essa "afinidade potencial" cuja carga estratégica correlaciona sua "função de dobradiça entre o local e o global, o parentesco e a política, o interior e o exterior", – ou par dizê-lo nos termos de O *Anti-Édipo*, sua função de interface perigosa quando ainda não neutralizada pelo "paralogismo do rebatimento" edipiano do "homem europeu da civilização". Mas como nós devemos então pensar, em troca, essa sexualização da alteridade não humana ("inimista", predatória, canibal)? Que tal sexualização seja ferozmente ambivalente vá lá; só que essa ambivalência não se dá na binaridade dos sexos, nem mesmo em seu redobramento "dividual" (em cada "sexo" dividido em partes masculina e feminina não comunicantes), mas na inclusão nas relações *same sex/cross sex* de um "sexo não humano", uma sexualidade afim, afinizante, centrífuga e heterogênica, dotando a sexualidade esquizoanalítica de um poder de síntese próprio, como síntese disjuntiva. Pois o afim verdadeiro é aquele com o qual *não se tem* relação integrável na ordem sociossimbólica, com a qual não se troca de mulher, que nunca será irmã ou irmão, do qual não tornam esposo nem cunhado, enfim, com o qual não se se conjugaliza. O essencial então seria aqui considerar o *distanciamento* entre a sexualização da afinidade potencial e a codificação conjugal da sexualidade (sua "conjugação" sociológica) no quadro da aliança matrimonial. Seria melhor ainda, quem sabe, examinar a maneira com que esse distanciamento interage no interior da própria aliança conjugal, testemunhando o jogo de uma sexualidade cristalina, não codificada na disjunção binária dos sexos cruzados, e introduzindo nas "máquinas desejantes" do sexual as figuras não humanas da afinidade potencial. É precisamente o que víramos voltando para a figura tipicamente edipianizante da troca conjugal ou da aliança conjugalizada. É que se trata, segundo o princípio crítico reclamado pela esquizoanálise, de levar a crítica "ao ponto em que Édipo é o mais forte", já que é ali, nas entranhas do troca-troca contratual burguês e de sua conjugalização subjetiva do homem europeu da civilização, que o devir animal, a síntese erótica do sexo não humano, a aliança contranatura da afinidade potencial, a sexualidade cristalina das pessoas dividuais e intotalizáveis, não param de dar ré (em Klossowski, Kafka, no próprio Kant...).

Em segundo lugar, o campo da sexualidade esquizoanalítica está aberto pelo afim verdadeiro – quer dizer, o estrangeiro (e não o familiar), e não apenas o estrangeiro mas também o selvagem (e não o socializado e o familializado), e não apenas o selvagem mas também o inimigo (e não o amigo da troca e da reciprocidade), e não apenas o inimigo mas também o não congênere (e não o humanizado sob o regime auto-reprodutivo do social, do familiar, da ordem simbólica e econômica da troca)... –, o afim potencial como sexo não humano, instância de conexão de uma sexualidade improdutiva, antirreprodutiva, heterogenética, sintética-disjuntiva (em virtude da "'suplementariedade' inerente ao caráter sintético da afinidade potencial, lugar onde algo se passa. A afinidade potencial é a alteridade determinada)[37]. Mas *então* a fórmula esquizoanalítica da sexuação (os "n-sexos" do "sexo não humano") significa fundamentalmente isso: a diferença dos sexos não tem como efeito principal diferenciar as pessoas como diferentemente sexuadas (desse ponto de vista não se sai nadinha de uma máquina binária "transcendentalizada" quando se diz que a diferenciação feminina dos sexos não é a mesma que a diferenciação masculina dos sexos), mas de ela mesma se separar imediatamente em duas direções não simétricas. (a) Por um lado a diferença dos sexos diferencia *a* própria pessoa, torna-a em si mesma divisível, de fato, uma unidade dividual e "fractal" (Wagner, Strathern). Isso significa que o sexo não constitui um

---

37. Eduardo Viveiros de Castro e Carlos Fausto, "La puissance et l'acte", op. cit., pp. 150-151.

princípio de diferenciação entre dois termos alternativos (por uma disjunção exclusiva entre masculino e feminino), mas funciona em si mesmo como uma *diferencial* (disjunção inclusiva). (b) Por outro lado, quando a diferença dos sexos se põe a diferenciar efetivamente *as* pessoas (distinguidas em extensão), não é tanto como pessoas sexualizadas ou gendradas segundo tal ou tal sexo, mas como *inimigas,* quer dizer, seguindo uma *outra* diferencial (predatória, guerreira ou canibal) que a diferença das identidades de gênero (Taylor, Descola). A diferença entre (a) e (b) é *precisamente o que torna impossível o ponto de angústia kantiano,* que supõe, ao contrário, um rebatimento e uma fusão destes dois planos da diferença de sexo (como sexo diferencial e como diferenciação entre sexos, – como disjunção inclusiva e como disjunção exclusiva). Torna-se possível então articular a exposição do inconsciente esquizoanalítico ou "maquínico" como o resultado que obtem a dupla descrição contra-antropológica melanesiana (pela qual começamos essa parte) e amazônica (pela qual a terminamos aqui) do desejo edipianizado. Sob o primeiro aspecto (a), a conjugalização edipiana do objeto do desejo (uso paralogístico da 1ª síntese do inconsciente maquínico) é para a economia ocidental da pessoa generada, o que a lógica esquizoanalítica do objeto do desejo (1ª síntese do inconsciente maquínico, de conexão dos objetos parciais) é para a economia melanésia da pessoa. Sob o segundo aspecto (b), a triangulação edipiana do registro do desejo (uso paralogístico da 2ª síntese do inconsciente maquínico) é para a economia ocidental da família burguesa o que o registro disjuntivo-inclusivo das genealogias "esquizos" é para a disjunção amazônica dos polos da afinidade e da consanguinidade (ou do "inimismo" como esquema de alteridade e do parentesco como esquema da identificação). Mas é como cartógrafo que é preciso compreender intensivamente essas analogias. Desse ponto de vista, o contraste não se passa tanto entre o africanismo (etnomarxista e antropocêntrico) de *O Anti-Édipo* e o amazonismo (etnoanarquista e transespecífico) de *Mil platôs,* mas sim no próprio cerne do processo do inconsciente, entre as diferentes "sínteses" expostas em 1972, sua diferença (a diferença entre diferentes maneiras de religar diferenciando) que confere à essa exposição o aspecto de uma deriva antropológica e cosmopolítica da mesma forma como o delírio "esquizo" é uma deriva histórica e geopolítica. Dividual em sua conexão dos fluxos com corte-soerguimento de objetos funcionando como fluxo para outros pontos de soerguimento e de extração, o desejo migra para a melanésia em virtude da síntese de produção produtora de seu objeto-causa (é porque ele encontra o problema da economia destotalizada das pessoas, e a estética dos fluxos e corte de fluxos nas condições em que os descobriram igualmente Wagner e Strathern). Disjunção-inclusiva em seu manejo intensivo dos signos genealógicos e em seus modos de demarcação que deslizam através das descendências filiativas, e saltando de umas para as outras, o desejo se demarca africano por uma síntese de registro que se inscreve, não em um romance quase-familiar de um Édipo africano, mas sobre um corpo sem órgãos cosmomítico (de onde o ovo Dogon). Consumidor das intensidades como devir de um sujeito sem fixação que o torna representável de um significante para outro, o desejo se subjetiva em comutações perspectivas transposicionais que são já transespecíficas, já que atravessa regiões geográficas, os eventos históricos e as raças como tantas espécies que são já de diferenças intensivas, cuja consumação o faz tornar-se amazônico tornando-se-outro (de onde o registro fágico do efeito/sujeito ao mesmo tempo que ótico barroco do perspectivismo e das distâncias incomponíveis). Alternativamente o processo do inconsciente esquizoanalítico é melanésio em sua síntese de produção, africano em sua síntese de registro, amazônico em sua síntese de consumação.

Parte IV

Clínica e metafísica; para introduzir o leibnismo (ou porque se explicar ainda com o estruturalismo)

Capítulo 1

Do processo psicótico ao processo metafísico
Ler e tresler, questão de método

Qualquer coisa percebe, mas qualquer percepção é normalmente alucinatória. O objeto de uma percepção não é um objeto exterior autoconsciente, mas o efeito de um cálculo integral tendo por elementos percepções menores, infinitamente pequenas, "alucinações liliputianas".[1] Essas pequenas percepções, vibrantes, instabilizantes, fazem de toda coisa preceptora (sujeito) um ser inquieto, sempre acuado. Em verdade, estranha inquietude já que nada pode chegar de fora que possa surpreendê-lo, tudo que lhe acontece vindo "de seu próprio fundo". Se há um fantasma leibniziano, não é "uma criança apanha", mas "um cachorro apanha", onde é o golpe, e as mil e uma percepções que o antecipam, e o medo que o pressente, e a dor global que se segue, vêm de dentro, e se encadeiam como o desencadeamento do fundo.[2] O cachorro sente o golpe, mas o desencadeamento em si é sem pancada. O que há então nesse fundo? Nada mais que um mundo, ou antes, esse fundo é *o* próprio mundo. Antes de ter pulsões, o sujeito é para um mundo: antes do "Isso", um escuro Fundo, *fuscum subnigrum*. O problema do sujeito é cosmológico antes de ser psíquico. Melhor dizendo, seus "representantes pulsionais" não passam de "representantes do mundo",[3] que são suas próprias pequenas percepções, consagrando o sujeito a ser sempre-já presa de multidões e massas que crescem e conspiram:[4] o mundo

---

1. Gilles Deleuze, *Le Pli*. Paris: Editions de Minuit, 1988, pp. 114-115 e seguintes, 124-126 e seguintes.
2. Ibid., pp. 76, 115-116.
3. Ibid., pp. 114-115.
4. Ibid., pp. 125-126. Cf. Jacques Lacan, *Séminaire III: Les psychoses*. Paris: Seuil. Sessões de 8 de fevereiro e 20 de junho de 1956.

em estado de "rumor", "ruído", "dança de poeira", "estado de morte ou catalepsia" do mundo como escuro fundo de cada sujeito.[5] Mas ao mesmo tempo, o mundo exterior, curva infinita de qualquer "o que acontece" (predicados), estando incluso em cada noção individual, encontra "a possibilidade de recomeçar em cada mônada".[6] De onde uma topologia complexa, "uma torção que constitui a dobra do mundo e da alma", de tal maneira que tudo que acontece, de primeiro acontece num mundo e a um mundo, que por sua vez, no entanto, só se atualiza em cada sujeito em virtude de sua noção que desenvolve espontaneamente tudo o que lhe acontece. A exterioridade não é abolida, é dominada: só é neutralizado o acidente, o real do encontro, milagre ou catástrofe. O vazio ontológico do Fora correlaciona a riqueza infinita do mundo enquanto incluso na noção do sujeito, do qual o desenvolvimento espontâneo, tal como um autômato esquizofrênico, explica e exprime o mundo em graus variáveis de obscuridade e de distinção.[7] Assim, o mundo é infinito, mas também regulado, continuamente regular, sem corte, sem falha, sem fissura: "os cortes não são lacunas ou rupturas de continuidade, ao contrário disso, repartem o contínuo de tal modo que haja lacuna, quer dizer, da "melhor" maneira.[8] Não que tivesse outras maneiras simplesmente "menos boas": a melhor maneira é a única que é, pois apenas a construção do contínuo permite conjurar o vazio, a menor lacuna ou brecha em que se abismariam o mundo e o sujeito.[9] À inquietude perpétua das pequenas percepções responde assim o imenso apaziguamento dos grandes conjuntos, e do conjunto de todos os conjuntos que é o mundo.

5. Gilles Deleuze, *Le Pli*, op. cit., pp. 115.
6. Ibid., p. 36-37.
7. Ibid., p. 94.
8. Ibid., p. 88, et *passim*. Cf. Gisela Pankow, « "Dynamic structurization" and Goldstein's organismic approach », in *The American Journal of Psychoanalysis*, xix, 1959, p. 157-160; e *Structure familiale et psychose*, 1977, 2è éd., Paris, Aubier-Montaigne, 1983, p. 61 ("Referindo-me ao fenômeno da lacuna... demonstrei que o mundo do psicotico tem tendência a "evitar o vazio"...").
9. Gilles Deleuze, *Le Pli*, op. cit., p. 88, et *passim*.

É que se nós não sabemos *como* o mundo é regulado, contínuo e continuamente regular, ao menos podemos saber *porque* ele o é, e o é necessariamente. Podemos dar-lhe razão, quer dizer, lhe enunciar o princípio, mesmo que para isso seja necessário multiplicar os princípios, fazer proliferar os princípios quase tão numerosos quanto às próprias coisas.[10] É o estatuto do real que está em jogo, a realidade do real que dele depende. A filosofia é necessária porque a realidade do real, sem ela, nunca é o bastante. A questão *"por que alguma coisa antes que nada?"* não é uma questão filosófica, mas uma questão que torna a filosofia necessária: e é uma questão psicótica.

A fenomenologia do universo leibniziano está saturada de sintomas psicóticos. A filosofia de Leibniz é ao mesmo tempo a exposição destes sintomas, o pensamento que dá razão a ela, e estes próprios sintomas, sua construção enquanto *processos de pensamento*.[11] Pudera Leibniz, ou poderia dar seu nome a um quadro clínico, assim como Sade e Sacher-Masoch na clínica das perversões. O leibnismo é um pensamento-sintoma que reconstrói um mundo pensável, e pensável logo vivível, numa cena filosófica em que estes sintomas podem fazer mundo, ou seja, em que se pode firmar um sujeito. Se perguntamos porque tal mundo deve ser reconstruído, nos encontramos projetados quão logo no centro geométrico da Dobra de Deleuze:

> É estranho à beça o otimismo do Leibniz. De novo, num são as misérias que faltam não, e o melhor só floresce sobre as ruínas do Bem platônico. Se esse mundo existe não é porque é o melhor, muito pelo contrário, é o melhor porque é, porque é aquilo que é. O filósofo não é ainda um Investigador como virá a ser com o empirismo, menos ainda um Juiz como o será com Kant (o tribunal da Razão). É um Advogado, o advogado de Deus: defende a causa de Deus, segundo a palavra que Leibniz inventa, "teodiceia". Seguramente a justificação de Deus face ao mal sempre foi um lugar comum da filosofia. Mas o Barroco é um longo momento de crise, em que a consolação ordinária não vale mais. Produz-se um desabamento do mundo, tanto que o advogado deve reconstruí-lo,

10. Ibid., p. 78, 90-91.
11. Sigmund Freud, *Métapsychologie*, trad. fr. Paris: Gallimard, 1968.

exatamente o mesmo, mas numa outra cena e relacionado com novos princípios capazes de justificá-lo (de onde a jurisprudência). Ao desconforme da crise deve corresponder a exasperação da justificação: o mundo deve ser o melhor, não somente em seu conjunto, mas em seu detalhe ou em todos seus casos. É uma reconstrução propriamente esquizofrênica: o advogado de Deus convoca personagens que reconstituem o mundo *com suas modificações interiores ditas "autoplástica"*. Tais são as mônadas, ou os Eu em Leibniz, autômatos, os quais cada um tira de seu fundo o mundo inteiro, e trata a relação com o exterior ou a relação com para com os outros como um desenrolar de sua própria força, de sua própria espontaneidade regulada de antemão. É preciso conservar as mônadas dançantes. Mas a dança é a dança barroca, em que os dançarinos são autômatos: é sempre um *"páthos* da distância", como a distância indivisível entre duas mônadas (espaço); o reencontro entre as duas torna-se parada, ou desenvolvimento de sua espontaneidade respectiva enquanto mantém essa distância; as ações e reações substituem um encadeamento de posturas repartidas de um lado e outro da distância (maneirismo).

Ao ensinamento do seminário de Lacan sobre as psicoses, em que o mestre obrigava seus auditores a se voltarem para a carta das *Memórias de um nevropata* do "Presidente Schreber" que tinha inspirado a Freud o que permanecerá o nó de problematização de uma abordagem analítica da psicose, Félix Guattari dirigia em 1966 a estudantes de filosofia esta questão simplíssima:

> Virá um tempo em que se estudará com a mesma seriedade, o mesmo rigor, as definições de Deus de presidente Schreber ou de Toinho Artaud, quanto as de Descartes ou de Malebranche? Continuar-se-á por muito tempo a perpetuar a clivagem entre o que seria da competência de uma crítica teórica pura e a atividade analítica concreta das ciências humanas?[12]

Seria ainda necessário, para encarar essa interpelação com toda a gravidade que ela exige, estatuir sobre a sorte da própria enunciação filosófica. Se ela exorta a considerar os textos dos grandes psicóticos com o mesmo rigor que se presta a estudar os grandes metafísicos clássicos, impõe forçosamente a simetrização da

---

12. Félix Guattari, "Réflexions pour des philosophes à propos de la psychothérapie institutionnelle" (1966) in *Psychanalyse et transversalité*, 1972, reedição Paris: La Découverte, 2003, p. 97.

questão: que rigor e que gravidade devemos atribuir a nossa leitura destes metafísicos, senão já aquela que se deve a uma leitura clínica da discursividade filosófica? É o ponto de vista que nos convida a adotar essa passagem central da *Dobra*. Não chama apenas a atenção sobre as analogias de temas ou de motivos entre o que se encontra por um lado na clínica das psicoses, por outro em uma doutrina filosófica. Sugere sim uma hipótese que toca mais profundamente ao próprio estatuto da enunciação e do processo conceitual da filosofia leibniziana. Não que de tais analogias estejam absentas: Deleuze sugere aí, muito pelo contrário, ao longo de seu ensaio, que se tratasse de noções de automatismo mental e de "alucinações liliputianas" de Clérambault, da obsessão do contínuo, do problema de *ter um corpo* como "exigência moral" e objeto de "dedução", ou ainda do leitmotiv do maneirismo esquizofrênico.[13] Se todavia elas têm um sentido para além de sua aparente dispersão, é porque remetem a uma relação mais interna, é que pertencem ao *processo de pensamento* que Deleuze constrói na filosofia leibniziana, e que, esclarecendo algumas "maneiras" dessa filosofia, explica em troca algumas operações da análise deleuziana: seleções de textos, focalização da leitura e da interpretação, construção da exposição, repetição e variação de motivos. Compreendemos assim o recurso explícito de Deleuze à concepção freudiana do delírio como tentativa terapêutica espontânea compensando um desmoronamento das estruturas simbólicas e imaginárias que sustentam a posição de um sujeito, em condições tais que a libido do objeto teria refluído sobre o eu, desinvestindo o mundo exterior em proveito de uma libido narcísica posta a serviço de uma reconstrução de uma "neorealidade", num processo de pensamento que investe as "representações de palavras" por si mesmas em detrimento das "representações de coisas".[14] Seguramente o interesse seria nulo de simplesmente "aplicar" essa concepção à

13. Gilles Deleuze, *Le Pli*, op. cit., pp. 26-27, 51, 53, 72, 76-77, 90-93...
14. O que daria por vezes ao delírio seu aspecto altamente especulativo. Cf. a observa-

teoria leibniziana. Sustentaria que é o contrário, a diligência do pensamento leibniziano é que esclarece o sentido de certo delírio, subtraindo-o à conotação de um déficit do pensamento, para fazer com que ele, ao contrário, assuma a exigência mais plena, plenamente racional e plenamente delirante: aquela de uma gênese ideal do mundo. Mais que esperar do conceito clínico de delírio que nos instrua acerca da filosofia de Leibniz, devemos pedir ao processo de pensamento leibnista que nos esclareça sobre um aspecto possível do delírio que pode reencontrar a clínica.

É sobre a base desta hipótese que será necessário voltar à conjuntura histórica e espiritual em que Deleuze substitui o empreendimento leibniziano ("o barroco é um longo momento de crise..."), e à sua luz, sobre a questão do maneirismo, cuja importância em sua análise exige uma atenção especial. Mais que um sintoma entre outros de um destino leibnista da psicose, o maneirismo entrega sua senha. Designa a causa final da dobra como "procedimento", o problema para o qual este procedimento tenta uma saída: problema vital, psíquico se o quisermos, mas primeiro e fundamentalmente *cosmopolítico*, tocando a possibilidade de habitar um mundo inabitável, de reagir aos acontecimentos de um mundo no qual as contradições e incompossibilidades internas abalaram até a própria possibilidade de se viver estes acontecimentos, quer dizer, de referir-se a ela na posição de um sujeito capaz de ser afetado por e agir sobre "o que acontece". Pois desse mesmo ponto de vista, a questão do maneirismo funciona tanto quanto um analisador do próprio pensamento deleuziano, como se este, colocado em perspectiva pela dobra leibniziana, encontra aí sua lei de variação. Ao menos uma lei de variação, correspondendo precisamente à singularidade dessa perspectiva, cujo ponto de vista sobre a curva da obra deleuziana exprime ao mesmo tempo o que essa obra percebeu de seu tempo. Permite enfim perceber a razão pela qual Deleuze, ao termo de sua

---

ção freudiana de certa "semelhança que não se tivesse desejado nela encontrar" entre a filosofia e "a maneira com que operam os esquizofrênicos" (Sigmund Freud, *Métapsychologie*, op. cit., p. 121).

obra, pôde reformular em nome de uma neomonadologia e de um neobarroco a tarefa da filosofia em sua tripla relação com a arte, com a clínica e com a política, em que deviam se condensar uma última vez dois móveis maiores de sua intervenção no século: o do filósofo-artista "sintomatologista da civilização", o da esquizoanálise e da conquista de uma manipulação prudencial da esquizofrenização de estruturas tanto subjetivas quanto objetivas imposta pela formação social de nosso tempo.

Capítulo 2

Reconstruir um mundo
Procedimento ideal e processo genético

> Ao largo de todo Aqui, sem outro lugar,
> todo encontro é suspenso fora de Si, à
> mercê do Espaço, no Aberto...
>
> HENRI MALDINEY

Nosso ponto de partida deve ser o seguinte: como se constrói o delírio, sob quais problemas e quais urgências, quando dá à reconstrução do mundo a forma de uma gênese ideal, e toma a dobra como "traço operatório" de tal gênese? A questão não é saber se o filósofo Leibniz delira, mas determinar quais operações de pensamento devem ser efetuadas por um delírio para que possa assumir essa tarefa extrema à qual se sujeitou por sua conta um filósofo. Sabemos a resposta de Deleuze para esse problema, aquela que ele resgata e bota para funcionar na filosofia de Leibniz: a operação de *dobrar*, gesto plástico ou *procedimento*, só pode efetuar essa reconstrução do mundo e do sujeito ganhando uma operatividade ilimitada e incondicional, que permite apenas empurrá-lo a um infinito atual. A dobra empurrada ao infinito, quer dizer, tomando a si mesma como objeto (uma dobra dobrando sempre outra dobra, uma dobra sobre outra, uma dobra em uma dobra ou entre duas outras dobras ao menos), faz de si mesma seu próprio sujeito. A dobra pode funcionar como princípio genético da reconstrução do mundo (delírio), e esta reconstrução pode tomar a forma de uma gênese ideal (filosofia), porque a dobra alcança a potência de um *processus*.[1] É então a dobra levada ao infinito (processo do pensamento puro), que determinará o aspecto que tomará a reconstrução delirante do mundo, e não o inverso.[2] *Gênese ideal* não significa a gênese de um mundo ideal, mas a gênese pelo pensamento do mundo real, e real porque contido na e desenvolvido pela dobra genética do pensamento. O que é ideal é o próprio processo, enquanto atualmente infinito, o que não quer dizer interminável, mas contido em cada lugar por menor que seja, a cada instante por mais curto que seja. Reconhece-se aí o que, para Deuleuze, forma o aspecto propriamente barroco da dobra leibniziana, mas também o que, para nós, explica a eficacidade da dobra barroca em um pensamento delirante leibnista.[3] Seu procedimento se distingue por isso das outras fórmulas plás-

1. Sobre o "procedimento psicótico", ver o texto inaugural "Schizologie", Prefácio de Gilles Deleuze a Louis Wolfson, *Le Schizo et les langues*. Paris: Gallimard, 1970. Quanto à distinção entre procedimento e processo, já teorizada "em estado prático" em O *Anti-Édipo*, nos reportaremos à reescrita ulterior do Prefácio de 1970, que o elaborará através de uma confrontação de Wolfson e Artaud: Gilles Deleuze, "Louis Wolfson, ou le procédé", in *Critique et clinique*. Paris: Editions de Minuit, 1993, em particular pp. 22 e 31-32.
2. Caberia fazer uma tipologia dos *"procedimentos"* psicóticos, necessariamente aberta para a própria criatividade do sintoma, e do qual a dobra fará parte. O procedimento que Deleuze resgatou em Wolfson, por mais exemplar que o seja, já encontrava seu contraponto em dois outros procedimentos distinguidos por Michel Foucault, o de Raymond Roussel e o do Jean-Pierre Brisset (*Sept propos sur le septième ange*), cada um resgatando ao mesmo tempo operações determinadas sobre a matéria significante, que a corroem ou a enlouquecem (sobre as designações em Roussel, as traduções em Wolfson, as significações em Brisset), e um trabalho específico de decomposição-transformação de corpos tornados interiores às palavras (palavras-corpos, palavras-cenas, palavras-alimentos...). Indicaremos mais na frente, ecoando o procedimento wolfsoniano, mas como uma operação distinta, o sentido que toma "a análise" em um delírio leibnista, em relação com a reconstrução de uma neorealidade como "gênese ideal". Acrescentemos que com Bartleby, o conceito de "formula" virá enriquecer essa tipologia com uma categoria inédita, cujos componentes podem, aliás, valer como um destino possível da psicose leibnista: o maneirismo, sua operação "negativista" em função de uma lógica dos possíveis ou das "preferências", seu procedimento limitado em aparência mas que, de tanto proliferar sobre si mesmo, torna-se, assim como a dobra, um traço de expressão ilimitado etc. Ver *Critique et Clinique*, op. cit., principalmente p. 24 e pp. 93-94 sobre os fatores que aparecem e que distinguem as categorias de *fórmula* e de *procedimento*.
3. "Se quisermos manter a identidade operatória do Barroco e da dobra, é preciso demonstrar que a dobra continua limitada nos outros casos, e que conhece no Barroco uma transposição sem limites cujas condições são determináveis. As dobras parecem abandonar seus suportes, tecido, granito e nuvem, para entrar em um concurso infinito, como O *Cristo no jardim das oliveiras* de Greco." (Gilles Deleuze, *Le Pli*, op. cit., p. 48.)

ticas que fazem da dobra um uso ainda limitado, tal como a dobra do Oriente procedendo por divisão e coenvolvimento do vazio e do pleno.[4] A dobra barroca conjura o vazio, não projetando dele uma plenitude imaginária (de onde a oposição de Leibniz tanto ao monismo quanto ao panteísmo, sua recusa da tese de um espírito universal não menos que a ideia de um universo como "grande Animal em si"[5]), mas animando-o um processo sem sujeito, ou que é para si mesmo seu próprio sujeito, a dobra só dobrando outra dobra, ou duas dobras uma sobre a outra, uma dentro da outra, *ad libitum*. A dobra barroca dá a chave de uma reconstrução do mundo sob um requisito fundamental de continuidade: mas só constrói idealmente e atualmente essa continuidade sob a condição de se tornar ela mesma sua própria potência, incondicionada nesse sentido e, portanto, ilimitada. A primeira parte de *Libniz e o barroco* (cap. 1-3) desenvolverá todas as virtualidades envolvidas pelo princípio genético assim determinado, mas sempre, me parece, sob dois pontos de vista simultâneos: um considerando como a dobra procede em cada estrato, e muda de aspecto mudando de estrato, físico, psicológico, matemático, geométrico, estético, cosmológico, metafísico...; outro, como os próprios estratos são coimplicados, dobrados e complicados uns nos outros, conforme a tese de que *a distinção real não implica a separabilidade*.[6] O erro, todavia, seria de ver aí uma tese abstrata, é antes um "método", ao mesmo tempo princípio ativo e maneira de fazer.[7] Corresponde à tarefa crucial que o procedimento da psicose leibnista deve cumprir: produzir o real como *continuum*,

---

4. Ibid., p. 51: "Talvez pertença profundamente ao Barroco confrontar-se ao Oriente [...]: em um e zero Leibniz reconhecia o pleno e o vazio à maneira chinesa; mas Leibniz barroco não acredita no vazio, que lhe parece sempre repleto de uma matéria redobrada... As dobras são sempre cheias no barroco e em Leibniz."

5. Ibid., p. 14.

6. Leitmotiv do cap. 1 (pp. 8, 17, 18...), mas também de toda obra.

7. Ver Gilles Deleuze, *Le Pli*, op. cit., p. 51 ("Em regra geral, é a maneira como uma matéria se dobra que constitui sua textura: ela se define menos por suas partes heterogêneas e realmente distintas que pela maneira com que estas se tornam inseparáveis em virtude de dobras particulares. De onde seu conceito de Maneirismo em sua relação operatória com o barroco.").

assegurar à neorealidade engendrada sua continuidade, como se a menor fissura, a menor e mesmo infimamente pequena descontinuidade no real, comprometesse a realidade do real, e arriscasse fazê-la despenhar no nada. Compreender-se-á tanto melhor o valor do procedimento, se vermos *como* a descontinuidade é precisamente conjurada ou contornada, encarada ou diferida, breve, ativamente evitada na neorealidade do processo de pensamento.

A física descritiva do primeiro capítulo é exemplar a esse respeito. Do ponto de vista de uma geometria elementar em que se revela já a oposição de Leibniz à geometria cartesiana, as linhas devem ser transpassadas de sua função de contorno, o que implica pensar a linha reta como um caso limite da curva, e a própria curva como sem tangente no limite, quer dizer, compostas não de pontos, mas de curvas nascentes e evanescentes. Tal é a linha tornada processo, "linha *ativa* vadiando livremente", seguindo a inutilidade dos esquemas de Paul Klee reproduzidos na página 21: "Passeio pelo passeio, sem objetivo particular", à maneira do passeio do esquizo sobre a evocação com a qual se abria O *Anti-Édipo*, aquele de Lens de Büchner ou das criaturas becketianas e suas mil e umas "pequenas perplexidades."[8] Correspondendo-lhe em seguida, no plano de uma fenomenologia das matérias barrocas, uma determinação precisa da textura do real. Molecularmente, as linhas não são sequências descontínuas de pontos, mas volutas turbilhonantes cujas turbulências envolvem outras turbulências, quer dizer, cujas unidades estão sempre já compostas, indecomponíveis em unidades elementares discretas e separáveis do tipo átomos. As superfícies mais homogêneas, à primeira vista, tornam-se sob outro foco "matérias cavernosas e esponjosas", cadeias de montanhas, vales, cristas, "sempre uma caverna dentro da caverna". Os corpos por sua vez são tomados em relações variáveis, que exprimem fisicamente as forças elásticas da matéria inorgânica e as forças plásticas da matéria orgânica, de dureza e liquidez, ou de compacidade e de fluidez,

8. Samuel Beckett, *Molloy*. Paris: Minuit, 1951, p. 38.

seguindo relações diferenciais elas mesmas variáveis já que assim como "a certa velocidade do barco, a onda [da vaga] torna-se tão dura quanto um muro de mármore". Quanto às pequenas percepções, se assemelham menos a impressões como pontos sensíveis, que a ínfimas dobras que sensibilizam uma alma alucinando a matéria. Uma percepção desse tipo, até mesmo Freud não pôde deixar de salientar a estranheza, várias vezes, na *Metapsicologia*, e num momento singular da análise do Homem dos lobos.

> Um paciente que observo atualmente se deixa desviar de todos os interesses da vida pelo mal estado da pele de seu rosto. Afirma ter borbulhas e buracos profundos no rosto que todo mundo fica olhando. A análise demonstra que ele joga seu complexo de castração inteiramente na sua pele. Ele se ocupava antes sem remorso de suas borbulhas, cuja expressão lhe dava grande satisfação, porque nessa ocasião, dizia ele, algo jorrava. [Outro rapaz] se comportava, por outro lado, exatamente como um obsessivo, passava horas fazendo sua higiene pessoal etc. [...] Por exemplo, colocando suas meias, vinha lhe estorvar a ideia de que ele devia afastar as malhas, logo, os buracos, e cada buraco era para ele o símbolo da brecha da boceta...[9]

No entanto, nesses diferentes casos, Freud concedia certa reticência ao que o deslocamento metafórico das representações de coisas (do tipo pé = pênis; enfiar e tirar compulsivamente a meia = perfaz a imagem da punheta anulando retroativamente a ameaça de castração que ela comporta) possa regular o trabalho de substituição na elaboração do sintoma, conversão histérica ou motivo obsessional.

> Um histérico dificilmente tomaria uma cavidade tão minúscula quanto um poro de pele por símbolo dessa vagina que ele compara, por outro lado, a todos os objetos possíveis que comportam um espaço oco. Pensamos também que a multiplicidade de pequenas concavidades o impediria de utilizá-las como substituto do órgão sexual feminino.[10]

---

9. Sigmund Freud, *Métapsychologie*, op. cit., pp. 114-115. Cf. Sigmund Freud, "Extrait de l'histoire d'une névrose infantile (L'homme aux loups)" in *Cinq psychanalyses*, trad. fr. Marie Bonaparte e Rudolph Loewenstein. Paris: PUF, 1954, pp. 342- 358.
10. Sigmund Freud, *Métapsychologie*, op. cit., p. 115.

Precisava concluir daí, à maneira do Homem dos lobos vigiando "as variações ou o trajeto movendo pequenos buracos ou pequenas cicatrizes sobre a pele de seu nariz" (Lacan apontaria aí um momento psicótico de sua neurose obsessional), que se indicava aqui um desinvestimento das representações de coisa, e o investimento compensatório de um significante picotado do qual resultaria o fracasso de uma especularização do corpo, ou de alguma de suas partes, como forma global? Em *O Anti-Édipo*, depois em *Mil platôs*, Deleuze e Guattari pediam já para se considerar a hipótese metapsicológica inversa, considerando as estruturas de multiplicidade dos modos plenamente positivos das formações desejantes, e não o efeito de uma degradação de uma unidade nas representações de coisas ou mesmo de palavras.

> Assimilar eroticamente a pele como uma multiplicidade de poros, de pinguinhos, de pequenas cicatrizes ou de furinhos, assimilar eroticamente a meia como uma multiplicidade de malhas, eis o que não passaria pela cabeça de um neurótico, enquanto o psicótico é bem capaz.[11]

Mas, precisamente, a materiologia barroca, a física e a geometria leibnizianas que ela inspira liberam uma maneira operatória de ser capaz disso, que aliás, não exclui certo humor esquizofrênico. Pois se "o múltiplo, não é apenas aquele que tem muitas partes, mas o que é dobrado de muitas formas", pois um buraco em uma estrutura de multiplicidade não é um vazio, mas pelo contrário, uma nova multiplicidade ainda dobrada. Daí, tem um despropósito de rombos, falhas ou buracos – põe despropósito nisso, demais da conta prum neurótico" – só que nunca como partes carentes (como sob os olhos de um obsessional), mas como mundos envolvidos e virtualmente desdobráveis (o olho esquizofrênico). É nesse sentido que "a dobra repulsa a fenda e o buraco",[12] que difere a fissura, e que "tudo se dobra à sua maneira, a corda e o bastão, mas também as cores que se repartem da con-

11. Gilles Deleuze e Félix Guattari, *Mille plateaux*. Paris: Editions de Minuit, 1980, pp. 39-41.
12. Gilles Deleuze, *Le Pli*, op. cit., p. 51.

cavidade e da convexidade do raio luminoso, e os sons, e tanto mais agudos conforme 'as partes trêmulas são mais curtas e mais tesas' ", seguindo tal estrato ou tal cena de coesão, de modo que cada uma pode "se abrir sobre todo um teatro".[13] Tal é o efeito do procedimento leibinista, quando seu processo de pensamento *se deixa ver* na percepção alucinatória, até o nível molecular ou liliputiano: "aos buracos substituem-se as dobras."[14]

Não se concluirá que o procedimento está preso a tais condições ou tal formação de sintoma. Vamos lembrar, ao contrário, sua não especificidade: seu devir infantil-atual torna-o capaz de construir idealmente e atualmente o *continuum* do real, e a única condição para isso é que a dobra se torne incondicionada, e sua própria potência, em vez de ser condicionada por coordenadas preestabelecidas, materiais ou espirituais, espaço-temporais ou mesmo geométricas puras, linhas e contornos. De onde o primado relativo, no ordenamento da primeira parte da *Dobra*, da *matemática da inflexão*. Entre a física descritiva das matérias e texturas barrocas (cap. 1), e a análise da plástica da arte barroca (cap. 3), o procedimento da dobra é reconduzido a seu elemento genético ideal: a inflexão, que não pressupõe mais "nem alto nem baixo, nem direita nem esquerda, nem regressão nem progressão",[15] em suma, quaisquer coordenadas suspensas do espaço e do tempo, físicos ou psíquicos (as matérias e as almas). Pois já na matemática da inflexão, é toda uma totalidade tímica e um etos maneirista que se encarnam na mais alta abstração em função dos problemas que afronta a psicose leibnista: como conjurar os buracos, fendas ou ranhuras, nas texturas da matéria e do corpo como nas dobras da alma e de suas percepções? Mas também, como diferir, retardar, contornar, não para evitar o que acontece, mas, ao contrário, para dele fazer um processo, ou um momento do processo de pensamento? E ainda, voltarei nisso, como manter distância disso que acontece, em um cara a cara crítico como

13. Ibid., p. 17.
14. Ibid., p. 38.
15. Ibid., p. 20.

relação de uma não relação (maneirismo)? É preciso toda uma arte da distância, e uma conquista da distância pelo desvio, o contornar, "o arredondamento dos ângulos e o evitamento da reta",[16] "a possibilidade de determinar um ponto anguloso entre dois outros por mais próximos que estejam" (por lei de homotetia, do tipo linha de Koch, ou dimensão fractal de Mandelbrot), e mais profundamente "a latitude de juntar sempre um desvio, fazendo de qualquer intervalo uma nova dobradura" de sorte que qualquer contorno vira fumaça.[17] Já é a matemática da inflexão que permite ao processo de pensamento conquistar essa continuidade dobrada e dobrante, com seus tipos cada vez mais complexos e "continuantes": suas singularidades ainda neuróticas ou especulares, de inflexão vetorial ou por simetria; essas singularidades paranoicas, de inflexão por projeção sobre espaços internos definidos por "parâmetros escondidos"; suas singularidades de inflexão esquizofrênicas enfim, inseparáveis de uma variação realmente incondicionada ou de uma curvatura infinitamente variável.

> É aí que se vai de dobra em dobra, não de ponto em ponto, e que qualquer contorno vira fumaça em proveito das potências formais do material, que vêm à tona e se apresentam como tantos outros desvios e redobras suplementares. A transformação da inflexão não admite mais simetria, nem plano privilegiado de projeção. Ela se torna turbilhonante, e se faz por atraso, por adiamento, antes que por prolongamento ou proliferação: de fato, a linha se desdobra em espiral para retardar a inflexão em um movimento suspenso entre céu e terra [...], e, a cada instante, "alça voo ou arrisca se esborrachar sobre nós". Mas a espiral vertical não se não sustenta, não difere a inflexão, sem também prometê-la e torná-la irresistível, em transversal: uma turbulência nunca se produz sozinha, e sua espiral segue um modo de constituição fractal segundo o qual novas turbulências se intercalam sempre entre as primeiras. É a turbulência que se nutre de turbulências, e, no apagamento do con-

16. Ibid., p. 7 (em referência a um dos traços plásticos pelos quais Wölfflin caracterizava o Barroco).
17. Ibid., p. 23.

torno, só se termina em espuma ou crina. É a própria inflexão que se torna turbilhonante, ao mesmo tempo que sua variação se abre sobre a flutuação, se torna flutuação.[18]

A reconstrução topológica que substitui a matemática da inflexão, no começo do capítulo 2, chama precisamente a atenção, passando da matéria extensão (cap. 1) a uma matéria-tempo (cap. 2), sobre essa estratégia do diferimento, do retardamento, que difere o encontro (acidente ou catástrofe), ou antes, o põe em cena conjurando-o. De jeito nenhum é um fantasma de fim do mundo, mas, ao contrário, uma suspensão de qualquer fim conquistando uma perpetuação, uma continuação ao infinito. Até mesmo a morte, o universal acidente ou "seu erro capital", *procede* assim, – a morte barroca como tendência e como "movimento se fazendo", procedendo por atordoamento infinito e por re-envolvimento.[19]

Em todos os estratos, física, matemática, estética, cosmológica ou psicologicamente, o gesto de dobrar é aquele de envolver uma na outra a operação do pensamento (diferenciar) e a continuidade dessa operação (processo), a operação da diferenciação (dobrar) e o processo do pensamento puro (delirar). Só há dobragem numa continuidade, mas só há continuidade perpétua por uma força de diferenciação determinada como dobragem. É a diferenciação atualmente infinita que permite conquistar a continuidade. Se a continuidade é interrompida, a própria possibilidade de pensar encalha, e seu processo vai por água abaixo. Inversamente, qualquer operação de indiferenciação – de lienarização, de homogeinização, de unidimensionalização –, longe de garantir a continuidade, torna o descontínuo inevitável, arriscando a cada instante reintroduzir um rombo no bucho do real. Carece concluir daí que há uma matemática ou uma geometria psicótica, tanto quanto uma estética, uma cosmologia, uma psicologia ou uma teologia psicóticas? Ao menos a psicose leibnista

---

18. Ibid., p. 23-24.
19. Ibid., pp. 13, 97 ("a morte no presente, como um movimento fazendo-se, e que não se espera, mas que se "acompanha").

encontra em todos estes estratos as matérias de sua operação indissociavelmente lógica e física, cuja "teorização" é seu próprio processo. O que importa antes de tudo é a maneira como todos esses diferentes estratos são ligados, dobrados uns nos outros. Seguramente seria arriscoso dizer que qualquer busca do contínuo sintomatiza um processo psicótico; carece dizer, por contra, que a construção de uma continuidade absoluta reveste um aspecto psicótico, já que dele depende tanto o real quanto o pensamento do real, daí que a tarefa é reconstruir o real por um processo de pensamento que deve substituí-lo de par em par. É antes o pensamento que é, por assim dizer, dobrado e dobrante, e que conquista *sua própria continuidade* pela dobra como gesto ao mesmo tempo especulativo e vital. De certo, o pensamento na ocorrência é filosófico porque é analítico: mas que sentido assume justamente a análise, em tal processo continuado de desdobra-redobra? Aqui estão em jogo ao mesmo tempo as condições que Leibniz, descartando Descartes, fixa na operação analítica do pensamento, mas também o sentido clínico que um pensamento leibnista dá à análise, quando esta é substituída em pleno processo genético. Por sua própria natureza, seu procedimento impede a manutenção da oposição tradicional entre gênese e análise. Se Deleuze insiste tanto em lembrar que em Leibniz a distinção real nunca implica a separabilidade, precisamente porque o distinto está coenvolvido, dobrado-dobrante,[20] esta tese anticartesiana tem como correlato o fato de que a análise, longe de ser o contrário do movimento genético, torna-se sua própria modalidade. Quando até mesmo a análise assume o comportamento de uma dobra, e procede por redobra e desdobra, envolvimentos e desenvolvimentos, ela própria se torna genética.[21] O leibnista de carteirinha

20. "A divisão do contínuo não deve ser considerada como a da areia em grãos, mas como a de uma folha de papel ou de uma túnica em dobra, de tal modo que possa ter aí uma infinidade de dobras, umas menores que as outras, sem que o corpo se dissolva em pontos ou mínima." (Leibniz, *Pacidius Philalethi*, citado em Gilles Deleuze, *Le Pli*, op. cit., p. 9.)
21. Ver Gilles Deleuze, *Le Pli*, op. cit., p. 50 (a desdobra "de jeito nenhum é o contrário da dobra, nem seu apagamento, mas a continuação ou extensão de seu ato, a condição de

tem o jeito lá dele, bastante peculiar, de compreender o que quer dizer *construção na análise*: esta não é a decomposição de um movimento previamente interrompido, mas, ao contrário, a maneira de fazê-lo proceder. Faz da dobra sua operação *enquanto processo*, um processo analítico que persevera por sua própria operação imanente. Naturalmente quando o pensamento se envolve assim em um real dobrado atualmente ao infinito, a análise não se torna genética sem que a gênese assuma, por sua vez, um sentido especial. Pois esta, num certo sentido, não "engendra" nada, se queremos ver nisso a produção de um plano de realidade a partir de outro. Tal é a recíproca do triplo caráter, analítico da gênese, infinito da análise, e atual do próprio infinito. Deleuze não deixa de lembrar que não há passagem, no sentido de uma ordem de evolução ou de emergência, de um estrato para o outro, das matérias às almas, do sensível ao inteligível etc., mas ao mesmo tempo "corte" e "transição insensível":[22] um corte sempre se fazendo mas que não deixa de se indiscernibilizar e desvanecer-se em seus efeitos. É por isso que é imprescindível repetir de novo que o enunciado segundo o qual a distinção real não traz de reboque a separabilidade, não é uma tese especulativa abstrata, mas a fórmula de um procedimento, operação concreta indissociavelmente lógica e física, método e maneira de fazer: a dobra é *o que torna inseparável* o que é, no entanto, realmente distinto, é uma maneira de introduzir cortes, mas de tal maneira que o corte não seja nunca "uma lacuna ou uma descontinuidade", mas, ao contrário, a passagem de uma imperceptível transição, quer se trate das relações entre as matérias inorgânicas e orgânicas, entre as almas e as matérias, entre as almas vegetativas, sensitivas e intelectivas, entre uma mônada e "seu" corpo, entre as mônadas e elas mesmas ou seu ponto de vista respectivo ("o perspectivismo é bem um pluralismo, mas implica a esse respeito

sua manifestação. Quando a dobra deixa de ser representada para se tornar "método", operação, ato, a dobra torna-se o resultado do ato que se exprime exatamente dessa maneira").

22. Ibid., p. 89, n. 13.

a distância e não a descontinuidade... certamente não há vazio entre dois pontos de vista"). De modo que, ao mesmo tempo em que os diferentes estratos são dobrados uns nos outros, a dobra, longe de um procedimento indiferenciado, não deixa de variar em si mesma ao fim de seu processo. As *dobras de inflexão* determinam os eventos (eventos geométricos de uma família de curva, eventos físicos em uma matéria molecularmente turbilhonante e turbulenta, eventos psíquicos na espontaneidade perceptiva de uma alma, eventos ideais no "cálculo do mundo" como única curva contínua ou série infinita de tudo "o que acontece"), às *dobras entre-duas (Zwiefalt)* que determinam *estruturações dinâmicas* (que partem das interioridades e exterioridades relativas, e que se diferenciam entre as redobras extrínsecas da matéria e as dobras íntimas da alma), *dobras de posição* que determinam *locais perspectivos ou pontos de vista* e de relações de distância entre pontos de vista, às *dobras de inclusão* que determinam um sujeito como interioridade absoluta, mônada sem fora que inclue a linha do mundo de um ponto de vista singular, e daí ainda às *dobras de aderência ou de adesão*, que determinam o pertencimento de um corpo a um sujeito (seguindo as relações de sutura vincular entre mônadas dominantes e subordinadas): são tantas outras "maneiras" de um mesmo gesto contínuo porque continuamente diferenciado, tantas outras modulações de um mesmo processo operatório de reconstrução do mundo através do qual se indica ao mesmo tempo uma maneira de habitá-lo.

Capítulo 3

Habitar um mundo

A plástica barroca como estruturação dinâmica do corpo

> A epiderme não é mais um papel de parede exatamente estendido, ela estremece sob o impulso dos relevos internos que tentam invadir o espaço e lançar luz, e que são como a evidência de uma massa trabalhada em sua profundeza por movimentos escondidos.
>
> HENRI FOCILLON[1]

A lógica filosófico-clínica que acabamos de descrever anima em profundidade as escolhas de focalização e de construção da análise deleuziana. Nada é mais esclarecedor a esse respeito que a maneira com que é colocado em jogo, desde os três primeiros capítulos (ciência das matérias, matemática da inflexão, plástica barroca), o problema do corpo. Lembremos que este só será abordado na terceira e última parte do livro, totalmente organizado em torno de um problema eminentemente psicótico: aquele de uma dedução, não do próprio corpo, mas de "ter um corpo".[2] Ter

---

1. Henri Focillon, *Vie des formes* (1943). Paris: PUF, 2000, p. 39.

2. Sobre o desmoronamento do "mundo do ter" na psicose, não apenas nas figuras de esquartejamento do corpo, mas nas situações em que qualquer relação de ter desaparece em uma pura relação de ser (ser um corpo, ou uma parte do corpo cortada de qualquer dialética comprometendo o corpo como totalidade), ver Gisela Pankow, *Structure familiale et psychose*, op. cit., por exemplo nas pp. 183-184 o caso de Huges e a trança (lhe é impossível encontrar o mundo do ter, o mundo em que uma mulher poderia ter uma cabeleira sem ser essa cabeleira... Há uma falha no mundo do ter, pois uma parte do corpo não pode mais engendrar um movimento que implique o corpo todo... qualquer acesso à totalidade do corpo tende a um ato ou a uma representação de destruição"), e pp. 192-193 onde Pankow se refere a *Être et avoir* de Gabriel Marcel.

um corpo não é um fato, um dado, nem mesmo um constructo, mas antes uma *exigência* – "exigência moral", como diz Deleuze – que precisa ser tratada por uma *dedução*. *Não tenho um corpo se não o deduzo, enquanto não o terei deduzido*... No entanto, que processo o delírio já deve ter realizado para chegar à possibilidade desta dedução, e seria apenas a própria formulação dessa exigência? Desde a primeira parte, o problema do corpo está presente, mas subterraneamente, e sintomaticamente diferido em proveito de um problema mais urgente, o de *habitá-lo*. Seus sinais são múltiplos: o primado relativo, entre as artes barrocas, conferido à arquitetura, em que o sentido é mais que ilustrativo (cap. 1 e 3); a exposição da materiologia e da psicologia (as texturas e as animações, as "redobras da matéria" e as "dobras na alma") no tópico de uma casa (desde o cap. 1); a passagem desse tópico de "dois andares" a uma topologia (cap. 2), como da dobra das forças materiais e psíquicas aos pontos de inflexão, dobras abstratas de quaisquer coordenadas espaço-temporais, e em consequência desenvolvíveis em qualquer espaço-tempo por repartição de interiores e de exteriores em proveito de configurações cada vez mais complexas; a passagem dessa "matemática da inflexão" (Patre 1) à cosmologia e sua "metafísica da inclusão" (Parte 2), quer dizer, à posição do problema do sujeito como "ponto metafísico" ou mônada *em função* do problema de um mundo habitável. Objetar-se-á que quando Deleuze escreve: "é impossível compreender a mônada leibniziana, e seu sistema luz-espelho-ponto de vista-decoração, sem relacioná-lo à arquitetura barroca", a arquitetura só tira daí um privilégio aparente, já que a dobra barroca demonstra, ao contrário, sua força plástica de "acavalar as matérias e os domínios mais diversos", e que no final das contas é antes a música que virá em última análise condensar os desafios finais do leibnianismo (cap. 9, teoria da harmonia). No entanto, perceber-se-á, em primeiro lugar, que à cena do teatro barroco esperado, Deleuze privilegia a arte mais elementar da (re)construção de um edifício; à expansão de um barroco já seguro de seu espaço nas dimensões de um "teatro do mundo", a tarefa modesta de uma casa pra se morar; ao problema de uma "outra cena" (o inconsciente freudiano), aquele de um "outro andar", e da "separação de dois andares de um único e mesmo mundo, de uma única e mesma casa"(o inconsciente psicótico leibnista).[3] Em segundo lugar, quando o teatro barroco se tornará efetivamente *theatrum mundi*, ele verá por sua vez a pintura "sair de sua moldura" e se realizar "na escultura de mármore polícrono", enquanto a escultura "se ultrapassa e se realiza na arquitetura", que se inscreve em uma dimensão de fachada que "descola do interior, e se põe em relação com os entornos de modo a realizar a arquitetura como urbanismo".[4] Através de todas as artes, o fio está esticado, da arquitetura à música como arte da morada (o platô "Sobre o ritornelo" tinha feito dele sua tese primeira, ligando a música à construção de um território e às forças telúricas de uma morada, ao contrário das concepções espiritualistas da música como arte da idealidade, forjadas pelas filosofias pós-kantianas, hegeliana ou schopenhauriana). Assim, as últimas linhas do livro concluirão retomando essa intuição inicial: o problema do leibnismo, processo que atrela um pensamento filosófico à reconstrução de um mundo em ruínas, é antes de se saber como habitar um mundo tornado inabitável.

3. Gilles Deleuze, *Le Pli*, op. cit., p. 17; cf. pp. 49-50. A recorrência de expressão "outro andar" ao longo do primeiro capítulo, é tão insistente que fica difícil não a escutar como eco da expressão freudiana de "outra cena". Mas o eco é dissonante: a imagem da casa barroca que duplica a argumentação deleuziana, não desenha um tópico do recalque, mas o de um "espaço transicional" paradoxal em que se reconstroem as relações do "alto e do baixo", do exterior e do interior, do próximo e do distante, do limite envolvente que isola e da superfície em fachada que expõe. Gostaria de sugerir aqui uma leitura dessas análises dos capítulos 2 e 3 da Dobra como uma contribuição possível a uma clínica pankowiana: "A técnica utilizada pela psicoterapia das psicoses é completamente diferente daquela exigida pelo tratamento das neuroses. Qualquer tratamento de uma esquizofrenia dá acesso a uma maneira de ser, a uma peça no interior da 'casa dos esquizofrênicos'" (Gisela Pankow, *Structure familiale et psychose*, op. cit., p. 32: ver em particular os cap. I e VI, sobre o caso da "Casa desarticulada" construída a partir da narrativa de Soljenitsyne, *Matrjonas Hof*).

4. Sobre esse "prodigioso desenvolvimento de uma continuidade das artes", ver Gilles Deleuze, *Le Pli*, op. cit., p. 168.

A questão é sempre habitar um mundo, mas o habitat musical de Stockhausen, o habitat plástico de Dubuffet, não deixam subsistir a diferença do interior e do exterior, do privado e do público: identificam a variação e a trajetória, e duplicam a monadologia de uma 'nomadologia'. A música ficou sendo a casa, mas, o que mudou, é a organização da casa, e sua natureza.[5]

Assim, o corpo *não pode* ser primeiro; e já se pressente que, se a exigência de ter um deve ser colocada, é que se saberia passar "das matérias às matérias", como "dos solos e terrenos, aos habitats e salões",[6] mas daí também, da casa ao mundo, e da inclusão do mundo no sujeito. É só no fim desse circuito que reconstrói nada menos que o conjunto da estrutura do real, suas matérias, suas almas, seu mundo e seu Deus, que uma dedução do corpo capaz de satisfazer essa exigência se tornará possível e necessária. Mas o que exatamente está em jogo nesse circuito? Deleuze indica-o de longe em longe, desde as análises das matérias e das texturas, modulando a cada nível da análise *o problema da diferenciação do interior e do exterior*: o jogo de forças de compressão sobre a matéria inorgânica, então determinada por uma elasticidade variável segundo as determinações dos "entornantes" (o que já permite remediar a angústia paranoica das toxinas reconstruindo um corpo imunológico capaz de "se contrair expulsando de seus poros as partículas de matéria sutil que o penetram", enquanto que por sua vez "essa matéria mais sutil deve poder expulsar de seus poros outra matéria ainda mais sutil e etc. ao infinito")[7]; o jogo de forças plásticas internas da matéria orgânica, seguindo outra pulsação, não mais "tende-distende" ou "contrair-dilatar", mas "envolver-desenvolver", "involuir-evoluir", em função de coordenadas de interioridade e de exterioridade relativas, uma interioridade que compreende as exterioridades como outras interioridades ainda não desenvolvidas, uma exterioridade

5. Ibid., p. 189.
6. Ibid., p. 50.
7. Martial Guéroult, *Dynamique et métaphysique leibniziennes*. Paris: Les Belles lettres, p. 32 (cit. Gilles Deleuze, *Le Pli*, op. cit., p. 10, n. 14).

desdobrando-se sobre outras interioridades encerrando exterioridades ainda envolvidas; as forças primitivas e as almas, e as mônadas como interioridades espirituais absolutas, e que só são "para o mundo" enquanto fecham o mundo em sua interioridade sem fora. Em suma, todas estas análises giram em torno de um problema de *estruturação dinâmica do corpo*, para o qual a plástica barroca fornece a solução propriamente leibnista.

Cuidando de pacientes psicóticos e esquizofrênicos vitimas de desestruturações da imagem do corpo tão profundas que qualquer dialética de simbolização, de identificação e de transferência encontra-se aí impossibilitada. Gisela Pankow elaborou sob esse conceito terapêutico de estruturação dinâmica um conjunto teórico-prático, combinando modelagens, desenhos, manipulações corporais e de cura pela palavra, que visa reconstruir uma imagem do corpo como "modelo de uma estrutura espacial" sem o qual os próprios processos de simbolização, não menos que as identificações e as relações objetais encontram-se radicalmente comprometidos.[8] Não se chegaria a forçar uma formulação unitária dos distúrbios provindos da "maneira de 'ser-no-corpo'" tratados por Pakow. Ora, em uma paciente bordelina, a "casa vivida" que forma seu próprio corpo se vê "composto de duas partes heterogêneas: uma parte 'lhe pertencendo' que corresponde a seu lar, e uma parte 'estrangeira' que é atribuída ao 'móvel estrangeiro'", de modo que a supressão dessa parte estrangeira desencadeará uma "substituição do exterior" na forma de alucinações auditivas.[9] Ora, reconstruindo na narrativa da *Casa de Matriona* um fantasma psicótico inteiramente cenarizado nos destinos de uma "casa desarticulada" formando um frágil "invólucro protetor", Pankow põe no limpo as estruturas espaciais e temporais *redobradas*, organizando uma posição insustentável, mas que só poderia se abrir por um desmoronamento mortal: as aberturas e as clausuras, a combinação de "elementos heterogêneos" em guisa de

8. Gisela Pankow, *Structure familiale et psychose*, op. cit., pp. 27-28.
9. Ibid., pp. 187-188.

vigas, só formavam esse invólucro protetor à custa de uma encriptagem de um tempo murado, protegido do "perigo do Aberto" (o espaço), e só deviam deixar como única saída, para que esse "espaço se 'desdobre' ", e que por sua vez "o tempo 'dobrado' no invólucro protetor que representa essa casa se desdobre também e deixe aparecer uma dinâmica escondida no espaço", que a casa se "desarticule" e acabe Matriona esmagada sob os destroços.[10] Ou ainda no sonho de uma paciente esquizofrênica, um homem esfomeado corta a própria perna e guarda no congelador, para não morrer de fome. "O vazio interior, simbolizado pela fome, pode ser preenchido pela 'perna'. Colocada no congelador e para sempre separada do corpo vivo, a perna não faz mais parte do corpo; assumiu uma nova significação".[11] A sequência do tratamento revelará que a jovem esquizofrênica "fazia bloco com seu pai e tinha se tornado sua perna. Essa fusão protegia tanto o pai quanto a filha de uma mãe ou uma esposa manipuladora":

> "É dureza ser uma perna sem corpo", dizia-me a doente depois de ano e meio de tratamento. Esse estado sem corpo se traduzia em angústias insuportáveis e ela era obrigada a "se colar" a quem quer que seja para sobreviver. Ela nunca tinha internalizado seu pai, pois que fazia bloco com ele. Após oito meses de cura, ela me disse: "Nunca dissociei meus pais." Foram necessários dois anos de trabalho analítico para que essa paciente pudesse situar seus pais como diferenciados no mundo exterior: o casaco do pai sobre seu ombro protegendo-a do frio de um dia de verão e o xale de lã de sua mãe colocado *sobre* o casaco do pai. Os pais assim diferenciados (na forma de roupas) vieram a ser limite do corpo da doente para protegê-la e lhe dar o direito de ter um corpo só dela.[12]

---

10. Ibid., pp. 175-176 e seguintes. Pankow se refere aqui à problemática da Abertura em Maldiney: veremos que o procedimento leibnizista tem sua maneira peculiar de resolver esse problema, pela reconstrução de um *tópico* que não elimina a estrutura críptica da "casa do esquizofrênico, mas a organiza de tal modo que seu próprio encerramento se torna a condição do Aberto ou de um "ser-para-o-mundo" (ver Gilles Deleuze, *Le Pli*, op. cit., pp. 36-37).

11. Gsiela Pankow, *Structure familiale et psychose*, op. cit., p. 27 (o caso Véronique foi desenvolvido em *L'Homme et sa psychose*, 1969, reedição Paris: Flammarion, 1993, pp. 136-179).

12. Ibid., pp. 46-47.

Selecionar as boas dobras, dobrá-las prudentemente para formar o invólucro conveniente, quer dizer, que permita "ter um corpo", é o problema enfrentado também pela psicose leibnista, por mais que seu procedimento lhe imprima um aspecto dos mais singulares. Retomando uma intuição de Gabriel Marcel, Pankow sublinhou o quanto a relação do *ter* – uma relação em que "há do *outro* e do *não outro* que *eu* sou", abrindo uma polaridade entre *eu* e o *outro* de tal modo que "relações históricas possam se desenvolver" – é inseparável de uma articulação tópica entre "um mundo do fora" e "um mundo do dentro", que ao mesmo tempo os dissocia e os religa, conjurando tanto sua fusão como sua falha dissociativa. Antes mesmo que o processo terapêutico possa intervir na elucidação dos conteúdos de sentido escondidos por estes fragmentos de palavras ou de coisas que substituem tal corpo impossível de se ter, só uma reconstrução dessa diferenciação dentro/fora pode permitir uma intervenção nas desconstruções dos processos de simbolização.[13] Pankow demonstra enfim como essa reconstrução resgata uma função simbolizante nodal, o *limite* ou *superfície*, que só pode ser reintroduzido pelo posicionamento de um campo dinâmico reencetando uma dialética entre partes e totalidade do corpo. Análogo ao "espaço potencial no momento em que a criança se tranquiliza com a ajuda do objeto transicional"[14] – um espaço de "possessão" (*Besitzstück*), ou como diria

13. "Em todas essas intervenções, os problemas genéricos do processo de simbolização não foram tratados. Precisaria antes descobrir e compreender o espaço potencial que, apenas ele, permite desencadear o processo de simbolização. Este espaço potencial é ignorado pela análise clássica e permanece fora da portada de suas relações objetais." (Ibid., p. 47.) Assim, a respeito de um caso acima mencionado: "Com a ajuda da modelagem, cheguei à descoberta das zonas de destruição na imagem do corpo de Verônica. Não significa que quando estas zonas de destruição forem reparadas que se possa situar o exterior e o interior em um corpo que tinha encontrado seus limites. Foi possível então descobrir falhas na vida da doente, que correspondiam às zonas de destruição da imagem do corpo." (Ibid., p. 33.)

14. Ibid., p. 27 e seguintes, pp. 30-31 ("*A primeira função da imagem do corpo* concerne unicamente sua estrutura espacial como enquanto forma ou *Gestalt*, quer dizer, enquanto esta estrutura exprime um laço dinâmico entre as partes e a totalidade. Por exemplo, um doente que traz a seu médico um corpo em massa de modelar em que falta um membro, será capaz ou não de reconhecer o que falta. No primeiro caso, o doente estaria afetado

um leibinista, de "pertencimentos",[15] – esse campo dinâmico não está povoado por objetos externos e internalizados, elementos de relações objetais sujeitas ao recalque, ao conflito e à interpretação do recalcado. São, pelo contrário, as dinâmicas desse "entre dois" do espaço potencial e de seus objetos transicionais "nem internos nem externos" (Winnicott), que abrirão a possibilidade das dinâmicas objetais – ou decidirão sua fortuna:

> O espaço potencial não está limitado à fase da separação da criança de sua mãe [...]. No que concerne à clínica, me ocupo menos com a integração temporal dos fenômenos transicionais que com "esse ponto no espaço" em que se inaugura a simbiose entre mãe e filho. Ademais, Winnicott substitui o termo "simbiose" por "inauguração de seu estado de separação". É muito precisamente esta sutura, essa dobradiça na dinâmica e na dialética do espaço que chamou minha atenção. [...] A técnica analítica que Winnicott utiliza junto às crianças, adolescentes e até mesmo adultos muito perturbados, *é o jogo*, quer dizer, *esse espaço não erótico entre a simbiose e a separação*. Convidando os doentes mentais a tomarem da massa de modelar e fazer alguma coisa para mim, introduzo-os nesse mesmo "espaço do jogo". Em uma e outra técnica, trata-se de encontrar um marco, um enxerto, para acionar um processo de simbolização. O objeto modelado ajuda a criar um espaço que deveria estar estruturado. Considerando o objeto modelado como representante de um entorno espacial, a dinâmica das relações entre objetos (coisas ou seres vivos, os humanos aí compreendidos) permite estruturar, numa espécie de sonho acordado, relações objetais que se inscrevem na temporalidade. Esse processo de modelagem se situa no espaço potencial: mas o objeto modelado não é um objeto transicional, pois o doente não o descobre como um dado: ele o criou. Todos dois, o objeto transicional e a modelagem, devem ajudar a simbiozar. Mas esse

por um distúrbio neurótico perceptível na história do sujeito. No segundo, o distúrbio corresponderia a uma destruição da própria concepção do corpo, de modo que não estaria acessível a uma análise clássica. [...] Talvez as funções simbolizantes nos deem acesso a categorias que são mais originais e fundamentais que aquelas do 'dentro' e do 'fora', já que estas últimas implicam as noções do limite e da superfície. É justamente a descoberta do limite e o acesso à superfície que devem nos ocupar nesse trabalho. [...] Assim a superfície adquire uma dimensão simbolizante.").

15. Gilles Deleuze, *Le Pli*, op. cit., pp. 143-163.

processo criador não poderia se produzir sem uma simbiose, quer dizer, sem essa dobradiça na dialética do espaço, que só dá acesso à elaboração de uma transferência e assim a uma cura analítica da psicose.[16]

Na dedução leibnista do fato de "ter um corpo", será preciso ter em mente que o problema metafísico clássico da união da alma e do corpo é sobredeterminado pelo investimento psicótico da própria metafísica, para ver como aí se motiva um embargo clínico do problema das "possessões" ou dos "pertencimentos" por meio dos quais se regula e finalmente se decide a solução da decisão: a vitória ou o fracasso quanto a se ter um corpo. Todavia não se poderá realmente se dar conta, se não se começa por sublinhar as diferenças que o procedimento leibnista (a dobra barroca, como processo infinito) introduz na estruturação dinâmica do espaço com relação à sua elaboração pakowiana – o que não se faz sem singularizar a relação dinâmica entre partes e totalidade e a função simbolizante da superfície na estruturação corporal do espaço. Voltemos então mais precisamente à estruturação dinâmica que mobiliza a psicose leibnista e ao tipo de espaços potenciais que ela vem a inventar.

Primeiramente, o processo da dobra ao infinito procede logo à constituição de superfícies; só que é um tipo de superfície que não separa de maneira biunívoca *uma* interioridade e *uma* exterioridade. Se sua função é diferenciadora espacialmente, não o é no sentido de um limite ou de um contorno, mas antes, no sentido de um procedimento fractalizante que conjura na linha seu valor de limite, e que conjura na superfície seu valor de envolvimento. Dir-se-ia então que a dobra leibnista, como operação de constituição de uma superfície com o valor de membrana, pele ou vestimenta, longe de separar uma interioridade e uma exterioridade, repulsa essa separação, ou ao menos difere sua fixação, fazendo-a proliferar em suas duas direções assimétricas que não param de passar uma na outra: a interioridade interiorizando sua diferença em novas diferenciações entre interioridades e exterio-

16. Gisela Pankow, *Structure familiale et psychose*, op. cit., p. 45.

ridades interiores, o exterior se desdobrando em novas diferenciações de exterioridades e de interioridades exteriores, *ad libitum*. Como o vimos, é a condição para assegurar a continuidade do real, empurrando a dobra para o incondicionado, e tornando sua diferenciação infinita (a diferenciação, no entanto, sempre sobre outras diferenças).

Mas sabemos, em segundo lugar, que essa estruturação dinâmica fractal não se torna sua própria razão. Diz respeito antes às desdobras e redobras da matéria, que se devolvem às almas, centros perceptivos e agentes de unificação na matéria. Pois as almas, por sua vez, são "dobradas" por suas percepções tanto quanto o são as partes materiais por suas forças componentes, o importante é que elas o sejam de forma totalmente diferente: seguindo uma dobra de inerência ou de "inclusão", como princípio de uma espontaneidade perceptiva interna, e não mais de uma determinação material extrínseca. Não é em virtude de tal interioridade de inclusão que a estruturação dinâmica chega enfim a assumir sua função de limite, invólucro ou contorno? É nesse nível que parece se estabilizar *uma* interioridade e *uma* exterioridade, e, portanto, a relação de um eu com um não eu apta a suportar simultaneamente a dimensão do *Ter*, a relação para com o *outro* e a abertura de um *mundo*? No entanto, essa conquista só é suportável em uma psicose leibnista por meio de um procedimento que lhe redobra os paradoxos. Se a estruturação dinâmica cai bem na posição de uma interioridade, e antes por uma transposição do limite: passagem de interioridades físicas ainda relativas, a uma interioridade metafísica absoluta, a mônada como interioridade *sem fora*. E essa interioridade absoluta tem por reverso uma transformação do sentido e da superfície: não como limite ou contorno, mas como fachada, quer dizer, uma superfície que tende a se autonomizar em sua própria relação com uma interioridade, e a valer assim por si mesma; uma exterioridade *sem dentro*. Já é verdadeiro para a própria roupa, da qual Pakow sublinhou a função simbolizante crucial na reconstrução da imagem do corpo.[17] Quando a roupa se torna capaz de fazer suas dobras atuarem como num drapeado barroco, só envolve de tanto dissimular o que envolve. Só protege um corpo sob a condição de que ele se torne tão independente, e de transbordá-lo tão exageradamente que ele não evoca mais nada de sua forma. Assim, "o tecido, a roupa, libera suas próprias dobras de sua habitual subordinação ao corpo finito", e as multiplica e as densifica até obter "uma espécie de 'forro' esquizofrênico": "Se há um costume propriamente barroco, este será largo, vago, inchando, fervendo, ensaiando, e envolverá o corpo com suas dobras autônomas, sempre multiplicáveis, tanto que não traduzirá aquelas do corpo."[18] Por um lado, "a mônada é a autonomia do interior, um interior sem exterior", cujas paredes internas são guanecidas com céus pintados e todos os tipos de ilusão visual, e onde:

> [...] a luz só penetra por orifícios tão bem enviesados que não se deixam ver de fora, mas iluminam ou colorem as decorações de um puro dentro. [Por outro, a mônada] tem por correlato a independência da fachada, um exterior sem interior. A fachada pode ter portas e janelas, ela está cheia de buracos, embora não tenha vazios, um buraco não sendo mais que o lugar de uma matéria mais sutil. As portas e janelas da matéria só se abrem ou fecham de fora e sobre o fora.[19]

É justamente aí que o "entre dois" do espaço potencial adquire toda sua consistência. É uma nonada dizer que ele não é "nem interno nem externo", nem psíquico nem físico, ou nem fantasmático nem material. É o espaço do *Zwiefalt*, dobra que diferencia a exterioridade e a interioridade, mas que a si próprio se diferencia entre as redobras exteriores da realidade material e as dobras íntimas da realidade psíquica. A dobra do espaço potencial, por não ser nem interna nem externa, deve ser um *e* outro, em uma es-

---

17. Ver o caso exemplar da paciente bordelina exposto em Gisela Pankow, *Structure familiale et psychose*, op. cit., pp. 39-43 (caso de "simbiose com as roupas dos pais") e já o caso Verônica, tendo feito da catinga do pai morto, mas no luto denegado, uma roupa simbiótica com a qual a paciente "estava encontrando os limites de seu corpo vivido" (pp. 33-38).
18. Gilles Deleuze, *Le Pli*, op. cit., pp. 164-166.
19. Ibid., p. 39.

sencial "'duplicidade' da dobra que se reintroduz necessariamente dos dois lados que distingue, mas que relaciona um ao outro os distinguindo: cisão em que cada termo relança o outro, tensão em que cada dobra é tendida na outra". O espaço potencial só pode se manter à custa dessa "extrema tensão de uma fachada aberta e de uma interioridade fechada, cada uma independente, todas as duas reguladas por uma estranha correspondência preestabelecida".[20]

Todo o problema da estruturação dinâmica, no final das contas, se resume em organizar essa "tensão quase esquizofrênica". Ora, organizá-la não significa reabsorvê-la ou anulá-la (desmoronamento), mas distribuí-la, reparti-la e fazê-la "concordar" em uma espacialidade suportável sem quebrar o processo do qual ela é inseparável. Essa repartição assume no leibnismo ao menos três figuras, três exposições que se entre-respondem sem se confundir, uma *tópica*, outra *dinâmica*, a terceira *topológica*.

– A perspectiva tópica da estruturação dinâmica dá toda sua importância à plástica barroca, tanto do ponto de vista de uma sintomatologia da psicose leibnista, quanto em função dos problemas que soube colocar Gisela Pankow em sua clínica da "casa do esquizofrênico". Deleuze de primeiro deixa bem sublinhadinho que é com a passagem das interioridades relativas a uma interioridade absoluta, como com a transposição das dobras de inflexões físicas e psíquicas a uma dobra de inclusão metafísica, que este último assume seu valor de invólucro protetor. A mônada como ponto metafísico livra a razão última ou a "causa final" do procedimento; aí, pode enfim manter um sujeito.[21] Mas sob que condição esse invólucro pode ser realmente protetor, senão precisamente porque ele *não faz* contorno é que ele não reintroduz a distribuição de um interior e de um exterior relativos para

20. Ibid., pp. 42 e 46.
21. Ibid., pp. 30-31 ("Por que alguma coisa seria dobrada senão para ser envolvida, colocada em outra coisa? [...] É um invólucro de inerência ou de "inesão" unilateral; a inclusão, a inerência, é a *causa final da dobra*, de modo que se passe insensivelmente desta para aquela. Entre os dois um desnível insensível se produziu, que faz do invólucro a razão da dobra: o que está dobrado é o incluso, o inerente. Dir-se ia que o que está dobrado é apenas virtual, e que só existe atualmente em um invólucro, em algo que o envolva.").

situar a "dissociação psicótica"? Diríamos até que ele reforça essa dissociação, mas lhe dando uma configuração singular que permite repartir sua tensão esquizoide por um graduamento de sua cisão em uma casa barroca.

> A cisão do interior e do exterior reflete na distinção dos dois andares, mas esta reflete a Dobra que se atualiza em dobras mais íntimas que a alma encerrada no andar de cima, e que se efetua nas redobras que a matéria faz nascer uns dos outros, sempre no exterior, no andar de baixo. [...] O acordo perfeito da cisão, ou a resolução de sua tensão, se faz pela distribuição de dois andares, os dois andares sendo de um único e mesmo mundo (a linha do universo). A matéria-fachada vai embaixo, enquanto a alma-quarto sobe.[22]

O que se ganha nessa arquitetura que "resolve" paradoxalmente a cisão mantendo-a e tornando-a habitável? Primeira e fundamentalmente uma cripta, uma identificação críptica que escande a gênese ideal do mundo de um momento cripto-genético do eu leibnista.[23] "Desde muito tempo há lugares em que o que há para ver está dentro: célula, sacristia, cripta, igreja, teatro, gabinete de leitura ou de estampas. São esses lugares que o Barroco investe". São também lugares desse tipo que constrói a psicose leibnista: "A mônada é uma célula, uma sacristia mais que um átomo", uma cripta "sem porta nem janela, em que todas as ações são internas".[24] Nessa construção críptica estão em jogo ao mesmo tempo: a arquitetura da casa, e singularmente do andar de cima; o sistema das luzes e das cores, que permitem a este de se subtrair a qualquer olhar exterior, murando em suas paredes sabiamente agenciadas uma "luz 'selada' ";[25] e depois, ainda, a distribuição fracionada do próprio olhar, entre a visibilidade exterior e pública no andar de baixo, e a legibilidade interior no andar privado de

---

22. Ibid., pp. 42 e 49.

23. Sobre o componente críptico ou "criptográfico" da arquitetura barroca e o habitar psicótico-leibnista, ver Gilles Deleuze, *Le Pli*, op. cit., pp. 6, 30, 38-41. Cf. Nicolas Abraham e Maria Torok, *Le Verbier de l'Homme aux loups*, com prefácio de Jacques Derrida, "Fors". Paris: Flammarion, 1976.

24. Gilles Deleuze, *Le Pli*, op. cit., p. 39.

25. Ibid., p. 45. É de tal luz selada, encriptada, que se aproxima "o ideal arquitetural de

cima reduzido a um 'quarto secreto' ".[26] A cripta é *camera obscura*, não porque ela é escura, mas antes porque sua luz interior não dá nenhum acesso pelo lado de fora, depois porque é uma luz que só é feita para se ler um texto que tem uma relação obscura com as imagens visíveis, à maneira das alegorias barrocas.[27] Desde então se compreende melhor porque, como o indicamos precedentemente, a dobra funciona simultaneamente como operação física e como procedimento lógico. Nas condições de uma psicose leibnista, o problema não é tanto de "tratar as representações de palavras como representações de coisas", mas antes de repartir as *visibilidades* nas coisas-fenômenos e as *legibilidades* nos conceitos como seres metafísicos, o visível nas redobras da matéria, no andar de baixo, e o legível nas dobras íntimas da alma, no andar de cima, em um gabinete de leitura em que se refugia um sujeito encriptado. Para que a mônada faça manter um sujeito, é preciso "uma 'criptografia' que, ao mesmo tempo, enumere a natureza e decifre a alma, vista nas redobras da matéria e lida nas dobras da alma" e descubra as correspondências escondidas entre uns e outros.[28] (É essa exigência criptográfica que justifica as valências paranoicas que pode assumir a psicose leibnista, e

uma peça em mármore negro, em que a luz só penetra por orifícios tão bem enviesados que não deixam nada se ver de fora, mas iluminam ou colorem as decorações de um puro dentro".

26. Gilles Deleuze, *Le Pli*, op. cit., pp. 43-44 ("Leibniz se põe a utilizar, a empregar a palavra "ler" ao mesmo tempo como o ato interior à região privilegiada da mônada, e como o ato de Deus na própria mônada..."), e p. 55. Esse tema da repartição do legível e do visível, daquilo que é essencialmente legível no conceito (sob a condição de clausura da mônada), e daquilo que é essencialmente visível no fenômeno (sob a condição da exterioridade da matéria), é um leitmotiv da leitura deleuziana, em referência sobretudo a *Monadologia*, § 61, à grande narrativa barroca da *Théodicée*, ou ainda à teoria da alegoria.

27. Ver a análise da alegoria barroca e seu sistema imagens-inscrições-assinaturas como base de uma cenografia criptada, Gilles Deleuze, *Le Pli*, op. cit., pp. 170-172 ("De primeiro, *as imagens de base*, mas que tendem a quebrar qualquer moldura, a formar um afresco contínuo para entrar em ciclos ampliados", séries que formam uma "*história*". "Em segundo lugar, as *inscrições*, que devem estar numa relação obscura com as imagens, são elas próprias proposições como atos indecomponíveis, tendendo para um conceito interior, conceito verdadeiramente proposicional..."), e a magnífica sentença sobre o frontispício de *La Lunette d'Aristote* (1655), de Emmanuel Tesauro, p. 172.

28. Gilles Deleuze, *Le Pli*, op. cit., p. 6.

não o inverso). A cripta monádica é o sistema completo das anamorfoses visíveis, dos textos cifrados, e dessas correspondências que só podem aparecer do bom ponto de vista, "seguindo a ideia leibniziana de ponto de vista como segredo das coisas, núcleo, criptografia, ou então como determinação do indeterminado por signos ambíguos: *isto* de que vos falo, e *no que* pensais também, estais de acordo para dizê-*lo*, *dele*, sob a condição que se saiba a que *nele* se segurar, sobre *ela*, e que se esteja de acordo também sobre quem é *ele* e quem é *ela*? Apenas um ponto de vista nos dá as respostas e os casos, como numa anamorfose barroca".[29] Tal é o lugar paradoxal da mônada como interioridade metafísica, sem fora, ou em si mesma exterior a qualquer interioridade física: a cripta como não lugar, lugar impossivelmente inscrito no tópico do inconsciente analítico-neurótico, mas, em revanche, pensável no tópico do eu metafísico da psicose leibnista – tal como um "inconsciente artificial", dirão Nicolas Abraham e Maria Torok.

Remonta a Abraham e Torok, e Derrida na sequência, ter explorado os paradoxos de tal tópico críptico, que renovava tanto a compreensão dos desenvolvimentos melancólicos da negação do luto, quanto os destinos psicotizantes da própria melancolia. Entre este tópico críptico e aquele da psicose leibnista, a sistematicidade das convergências é ainda mais surpreendente. Mencionemos ao menos, a título de marcação propedêutica: *a/* um *tópico da "incorporação"* como inclusão paradoxal em um "interior sem exterioridade",[30] que põe em xeque o tópico do inconsciente freudiano e dos processos objetais aferentes ao recalque e à simbolização, em proveito de uma "clivagem críptica" do próprio Eu; *b/* esse eu *cindido* por um "incluso", cujo lugar não é passível de se topografar como uma interioridade de introjeção, sendo assim também um não lugar (o que não tem lugar, mas também o que não deve ter acontecido, até mesmo o que deve ser adquirido ao termo de um *processo* como aquilo que não teve lugar[31]).

---

29. Ibid., p. 30.
30. Jacques Derrida, "Fors", op. cit., pp. 12-13 e seguintes.
31. "O método e os princípios de Leibniz têm a ambição de justificar Deus por direito e

Esse lugar incluso no eu, e não no inconsciente, forma no próprio eu um fora absoluto, um lugar ininscritível no espaço físico (as superfícies e suas interioridades e exterioridades relativas) e no espaço psíquico (as relações de objeto e suas introjeções): "a própria inclusão é real, ela não pertence à ordem do fantasma";[32] c/ O *segredo* toma aí um sentido metapsicológico e tópico: não é mais um conteúdo particularmente enterrado (logo, com direito a ser exumado), mas se torna um fato de estrutura, ou melhor, de arquitetura, arquitetura labiríntica que organiza "as paredes internas", "as cavidades, as fossas, os corredores, as chicanas, as seteiras, as fortificações escarpadas",[33] enclausurando entre estas paredes insuspeitáveis a toda exterioridade, qualquer "luz que foi '*selada*' ". É que esta topocríptica "exige (como na noite negra e no ar rarefeito de qualquer cripta, a imagem de uma lamparina, sua chama incerta que tremeluz ao menor sopro) que uma *lucidez* ilumine a parede interna do símbolo fendido. No interior da cripta, no Eu, uma 'instância lúcida e rutilante' ilumina a travessia da parede e vigia os simulacros";[34] d/ Uma anasemia pondo em jogo uma instância judicial, assim como o filósofo transformado em advogado de Deus, pleiteando a "causa de Deus", convoca uma estranha cenografia em que "corpos quase silhuetas atravessando o silêncio fúnebre dos lugares cruzam-se sem nunca trocar um sinal".[35] Nas paredes da cripta, como nota Derrida, se desenvolve todo um processo feito dobras e de desdobras, de implicações e de explicações (testemunhos), de terceiros testemunhando e,

---

não apenas de forma factual: não vem ao caso demonstrar que o acusado não cometeu o crime do qual o acusam, quando é possível provar que não foi colocada sequer a questão de saber se o cometeu." (Jacques Brunschwig, *Introduction* aux *Essais de Théodicée*. Paris: Garnier-Flammarion, 1969, p. 18.)

32. Jacques Derrida, "Fors", op. cit., p. 22.

33. Ibid., pp. 13, 16, 23, 36-43 ("Calafetado ou estofado em sua parede interior, cimento ou concreto armado do outro lado, o foro críptico protege do próprio fora o segredo de sua exclusão intestina ou de sua inclusão clandestina. É *hermética* essa estranha clausura?...") Cf. também p. 28 sobre o motivo do labirinto (Leitmotiv da leitura deleuze do leibnianismo barroco).

34. Ibid.

35. Ibid., p. 53.

no entanto, excluídos por um "terceiro cúmplice" que é o único com o qual "o segredo do criptóforo deve ser partilhado": "É a condição de qualquer segredo... o terceiro incorporado está guardado para ser suprimido, mantido com vida a fim de ser mantido para mim; os terceiros excluídos são suprimidos, mas implicados a esse título, envolvidos na cena: '... um terceiro cúmplice como o lugar de um gozar hindu e... outros terceiros, excluídos, então – pelo mesmo gozar – suprimidos.' Da cripta de Wolfman toda uma assembleia de testemunhas serão convocadas (o fórum) mas também toda uma estratégia do testemunho desdobrado."[36] Não podemos ainda abarcar todas essas convergências; mas elas bastam para tornar inevitável o problema de saber, em última análise, o que está encriptado no eu monádico, se é verdade que a motivação se encontra na negação ou impasse de um *luto impossível*. Seria preciso ainda interrogar-se, em troca, sobre o que, no barroco, determinou profundamente nosso regime ocidental de luto, mesmo em suas dimensões aneconômicas. Abraham e Torok, Derrida de novo, invocarão Hamlet. Melhor que qualquer outro, caberá a Pierre Klossowski revelá-lo na literatura moderna, e por sua obra gráfica, nestes monumentais afrescos "destinados a ocupar a totalidade de um muro, de todos os muros de um quarto fechado. A peça da exposição seria um quarto de ecos, que diz, sob a forma de metáforas diversas, o encontro fulminante da criatura e de sua luz. Os muros tornar-se-iam os espelhos variados de uma cena capital", e a que não se verá jamais, mas em função da qual "o artista chega a converter o tempo no qual vivem os seres em um espaço em que subsistem fora da vida, além da morte".[37]

A este tópico, corresponde uma dinâmica determinada, em que se encontra o problema da psicose leibnista: como ter um corpo? "O que é que fundamenta o pertencimento de um corpo a cada

36. Ibid., pp. 20-21.
37. Jean Roudaut, "Os simulacros Segundo Pierre Klossowski" in *Cahiers pour un temps: Pierre Klossowski*. Paris: Centre Georges Pompidou, 1985, pp. 176-177, citando Pierre Klossowski ("emprestando de Balthus algumas de suas mais recorrentes obsessões"): "Dans la peinture de Balthus", *Le Monde nouveau*, n. 108-109, 1957. O conjunto destes volumes dos *Cahiers pour un temps* é de um grande interesse para a clínica do leibnismo.

mônada, apesar da distinção real e da diferença de andar ou de regime?" Deleuze sublinha que "esses avatares do pertencimento ou da possessão têm uma grande importância filosófica", introduzindo a filosofia em um elemento totalmente novo; e credita mais a neomonadologia de Gabriel Tarde que a fenomenologia de Husserl por ter deportado a análise do problema clássico "ter um corpo" para "as espécies, os graus, as relações e as variáveis da possessão para dela fazer o conteúdo ou o desenvolvimento da noção de Ser".[38] Mas são também de uma grande importância clínica, e quando Deleuze previne que já em Leibniz "esse novo domínio do ter não nos introduz num calmo elemento que seria aquele de um proprietário e da propriedade bem determinados, de uma vez por todas", e que "o corpo como propriedade extrínseca vai introduzir nas possessões fatores de inversão, reversão, precarização, temporização", é justamente uma excelente descrição de um espaço potencial ou transicional. Também não deixa de sublinhar o laço entre a tópica críptica, com sua *camera obscura*, célula secreta no "andar de cima", e a dinâmica da sutura vincular, essa "zona de inseparabilidade que faz dobradiça" ou, como dizia Pankow, "simbiose":

> É precisamente assim que os dois andares se distribuem com relação ao mundo que experimentam: atualiza-se nas almas, e se realiza nos corpos. É dobrado duas vezes, nas almas que se atualizam, e redobrado nos corpos que o realizam, cada vez seguindo um regime de leis que corresponde à natureza das almas ou à determinação dos corpos. E, entre as duas dobras, a entre-dobra, o *Zwiefalt*, a dobradura dos dois andares, a zona de inseparabilidade que faz dobradiça, costura. Dizer que os corpos realizam não quer dizer que eles sejam reais: eles vêm a sê-lo, tanto quanto o que é atual na alma (a ação interna ou a percepção), *Algo o realiza no corpo*. Não se realiza o corpo, realiza-se no corpo o que é atualmente percebido na alma. A realidade do corpo é a realização de fenômenos no corpo. O que realiza, é a dobra dos dois andares, o próprio *vinculum* ou seu substituto.[39]

---

38. Gilles Deleuze, *Le Pli*, op. cit., p. 147.
39. Ibid., p. 163.

Objetar-se-á que o conceito de *vinculum substantiale* forjado por Leibniz para resolver o problema do lugar da alma e do corpo, quase não pode ser entendido como um tipo de espaço potencial fazendo simbiose, no sentido clínico com o qual o entende Pakow a partir de Winnicott ("separação em estado nascente"), tendo em conta que o *vinculum* já é uma relação simbólica, religando somente as mônadas entre si segundo as relações de dominação e de subordinação.[40] No entanto, o problema do pertencimento ou das possessões "nos faz entrar em uma zona estranhamente intermediária" em que a "teoria" do *vinculum* vem dar um novo sentido, psíquico e vital não menos que metafísico, à tese já sublinhada que reza "não é por duas coisas serem realmente distintas que elas são separáveis".[41] É de fato a dobra agindo como *vinculum* que, entre a alma e o corpo, faz dobradiça ou sutura, que diferencia tudo, os juntando um ao outro, um eu monádico e um corpo "possuível", e que articula disjuntivamente as ligações simbólicas (almas) e o real dos corpos, como uma dobra-dentre-dois que não pode nem ser localizada entre as primeiras nem confundida com os segundos. É por isso que ele determina no elemento próprio à psicose leibnista uma estruturação dinâmica *sui generis*:

> É uma dobra extremamente sinuosa, um ziguezague, uma ligação primitiva não localizável [...]. Decerto o *vinculum* só liga almas e almas. Mas é ele quem instaura o duplo pertencimento inverso a partir do qual os liga: a uma alma que possui um corpo, ele liga almas que esse corpo possui. Só operando sobre as almas, o vinculum opera, no entanto, um vai-e-vem da alma ao corpo e dos corpos às almas (de onde os alargamentos perpétuos dos dois andares). Se por vezes se pode determinar no corpo uma "causa ideal" do que se passa na alma, e por vezes na alma uma causa ideal do que acontece ao corpo, é em virtude desse vai-e-vem.[42]

Mais ainda, só o *vinculum* permite compreender sob quais condições uma dialética partes/totalidade pode ainda ter um sentido na

---

40. Ver sobre esse ponto de vista e sobre a diferença da relação de entre-expressão e a de dominação, Gilles Deleuze, *Le Pli*, ibid., p. 148 e seg.

41. Ibid., pp. 144-145, 160, 162.

42. Ibid., pp. 162-163.

estruturação dinâmica própria à psicose leibnista, pois mais profunda que essa dialética é a operação que permite justamente conquistar o domínio do Ter e de impedir tanto sua dissociação quanto sua fusão com o registro do Ser, já que visa uma relação "que tem um sujeito sim, mas não está em seu sujeito, não é predicado".[43] O laço vincular está relacionado à mônada como "sujeito de aderência ou adesão" (simbiose), e não de inerência ou de inclusão. Quanto a *isto a que* faz aderir o sujeito, na certa que não é o corpo diretamente, ou mesmo partes do corpo, mas são outras mônadas concebidas desta vez como *requisitos* do corpo, almas internas sem as quais não se poderia nem mesmo falar de "partes" do corpo:

> Leibniz martela sempre nessa mesma tecla: Deus não dá um corpo para a alma sem fornecer órgãos para esse corpo. Ora, o que faz um corpo orgânico, específico ou genérico? Decerto é feito de infinitas partes materiais atuais, conforme a divisão infinita, conforme a natureza das massas ou coleções. Mas estas infinidades por sua vez não comporiam órgãos, se não fossem inseparáveis das multidões de pequenas mônadas, mônadas de coração, fígado, joelho, olhos, mãos (seguindo sua zona privilegiada que corresponde a tal ou tal infinidade): mônadas animais que pertencem às partes materiais de 'meu' corpo, e que não se confundem com a mônada à qual meu corpo pertence.

Assim, um *vinculum* não visa resolver um problema de biologia orgânica; é a operação que dá um último sentido, no próprio corpo vivido, à tese da distinção real sem separabilidade, introduzindo no corpo uma plasticidade suportável para o eu que o *tem* sem o *ser*. Em Verônica, a paciente de Gisela Pakow, uma mônada de perna tornou-se dominante, tornou-se impossível de não se confundir aí, de o *ser*. Tanto quanto tal desprendimento da sutura vincular, "o grande inventário de Malone testemunha isso na literatura moderna. Malone é uma mônada nua, quase nua, atordoada, degenerada, cuja zona clara não para de encolher, e o corpo de involuir, os requisitos de se escafeder. A ele é difícil saber o que ainda lhe pertence, "segundo sua definição", o que só lhe pertence pela metade e por pouco tempo, coisa ou

43. Ibid., p. 145.

animalzinho, a menos que seja a ele que pertencem, mas a ele quem?".[44] "É uma questão metafísica", como diz Deleuze. Mas nunca a metafísica se tornara tão clínica: "Seria necessário um gancho especial, uma espécie de *vinculum* para triar as possessões, mas já não há sequer esse gancho." Em suma, é o *vinculum* que, na psicose leibnista, substitui a dialética partes/todo. É ele que permite ao procedimento libertar-se do pressuposto de uma *Gestalt* ou de uma Boa Forma como ideal implícito da "imagem do corpo", em proveito de um jogo de pertencimentos ao mesmo tempo "não simétricos e invertidos (um corpo pertence à minha mônada, mônadas pertencem às partes do meu corpo), e também pertencimentos constantes ou temporários (um corpo pertence constantemente à minha mônada, mônadas pertencem temporariamente a meu corpo)".[45]

Chegamos enfim ao terceiro ponto de vista sobre a estruturação dinâmica na psicose leibnista, decerto o mais profundo, que os dois precedentes na verdade já pressupunham. A tópica barroca da "casa do esquizofrênico" e a dinâmica das possessões, o tópico críptico e a sutura vincular, remetem por sua vez a uma *topologia* que articula o *sujeito* e o *mundo*, ou mais exatamente *torcendo* um no outro, um pelo outro, o sujeito e o mundo num mesmo *continuum* que se ilustra exemplarmente nos *Discursos de metafísica* e na correspondência com Arnaud:

> De um lado, o mundo em que Adão pecou só existe no Adão pecador (e em todos os outros sujeitos que compõem esse mundo). Por outro lado, Deus criou não o Adão pecador, mas o mundo em que Adão pecou. Em outros termos, se o mundo está no sujeito, o sujeito não está nele menos *para o mundo*. Deus produz o mundo "antes" de criar as almas, já que ele as criou para esse mundo que coloca nelas. [...] Vai-se então do mundo ao sujeito, à custa de uma torsão que faz com que o mundo só exista atualmente nos sujeitos, mas também que os sujeitos se refiram todos a esse mundo como à virtualidade que atualizam. [...] A clausura

---

44. Ibid., p. 147.
45. Ibid., p. 146. Para um indício de uma leitura clínica da oposição da teoria leibniziana do vinculum com a Gestalteorie na qual Pakow sustenta por vezes seu conceito de "imagem do corpo", ver Gilles Deleuze, *Le Pli*, ibid., pp. 138-139.

é a condição do ser para o mundo. A condição de clausura vale para a abertura infinita do finito: ela "representa finitamente a infinidade". Dá ao mundo a possibilidade de recomeçar em cada mônada. É preciso colocar o mundo no sujeito, a fim de que o sujeito seja para o mundo. É essa torsão que constitui a dobra do mundo e da alma.[46]

Chamar-se-á "torsão do mundo" a dobra propriamente moebusiana pela qual a clausura absoluta da cripta monádica, longe de anular o mundo, ao contrário, torna-se a condição sob a qual o sujeito pode suster um mundo: uma *condição de unilateralidade*, de modo que o Mundo não figure como um polo distante fazendo face a um Si, nem mesmo um que engloba, no seio do qual um Eu ocuparia a função de centro, mas constitui "uma forma de fora estritamente complementar" de interioridade absoluta.[47] Ora, é nesse patamar que se pode enfim perguntar o que se esclarece mutuamente entre o processo de pensamento da psicose leibnista e a metapsicologia do luto e da melancolia de Abraham e Torok. Em primeiro lugar, nesse processo de duplo devir em que o psicótico se torna filósofo e o filósofo o advogado de Deus, qual é esse Terceiro cúmplice com o qual o segredo do criptóforo deve necessariamente ser compartilhado, sob a condição da exclusão paradoxalmente inclusa de todos os terceiros, testemunhos, no entanto, convocados e apresentados nesse obscuro processo judiciário? Que outro senão o Deus em pessoa, Deus cúmplice para um advogado dúplice, Aquele ao qual o sujeito pleiteador, do fundo de sua cripta monádica, pode ainda se referir como se estivesse com ele "sozinho no mundo"?[48] E portanto, correlativamente, estamos prontos para determinar qual é o *morto*, no luto decididamente impossível, que está encriptado no eu monádico, e que forma, assim como nele, o fora absoluto *para o qual* o eu

46. Ibid., pp. 35-37.
47. Sobre essa resolução "topológica" da contradição entre condição de clausura e "ser-para-o-mundo", entre interioridade absoluta e fora absoluto, ver Gilles Deleuze, *Le Pli*, ibid., pp. 36-37, 149, e o conjunto do cap. 5 em que dele desenvolverá as articulações propriamente cosmológicas e teológicas.
48. Ver Leibniz, *Discours de métaphysique*, art. 28 e 32; *Lettres à Arnaud*; e a referência à santa Teresa na Lettre à Morell de 10 de dezembro de 1696.

é sujeito: não tal ser, coisa ou pessoa do mundo, mas o próprio mundo. O conjunto do quadro clínico do leibnismo desenvolvido na Dobra é de fato polarizado por essa dupla proposição. Por um lado, o mundo desmoronou: desmoronamento dos princípios que fundavam a unidade, desmoronamento da coerência e da identidade que o tornava suportável e pensável, desmoronamento de Deus ou da Ideia teológica que garantissem os próprios princípios, desmoronamento da própria Razão "como último refúgio dos princípios", seu refúgio humanista. "É aqui que o Barroco toma posição", e é uma posição eminentemente psicótica que ao mesmo tempo prepara o diagnóstico e inventa uma maneira de "salvar o ideal teológico, num momento em que ele é combatido por todo lado, e onde o mundo não para de acumular 'provas' contra ele, violências e misérias";[49] – e que inventa uma maneira de salvar o próprio mundo, incorporando-o, *"guardando-o morto salvo (foro) em mim"* sob a garantia do Terceiro cúmplice que goza do mundo, com o risco de fazer do próprio eu, como diz Leibniz, "um mundo à parte, independente de qualquer outra coisa que não seja Deus", e que na falta de qualquer outra coisa, Deus possa ainda de qualquer maneira gozar de mim.[50] Mas por outro lado, se opera uma reconstrução do mundo sobre outra cena, ela mesma inclusa no mundo enquanto único real, à maneira da mesa de jogo do mundo que "interioriza não apenas os jogadores que servem de peças, mas a mesa sobre a qual se joga, e o material da mesa", ou ainda do diário de Nijinsky em que o escritor é ao mesmo tempo "a carta e a pluma e o papel". É por

---

49. Gilles Deleuze, *Le Pli*, op. cit., pp. 90-91; cf. p. 111.
50. Jacques Derrida, "Fors", op. cit., pp. 13, 21, 23 ("um estratagema para guardar salvo um lugar ou antes um não lugar no lugar, uma 'manobra para preservar esse não lugar onde o gozo não deve mais advir mas graças ao qual pode advir alhures' "). Sobre o gozo de Deus na psicose leibnista, ver Gilles Deleuze, *Le Pli*, op. cit., pp. 98-99 e 106-107, a leitura neoleibniziana da autossatisfação das mônadas *(self-enjoyment)*, e de Deus como "passagem", processo atravessando-as todas, quer dizer, gozo infinito. Como o veremos mais adiante, não há dificuldade alguma para se reconhecer nestas análises a mesma estrutura lógica que aquela que presidia, em *O Anti-Édipo*, à "terceira síntese" do inconsciente maquínico, articulando a produção de um "efeito-sujeito" a uma energia de gozo *(Voluptas)*.

isso que Deleuze sublinha com tanta insistência em Leibniz a antecedência lógica e ontológica do mundo, como virtualidade que será atualizada precisamente sendo inclusa em cada sujeito ele próprio criado *para esse* mundo. Não é apenas o "cálculo de mundo" que está em jogo, seriando a infinidade de eventos ideais ("o que acontece") como tantas outras inflexões de uma mesma e única curva contínua, ela mesma tecida pela convergência de uma infinidade de séries. Assim como é o estatuto do objeto no mundo que, sobre um fundo de desmoronamento das essências objetivas, torna-se encadeamento regulado de maneiras ou série de aspectos; e correlativamente o estatuto do próprio sujeito que, tendo como fundo o desmoronamento do sujeito humanista e de sua pretensão de se definir o centro da criação, torna-se ponto de vista sobre uma variação acentrada, local perspectivo em que pode se manter como sujeito aquele que o ocupa e de onde se percebem as maneiras da objetividade. E é ainda o estatuto da relação entre os próprios sujeitos, como maneirismo das entre--expressões sem interação, ou de uma relação da não relação entre pontos de vista em que a distância indecomponível abre uma espécie singular de comunicação dos inconscientes, a distância não sendo um atributo da extensão, mas a determinação ideal da relação perspectiva entre dois sujeitos que apreendem diferentemente como variação extendida o mundo que cada um inclui segundo seu ponto de vista.[51] É enfim a conquista de um isolamento tanto mais absoluto quanto mais infinitamente povoado, e que não é fuga do mundo, ou retirada fora do mundo, mas, ao

---

51. "Os pontos de vista são uma segunda espécie de singularidades no espaço, e constituem invólucros segundo relações indivisíveis de distância. [Eles] não contradizem o contínuo [...]. O contínuo é feito de distâncias entre pontos de vista. [...] O perspectivismo é um pluralismo, mas implica a esse título a distância e não a descontinuidade (certamente não há vazio entre dois pontos de vista). Leibniz pode definir a extensão (*extension*) como "a repetição contínua" do situs ou da posição, quer dizer, do ponto de vista: não que a extensão seja o atributo do ponto de vista, mas ela é o atributo do espaço (*spatium*) como ordem das distâncias entre pontos de vista, que torna essa repetição possível." (Gilles Deleuze, *Le Pli*, op. cit., p. 28.)

contrário, um pleno de mundo como fora entapetando a parede de uma cripta secreta, em que pode enfim se manter um sujeito que veio a se tornar imperceptível.

Não podemos mais contornar o paradoxo, senão o ponto de apoio que a psicose leibnista parece opor à exigência clínica mais elementar. Se esta aqui é necessariamente conduzida pelo cuidado de "tirar tais doentes de seu isolamento", de "reparar" um mundo que, por ser esquizofrênico, é um *mundo sem transição*,[52] em suma, de reconstruir as bases de uma dialética transferencial, o pensamento leibniziano evidencia um processo de reconstrução de transições – a dobra continuada só faz isso induzindo dinâmicas espaciais específicas – que edifica, ao contrário, uma forma singular de isolamento: construção maneirista, que envolve tanto melhor conforme drapeja um invólucro protetor tanto mais eficaz conforme assuma uma autonomia com relação a qualquer interioridade. Dissimulando tão bem qualquer traço de um outro "lado", só faz valer sua exterioridade por si própria, e transforma a dissociação patógena em uma distância conquistada pelo conjunto dessa plástica barroca – dobra por dobra. Se o procedimento leibnista supera a clivagem psicótica, é em proveito não de uma dialética da relação e da identificação, mas de uma "distância indivisível" e de uma resistência à interpelação. Segundo o teor de deficiência ou de atividade que se concederá a esta "resistência", seremos naturalmente levados a avaliar de maneira muito diferente as formas que a ela se ligará de maneirismo e de negativismo esquizofrênicos. O problema é pelo menos não eliminar de antemão o problema.

---

52. Gisela Pankow, *Structure familiale et psychose*, op. cit.

Capítulo 4

(Se) manter à distância
Humor e hipercriticismo do materialismo leibnista

A importância do tema do maneirismo na interpretação deleuziana do pensamento de Leibniz é indissociável do maneirismo interno ao processo de pensamento da psicose leibnista. Deve também ser abordada de diferentes pontos de vista simultaneamente: quanto à relação da filosofia leiniziana com o pensamento da arte e singularmente com a relação controversa entre o estilo maneirista e a arte barroca; quanto à relação da arte com a clínica das psicoses e ao desfoque sintomatológico que frequentemente agravou a noção psiquiátrica de "maneirismo esquizofrênico"; quanto à relação, enfim, entre uma psicose que adota plasticamente em suas próprias produções sintomáticas um estilo maneirista e as conjunturas históricas, os mundos sociais e políticos em que se deram os encontros entre o maneirismo e o barroco. Nada é mais instrutivo para a posição conjunta destes diferentes problemas do que o belo estudo de Evelyne Sznycer, citado na dobra central da obra de Deleuze, "Direito de sequência barroca: Da dissimulação na esquizofrenia e o maneirismo". Ela confere um relevo surpreendente ao "leibnizianismo clínico" de Deleuze, esclarecendo-lhe as implicações filosóficas, clínicas, mas também artísticas e finalmente histórico-políticas, em *A Dobra*, e mais largamente a meu ver para a obra de Deleuze como um todo.

Sznycer retoma uma experiência orquestrada por Wolfgang Blankenburg com esquizofrênicos que, tendo aprendido os passos de diversas danças, deviam executá-las diante de espectadores introduzidos ocasionalmente no hospital. Estes últimos deviam se pôr de acordo a constatar com os terapeutas que "os executantes deram a impressão de sentir um enorme prazer nas danças da Renascença barroca, compreendidas aí aquelas do fim do barroco (minueto, polonesa etc...)", e de maneira mais geral nas danças que correspondiam, segundo Blankenburg, "em história da arte e da literatura, ao maneirismo":[1]

> As sarabandas, alemandas, *bourrées*, gavotas etc. caracterizam-se antes de tudo por movimentos e gestos artificiais que mediatizam sempre as relações entre os dançarinos. O movimento é interrompido por "*poses*", desenvolve-se como um ritual que "*celebra*" o encontro com o outro sexo. O encontro se torna assim "*arranjo*" e objeto de culto, o que lhe retira toda seriedade, de uma ligação, de um compromisso. Não há mais pessoas, apenas personagens, máscaras. A intimidade é objetivada, desde então não apresenta mais risco nenhum para o indivíduo. A dança serve de modelo de encontro entre as pessoas. Mesmo suas características valendo para todas as danças, mostram-se sob uma iluminação singular nas danças barrocas. Na dialética entre aproximação e distanciamento, é sempre a última dimensão que o leva ao ponto de poder falar a respeito destas danças de um "*patos da distância*".[2]

A interpretação adiantada aqui por Blankenburg prolonga a primeira intuição da fenomenologia "*daseinanalítica*", a que se deve uma primeira tentativa de tematizar um motivo psiquiátrico que frequentemente ficou comprometido em descrições semiológicas das mais heteróclitas, misturando sob o termo de maneirismo tudo quanto é tipo de traços comportamentais e caracteriais: distúrbios do comportamento, caráter desastrado ou desajeitado das atitudes, bizarrice da mímica, "inautenticidade" moldada em posturas pré-fabricadas, como se o esquizofrênico interpretasse ostensivamente um papel que permanece exterior a ele. Face ao qual a contribuição de uma abordagem "compreensiva" é ter antecipado um valor expressivo de *pose* ou de *postura*, entendida

1. Evelyne Sznycer, "Droit de suite baroque: De la dissimulation dans la schizophrénie et le maniérisme" in Léo Névratil, *Schizophrénie et art*. Bruxelles: Editions Complexe, 1978, p. 322.
2. Wolfgang Blankenburg, "Tanz in der Therapie Schizophréner. Ein Beitrag zu den Beziehungen zwischen Maniertheit une Manierismus", in *Psychopath. Psychosom*, n. 17, 1969, pp. 336-342 (citado por Evelyne Sznycer, op. cit., pp. 322-323).

no duplo sentido de uma atitude fixada (a pose ou cliché no sentido fotográfico), e de uma atitude tomada cara a cara com um entorno, mas sem relação com ele ("fazer uma pose").

O sentido do maneirismo, me dizia certa feita Ludwig Binswagner, é a pose. Em um atelier de pintura ou de escultura, o modelo deve guardar a pose. Não deve se soltar de modo a transgredir os limites em que se inscreve ritualmente a forma de seu corpo. O modelo, que mantém a pose, não se ultrapassa para o mundo. Essa exigência contradiz o que faz o próprio ser-no-mundo, que só se apropria de seus limites transpondo-os. Chama-se maneirado um homem que posa adotando as maneiras de um personagem, que só fala de suas próprias projeções. O maneirismo esquizofrênico consiste em se fazer ator de seu próprio personagem, ele próprio identificado a esse ator.[3]

Esse fator de pose, postura afetada ou atitude rígida, essa maneira visivelmente demais apressada de se portar, ou antes, de se conter em um papel artificial, é certamente de grande importância. Sua interpretação daseinanalítica, no entanto, não faz suficiente justiça ao maneirismo esquizofrênico. Se há, do ponto de vista fenomenológico-psiquiátrico, ausência de "transposição para o mundo", ou mais radicalmente destruição do "ser-no-mundo", seria somente "incapacidade"? E qual "mundo"? A privilegiar tal interpretação negativa ou privativa, arrisca-se já prejulgar do essencial, quanto ao sentido da *distância*, e quanto às equivocidades que imprime a seu *páthos* todo um espectro de variações intensivas: da passividade de um estado submetido a uma *resistência passiva* zombando disso que qualquer relação implica de injunção para a atividade (o sério, como diz Blankenburg, de um "comprometimento"), da impotência para realizar sua subjetividade (para "se apropriar de seus limites transpondo-os") à *recusa* das

---

3. Henri Maldiney, *Penser l'homme et la folie*. Grenoble: Jérôme. Millon, 1997, pp. 139-140. Maldiney remete à Ludwig Binswanger, *Drei Formen missglückten Daseins*, III *Manieriertheit*, p. 92 e seguintes. Cf. Jacques Lacan, *Séminaire III: Les Psychoses*, op. cit., séance du 16 novembre 1955 ("Há sempre algo de profundamente revogável em qualquer assunção de nosso *eu*. Isso que nos mostra certos fenômenos elementares da psicose é literalmente o *eu* totalmente assumido instrumentalmente se se pode dizer, o sujeito identificado com seu eu com o qual ele fala, é ele que fala dele...").

conivências de uma intersubjetividade demasiado insistente, ou pura e simplesmente indesejável. Poderia ser que nessa maneira de "se fazer ator de seu próprio personagem, identificando a si mesmo como esse ator", o que parece trancar uma identificação fechada sobre si mesma, produz na realidade o efeito radicalmente inverso: uma desidentificação com relação às identidades que certo mundo nos atribui, ou para dizê-lo em termos brechtianos (já que se trata aqui de personagem, de ator e de papel), um *Verfremdungseffekt*.[4] É em tal deciframento de uma positivi-

4. Os traços maneiristas no pensamento brechtiano, ao que sei nunca revelados, são, no entanto, numerosos, e particularmente sensíveis em suas teses práticas sobre o jogo dos comediantes. Assim, quando trata a questão do *gestus* e sublinha esse componente das poses e posturas: "Nomeamos o domínio das atitudes que os personagens adotam uns face aos outros o domínio (gestico) do *gestus*. A postura, a entonação, a mímica são determinadas por um *gestus* social: os personagens se insultam, cumprimentam-se, aconselham-se etc." (ver Bertolt Brecht, *L'Art du comédien*, trad. fr. in *Ecrits sur le théâtre*. Paris: Gallimard, La Pléiade, 2000, pp. 892-894, 963-965, e sobretudo "Sur la musique gestuelle", Manuscrits *Sur la musique*, op. cit., p. 710 e seguintes). Mesmo fazendo abstração de suas reflexões sobre o teatro chinês, é lamentável que se tenha no mais das vezes interpretado a importância em Brecht do *gestus* "social" em um sentido mimético, invocando-o para fazê-lo compreender um referente antropológico ou sociológico (as "técnicas do corpo" de Mauss, os *habitus* de Bourdieu etc.). Pois quando a relação social se torna o objeto de uma *demonstração* nas atitudes corporais, gestuais ou linguísticas que aí se apresentam, essa relação social passa a valer por si mesma, e assume a consistência paradoxal de uma não relação, de um *desprendimento*. A relação se torna evento cênico de uma pura visão exterior que desfaz a unidade expressiva ou psicológica das ações, tal como se encontra por exemplo no "gesto psicótico" de Mikjaïl Tchekhov ou na "ação de esforço" de Rudol von Laban (as ações "são concebidas e provadas do interior por seu usuário"). É por isso que o *gestus* pertence de pleno direito aos procedimentos de distanciação, e desempenha, por contra, uma relação especular entre o ator e seu papel, entre sua enunciação e os enunciados dos personagens, entre os personagens e os espectadores, entre o palco e a sociedade etc. Encontrar-se-iam muitos exemplos concretos dessa ruptura da *expressão* em proveito de um jogo *demonstrativo* que faz da relação uma não relação, ou que deixa ver tanto melhor o processo de uma relação social quando é inteiramente levado por uma série de atitudes que valem por si mesmas (assim a técnica do *"non-pas-mais"*, ou ainda da *citação* – a colocação à distância do personagem e da palavra, ou mais exatamente da enunciação e do enunciado, fazendo com que o ator parece citar seu personagem). Um dos mais belos textos sobre a difícil questão do *gestus* em Brecht é do próprio Deleuze, precisamente porque faz aí funcionar a noção em um campo aparentemente distanciado do mimetismo sociológico imputado à Brecht, e faz aí tanto melhor ressaltarem as figuras e potências de uma teatralização do corpo própria do cinema: ver Gilles Deleuze, *Cinéma 2: L'image-temps*. Paris: Minuit, 1985, pp. 246-265 (sobre o "cinéma des corps" e suas diferentes tendências, em Carmelo Bene, Cassavetes, Godard, Eustache, ou ainda nas direções originais abertas por Doillon e por Philippe Garrel).

dade *crítica* do maneirismo, por exemplo, que já se engajava Elias Canetti em *Masse et puissance*, quando propunha substituir no âmago de uma micropolítica subjetiva e institucional o "negativismo esquizofrênico". Os quadros psiquiátricos descabelam-no usualmente com reuniões de signos não menos heteróclitos que o maneirismo, evocando hora sim hora não síndromes corporais – atitudes de retirada, evitação do contato físico, oposição e redobra – e traços de caráter diversos – a "expressão de ironia" oposta a "a mão estendida", o caráter refratário ao diálogo, à troca ou aos pedidos como a qualquer outra forma de solicitação do interlocutor, a começar pelas interpelações do próprio médico diante do qual o paciente fica "indiferente e como estranho às ordens que recebe (ou às vezes parece se esmerar em agir de forma contrária)".[5] Mas Canetti relacionava justamente o negativismo à necessidade para o esquizofrênico de se proteger dessas inumeráveis injunções veiculadas por nossas menores interações cotidianas, e que podem se revelar singularmente ofensivas no meio psiquiátrico.[6] É antes "uma questão de vida ou morte" que uma tentativa de "não escutá-los para não ser obrigado a aceitá-los. Obrigado a escutá-los, não compreenderá. Obrigado a compreendê-los, se esquivará deles de forma chocante fazendo o contrário do que ordenam. Se dissermos para avançar, ele recua, e vice-versa".[7] Em suma, o negativismo seria um meio de defesa, de resistência, encontrando sua forma extrema nessa contrariedade sistemática, e em formas estilizadas e mais ou menos ostensivamente solenizadas, como diz Deleuze das relações entr'expressivas das mônadas,

---

5. Estas expressões são emprestadas de um manual de psiquiatria em uso: Julien Daniel Guelfi (dir.), *Psychiatrie*. Paris: PUF, 1987, reedição 2004, pp. 46-47.
6. Seria necessário confrontar essa interpretação com a análise deleuziana do "esquizo estudante de línguas" e de seu "procedimento psicótico" para se subtrair às injunções agressivas da língua materna, in "Schizologie", Prefácio de Gilles Delueze a Louis Wolfson, *Le Schizo et les langues*, op. cit..
7. Elias Canetti, *Masse et puissance*, trad. fr. Paris: Gallimard, 1966, section "Négativisme et schizophrénie", p. 341 e seguintes. (Sabe-se a importância desse livro, ainda que de um modo descritivo e intuitivo mais que conceitual, para os autores de *Capitalisme et schizophrénie*, seja na teoria da soberania paranoica de *L'Anti-Œdipe* ou a tipologia das multiplicidades em *Mille plateaux*).

tantas variações de uma *parada*, cuja feição dançante tomaria o sentido prático de uma esquiva.[8] A postura não se confinaria à impostura de um papel artificialmente endossado; ela interviria numa relação de força. Não seria uma maneira de emperiquitar--se, faria de uma "maneira" o modo de se evitar um golpe.

Tal é precisamente a inversão de perspectiva que faz valer Evelyne Sznycer, para contradizer a interpretação negativa do maneirismo (como incapacidade de aceder à positividade da troca) por uma interpretação positiva do negativismo (como potência crítica conjurando o laço). Não basta mais reconhecer com Blankenburg na dança barroca um "modelo do encontro" em que o esquizofrênico acharia um compromisso entre distância e troca, isolamento e abertura à alteridade, em uma organização que neutralize e finalmente conjure seu risco.[9] Essa interpretação, invocando uma simpatia dos esquizofrênicos com respeito às danças barrocas que expressariam a afinidade das formas rígidas, preciosas e corteses do maneirismo na arte, e das "maneiras" estereotipadas e estilizadas dos esquizofrênicos, continua a pressupor o que está em questão: uma interpretação deficitária, negativa ou privativa do maneirismo, que impede de interrogar tanto o que o estilo maneirista pode ensinar sobre a esquizofrenia, quanto o que o maneirismo esquizofrênico pode ensinar à arte. Se atendo a uma semelhança imediata, mas apenas extrínseca entre os dois, ela se contenta com uma percepção superficial tanto da superficialidade maneirada manipulada pelo esquizofrênico quanto da superficialidade maneirista exibida em certas apropriações da dança barroca. Ela mantém, sobretudo, o pressuposto da aná-

---

8. Os termos "defesa" e "resistência" perdem aqui seu sentido restritivamente psicológico, e ganham um sentido tático. Qualquer guerrilheiro sabe, a partir de Lawrence e Mao, a importância de saber fazer de uma fase formalmente defensiva um momento de um processo materialmente ofensivo.

9. "A dança barroca mostra ao esquizofrênico como, no próprio quadro de suas possibilidades limitadas de movimento, os pares podem assim mesmo se encontrar mantendo certa distância; distância grande o bastante para que o movimento não ponha em perigo a estrutura de integração que o doente quer preservar ou reconstruir, sem que seja grande demais para que este não possa perder-se no isolamento" (Wolfgang Blankenburg, citado por Evelyne Sznycer, op. cit., p. 324).

lise daseiniana do maneirismo esquizofrênico como expressão de um distúrbio do ser-no-mundo que considera irrelevante os distúrbios do mundo aos quais as maneiras dos esquizofrênicos tentam fazer em pedaços. A semelhança externa entre estilo maneirista e poses esquizofrênicas deve ser aprofundada em uma relação expressiva, analógica e interna, em virtude da qual o maneirismo na arte e o maneirismo esquizofrênico se mostram antes como duas faces de uma mesma estratégia de resistência, tinta de desafio para "aquele que, incapaz de hipocrisia, escolhe fugir de uma realidade em que se sente ameaçado sem estar nem um pouquinho disposto a confessar seu fracasso". Compreender no maneirismo esquizofrênico uma tática da parada, da finta e do desdobramento, implica substituir as "maneiras" dos esquizofrênicos, suas deferências sobrerrepresentadas ou seu negativismo obstinado, no contexto de um espaço social insuportável:

> Assim a dança barroca será a ocasião, para o esquizofrênico pronto à parada, de esquivar os golpes aos quais está particularmente muito exposto em um instituto psiquiátrico. Sua couraça de mascarada poderá isolá-lo contra qualquer sensação. De certo, o Dr. Blankenburg, fazia bem em anotar, em seu relatório sobre a psicoterapia pelas danças barrocas, que ali não havia mais indivíduos expostos aos ataques da vida social, mas somente personagens, máscaras. Mas daí a supor que a dança pode servir de modelo de encontro para esquizofrênicos que tiram maior sarro do encontro modelo! O psiquiatra pode imaginar a sociedade como um teatro, afinal de contas os barrocos fizeram exatamente isso. Mas os esquizofrênicos são comediantes que enclausuramos. Tem uma esquizofrênica que, depois de ter escrito que *"seria preciso viver na rua fazendo teatro"*, foi várias vezes internada por ter demonstrado o que ela entendia por isso, antes de se suicidar.[10]

É para a metapsicologia freudiana das produções da psicose, que Sznycer se volta para pensar as motivações dessa "estratégia da dissimulação", arte da finta e da parada. O que não se dá sem revalorizar toda uma equivocidade, toda uma duplicidade dos procedimentos psicóticos à qual a análise freudiana fizera ou-

---

10. Evelyne Sznycer, op. cit., pp. 326-327.

vido moco, quer se tratasse do tema da "fuga" ou da "perda de realidade", da tese de um investimento intensivo das representações de palavras em detrimento das representações de coisas, ou ainda da ideia de "regressão narcísica". Se o maneirismo esquizofrênico pode ser contado entre os procedimentos genéricos da psicose, é primeiramente porque podemos reconhecer nele não simplesmente um desvio da realidade, mas uma "fase ativa" da edificação – *umbauem*, reconstrução, transformação, mudança de cenário – de uma neorrealidade que lhe é inseparável, pela colocação da libido refluída sobre o eu a serviço de um "trabalho ao interior dele", de "modificação autoplástica".[11] É preciso ainda ter em conta fatores que ao mesmo tempo prolongam e infletem a análise freudiana, a começar pela tese segundo a qual o esquizofrênico trata as palavras como coisas e as próprias coisas como abstrações, que deve ser duplamente ampliada. Por um lado, considerando a aptidão em tratar não somente "as coisas" *sub specie generalitatis*, mas "as circunstâncias concretas da realidade social que o cerca como se fossem abstratas, começamos a nos aproximar do esquizofrênico, assim como a reconhecer o que lhe é próprio; que para com mundo exterior com suas circunstâncias ele tá pouco se f... *magistralmente*".[12] Mas estão se lixando ainda mais, ou ainda melhor, conforme suas pulsões, se desprendendo das representações de coisas, investem intensivamente, não somente as representações de palavras, mas as gestualidades, posturas, mímicas, – não apenas as expressões verbais, mas toda uma corporalidade que a libido narcísica trata como matéria expressiva e suporte de traços de expressão *que assumem o lugar* da realidade exterior. Como diz o sujeito leibnista:

> Dizer que os corpos realizam não quer dizer que sejam reais: eles vêm a sê-lo, assim como o que é atual na alma (a ação interna ou a percepção),

---

11. Sigmund Freud, "La perte de la réalité dans la névrose et la psychose" (1924), in *Psychose, névrose et perversion*. Paris: PUF, 1973, p. 301.
12. Evelyne Sznycer, op. cit., p. 331.

Algo o realiza no corpo. Não se realiza o corpo, realiza-se no corpo o que é atualmente percebido na alma. A realidade do corpo é a realização dos fenômenos no corpo.[13]

É a própria formula da transformação autoplástica. Não se dará bastante razão a isso supondo um laço particularmente estreito entre a instância do Eu e o aparelho motor, segundo a tese desenvolvida por Ernst Kris. Ela impõe que se leve em conta antes de tudo as "relações culturais e normalizadas entre a expressão corporal e as condições do mundo exterior, tanto quanto entre a expressão verbal e o objeto exterior". Essas relações, as poses e estilizações maneiristas do esquizofrênico neutralizam o *gestus* justamente construindo uma neorrealidade que faz mundo diretamente sobre seu corpo. E essa neutralização procede de duas maneiras simultâneas, em lhes desacerbando do dentro, e em lhes exacerbando para fora. O trabalho autoplástico opera nessa dupla dimensão, tocando respectivamente o que a psicose leibnista identifica como as duas direções ou os dois andares do *Zwiefalt*, da dobra-entre-dois que os separa, desenvolve sua dissociação assimétrica, e mantém assim sua autonomia respectiva: as dobras internas da alma e as dobras externas do corpo, a autoplastia das "pequenas percepções" como desenvolvimento espontâneo do dentro, a autoplastia da superfície como *fachada*, pele ou vestimenta autonomizada com relação a qualquer interioridade.

Sob o primeiro aspecto, o trabalho autoplástico que aparenta o maneirismo para a dinâmica delirante, permite ao esquizofrênico esquivar-se das agressões às quais o expõe o internamento psiquiátrico, e se isolar contra qualquer sensação externa *dando a si mesmo suas próprias afecções* conforme ao neomundo que se constrói. Assim distingue-se já o sentido humorístico do *phátos* da distância, com esse espírito de desafio, e não de simples resignação, que aponta Freud.

---

13. Gilles Deleuze, *Le Pli*, op. cit., p. 163.

A essência do humor consiste em se poupar os afetos aos quais a situação daria lugar, e em sobrepor a possibilidade de tais manifestações afetivas com uma gozação [...]. O eu recusa ser afetado, se deixar impor o sofrimento pela realidade, sustem a partir daí que os traumatismos do mundo exterior não podem tocá-lo, mostra até mesmo que não passam de ocasiões para se desfrutar.[14]

Humor superior do sujeito leibnista, cuja neorrealidade construída por transformações autoplásticas permite produzir afecções próprias para a nova realidade que ele busca, à maneira da mônada que só tira suas percepções de si mesma, do mundo que ela desenvolve e atualiza de seu próprio fundo, tanto e tão bem que suas próprias dores são "espontâneas". Assim "na alma do cachorro que recebe uma paulada enquanto come seu angu, ou na de César-moleque que é ferrado por um marimbondo enquanto mama", "não é a alma que recebe a pancada ou a ferroada", mas "a alma se dá uma dor que traz à sua consciência uma série de pequenas percepções que quase não tinha percebido, porque antes ficavam atoladinhas no seu fundo".[15]

Ora, esse primeiro aspecto da autoplastia é inseparável de um segundo lado de fachada: aquele do adorno, da mascarada, do disfarce sob o qual o sujeito se retrai se desdobrando. As expressões de "fuga" e de "perda da realidade" assumem aí, por sua vez, um significado dos mais equívocos. "Enquanto dança no fogo dos projetores, o esquizofrênico deixa a cena, à sombra dos objetos que alucina. Foge da sociedade pela redobra da fantasia, e encontra seu desfile no relevo da máscara. Sobre seu próprio corpo, marca o caminho que empresta. Ver alguém, em sua fuga, enfeitar-se com as cores do próprio lugar que abandona: é um pouco desconcertante. Lembremos então do camaleão, e

---

14. Sigmund Freud, *Le mot d'esprit et ses rapports avec l'inconscient*, 1905. Paris: Gallimard, 1930, pp. 155, 278 (trad. modificada, Evelyne Sznycer). O maneirismo pertence assim à grande série dos "métodos que o psiquismo humano produziu para se subtrair ao embaraço do sofrimento, uma série que começa com a neurose, culmina na loucura, na qual estão compreendidas a embriaguez, a redobra sobre si e o êxtase" (Sigmund Freud, ibid., pp. 370-371).

15. Gilles Deleuze, *Le Pli*, op. cit. p. 76.

se compreenderá melhor a tática do esquizofrênico".[16] Em sua resistência passiva e humorística, o esquizofrênico torna *indecidível* determinar se ele fugiu, ou, ao contrário, se ele ainda está ali, tornando-se imperceptível à custa de *não querer fugir*, à maneira de Bartleby, que coloca o mundo à distância, em suspenso, imitando-o ao ponto de fazer dele a caricatura, nessa função que Sznycer qualifica como "hipercrítica". É dizer ao inverso que o mundo exterior não desaparece pura e simplesmente; ganha, ao contrário, uma visibilidade acrescida, já que o que o esquizofrênico reconstrói sobre seu corpo maneirado, não é nada além das regras da Lei sob a qual um mundo assume a consistência de uma comunidade de relações. Desafio aqui ainda como que lançado àqueles com os quais não conseguiria compartilhar as regras. Quando não se pode mais interpretar essas regras, nem *a fortiori* afrontá-las *face-à-face*, pelo menos pode-se dramatizá-las até que escoam seus poderes, até que a Lei só valha pela formalidade e conformidade extrema que ela inspira, desarmando os valores proibitivos, prescritivos e repressivos. Os esquizofrênicos, "escolhendo dançar no estilo barroco, se armam das técnicas ofensivas da caricatura, da paródia, do travesti munido de seu complementar desmascarar. A lei, à que se aferram, é representada pelo código de polidez, as normas do comportamento (as posições e os passos da dança), a maneira de se vestir, ou o conjunto das regras que governam a apresentação, microcosmo da ordem social. Os esquizofrênicos mostram que a submissão exagerada a essas regras dissolve qualquer relação, e logo, qualquer vida social, pois a atenção escrupulosa votada ao respeito da lei não deixa mais energia disponível para os investimentos sociais, e sacrifica, consequentemente, justamente as vantagens que a lei devia oferecer".[17] Tática da Pantera Cor-de-rosa, que pinta o mundo com sua cor ao ponto de tornar-se aí imperceptível, "tática do camaleão que para se ornar contra um perigo toma as cores do meio

---

16. Evelyne Sznycer, op. cit., p. 334.

17. Ibid., p. 338. Sznycer pode assim transpor as análises deleuzianas da relação humorística do masoquismo para com a Lei, ao humor esquizofrênico.

ambiente: preferindo, antes, fundir-se no cenário que na boca do inimigo",[18] é toda uma plástica barroca, das luzes e das frestas, que o esquizofrênico maneirista pinta em seu próprio corpo:

> Ele pode mudar de cenário o quanto queira, basta se tatuar ou marcar seu corpo de mil outras maneiras; ou se vestir como o rei sol para melhor brilhar, ou, melhor cegar. As circunstâncias é ele quem as decide. Ele se abstrai como os maus filósofos dos quais fala Freud... Ousaríamos aqui já supor que o esquizofrênico excele na arte do fingimento? Se certo, com cuidado. Ao ponto de enganar a si mesmo? Relativamente, é uma questão de ponto de vista. O que é certo, pelo contrário, é que o esquizofrênico se faz de songomongo dum jeito muito engraçado, de tal modo que o vendo em cena, entre a sarabanda e a giga, jurar-se-ia que eles estão curtindo a dança, todos os pacientes que ali estão. [...] Ilusão de ótica produzida por um jogo de sombras e de luzes, sombras sobre uma realidade, luzes sobre outra; esse jogo obedece, para aqueles que participam, às leis inversas daqueles que observam. Os participantes ficam sendo os mestres do jogo, livres para apostar mais na afetação que no afeto, buscando a sombra na luz dos outros, encontrando a luz na sombra dos outros.[19]

Ou a própria fórmula ótica e luminosa das relações entre as mônadas, não mais aos olhos da distância indivisível entre seus pontos de vista, mas do reflexo da continuidade do mundo nas entranhas de cada um. "Se todo indivíduo se distingue de qualquer outro por suas singularidades primitivas, estas do mesmo jeito se prolongam até aquelas dos outros, a partir de uma ordem espaço-temporal que faz com que o 'departamento' de um indivíduo continue no departamento do próximo ou do seguinte, ao infinito", o que não funda certamente relação nenhuma de "interação", mas marca, ao contrário, a maneira com que a sombra de uns seja a própria luz dos outros e vice-versa.[20]

O que resta enfim do famoso narcisismo do psicótico, sua "megalomania" ou sua "mania de grandeza"? Uma última vez, Freud abre uma via ultrapassada destes clichês da psicologia asilar, para

---

18. Ibid., p. 327.
19. Ibid., pp. 333-334.
20. Ver a esse respeito a teoria leibniziana dos danados, Gilles Deleuze, *Le Pli*, op. cit., pp. 99-102.

logo barrá-las com considerações não menos niilistas terapeuticamente.[21] O humor da mania de grandeza, a psicanálise parece ter tido tanto trabalho para entendê-la quanto os mais reacionários psiquiatras. No entanto, o maneirismo é menos o "triunfo do narcisismo" que um tratamento humorístico do próprio narcisismo, uma redobra do hipercriticismo sobre um eu tanto mais sobreinvestido conforme é sobrelançado, transformado autoplasticamente em um autômato tanto espiritual quanto corporal, e que assim conquista a liberdade de falar de si mesmo indiferentemente na primeira como na terceira pessoa.[22] Tal é, segundo Sznycer, a esquizofrenização do *páthos da distância* pelo humor hipercriticista, que desfaz o eu à custa de parodiar dele os papéis, e "que dizer somente narcísico faz com que se empobreça de tudo que tem de agressivo, político, cáustico, chocante, de justo quanto ao alvo que toca".[23] Na certa as valências nietzshianas do *páthos* da distância se encontram em troca recarregadas, por menos que se consiga redescobrir nele as potências paródicas e contranarcísicas capazes de fazer do eu o avatar fortuito de uma série de *papéis*.[24]

21. Ver emblematicamente as últimas lições de *Introdução à psicanálise*, onde Freud estabelece a correlação entre o "triunfo do narcisismo" de um eu que recusa ser afetado pela realidade, e a inaptidão para a relação transferencial: "Rejeitam o médico, não com hostilidade, mas com indiferença. Por isso não são acessíveis à sua influência; tudo o que ele diz-lhes deixa frios, não os impressiona de jeito nenhum... Permanecem o que são... Não podemos mudar nada aí..." (trad. fr. Samuel Jankélévitch. Paris: Petite Bibliothèque Payot, 2011, p. 346). Sobre a importância dos temas da mania de grandeza e da hipertrofia do eu na constituição da psiquiatria desde o início do século XIX, ver Michel Foucault, *Le Pouvoir Psychiatrique*, op. cit.

22. Evelyne Sznycer, *"op. cit.*, p. 332 ("para aquele que fala de si mesmo na terceira pessoa, larga a mão, pode lhe acontecer o que lhe der na veneta. Pode ter fome quando bem entender – levando em consideração que ele acredita na magia da palavra, já que lhe bastará dizer que tá bem comido pra se sentir de bucho cheio...").

23. Ibid., p. 344.

24. Penso em primeiríssimo lugar aqui na magnífica conferência de 1957 "Nietzsche, o politeísmo e a paródia", em que Klossowski estabelece pela primeira vez o que insistirá no decênio seguinte, no cerne da singular exegese de Nietzsche mas também de sua obra romanesca, como sua heresia comum contra as estruturas teológico-monoteístas da psicologia moderna: sua leitura do eterno retorno como experiência vivida e "simulacro de doutrina", o estatuto da reflexão nietzschiana sobre o autor como máscara ou *persona*, a

Pois é bem a esse respeito que o esquizofrênico "pode aprender do estilo maneirista", enquanto o maneirismo na arte pode nos instruir em compensação sobre as táticas do maneirismo esquizofrênico e em sua parada seus ataques discretos. A condição para isso é ultrapassar sua simples aproximação por semelhança, palavra por palavra, em proveito de uma analogia interna, entre o esquizofrênico e o meio (in)hospitaleiro que ele desafia com sua realidade arruinada-reconstruída-imitada, e os maneiristas face aos barrocos em pleno período de crise histórica, política, moral e intelectual: "uma opção comum entre duas situações análogas: a transposição do patos para o humor". Realmente o fato capital nos escapa, enquanto se busca uma afinidade imediata entre o maneirismo na arte e o maneirismo esquizofrênico, e que se identifique o maneirismo enquanto tal ao barroco. Sznycer, Deleuze no encalço, retomam, ao contrário, por conta própria, as análises materialistas de Tibor Klaniszay:[25] o maneirismo se alastraria como reação à crise do humanismo renascente, e longe de se confundir com a arte barroca, só cruzará com ele pontualmente invertendo-o em proveito de uma estratégia original para fazer face à explosão das contradições que dilaceram a sociedade da Renascença. De um lado, o desenvolvimento da burguesia mercantil rompia com o sistema de produção medieval e lançava as bases da economia capitalista:

> [...] o progresso econômico e a ascensão das cidades ricas fundara uma nova cultura, em que a natureza como fonte de riqueza, e o homem, capaz de performances extraordinárias, seriam os principais objetos de curiosidade e de pesquisa. A isso se aliava o individualismo humanista e o gosto das formas perfeitas, o desejo de harmonia e de equilíbrio, o desenvolvimento de um estilo artístico e literário que pudessem aceder à universalidade apesar de suas origens particulares burguesas.[26]

daí o desmoronamento de Turim, a paródia superior de um sujeito liberado do "eu responsável" e de sua garantia teológica, endossando "todos os nomes da história" como as intensidades e as fisionomias múltiplas.

25. Tibor Klaniczay, "La naissance du maniérisme et du baroque du point de vue sociologique", in *Renaissance, maniérisme, baroque*, Actes du xie stage international de Tours, Paris, Vrin, 1972, v. xxv, pp. 215-223; cf. Gilles Deleuze, *Le Pli*, op. cit., p. 91 e sequentes.
26. Evelyne Sznycer, op. cit., pp. 342-343.

Mas por outro lado, esses ideais se chocavam com as realidades brutais da época: guerras de religião, massacres nas colônias ibéricas, guerra campesina na Alemanha, invasão da Europa central pelos turcos, a Itália joguete das grandes potências...

> Aquele que aspirava pela harmonia, tinha conhecido as belezas da paz, se encontrava num mundo dilacerado pela discórdia e a miséria. Os homens da época encontraram duas soluções diferentes para sair dessa crise: seja continuar fiel aos princípios da Renascença humanista em condições alteradas e suportar a incerteza, seja traçar claramente as consequências, recusar os ideais da renascença, confessar que o homem não é nada, admitir as ideias da igreja – que todo mundo "tem que estar" dirigido para Deus, isto é, em vez de buscar a harmonia terrestre, tentar encontrar uma harmonia celeste. Estas duas soluções definiram as duas grandes correntes da época: a primeira, mais precisamente *intelectual*, foi o *maneirismo*; a segunda, mais precisamente *afetiva*, o *barroco*.[27]

É no primeiro que se devia encontrar "as especulações cabalísticas sobre o poder das letras, dos números, os nomes, tudo que se designou como ciências ocultas, mágicas, místicas".[28] É a ela também que se deve, segundo Klaniczai, "uma sensibilidade mais moderna a respeito do conflito dramático" cujas "tramas complicadas de disfarces, de ignorâncias, de mal-entendidos, reconstituem um verdadeiro labirinto dos acontecimentos ligado a uma atmosfera misteriosa (por exemplo, 'O *sonho de uma noite de verão*')", ao mesmo tempo que a invenção de um herói maneirista que condensasse as contradições da época:

> Foi Shakespeare quem deu vida ao personagem que se poderia considerar como a encarnação das aspirações do maneirismo. É o misterioso Próspero, mágico e racionalista, conhecedor dos segredos da vida e saltimbanco, distribuidor de alegria, mas ele próprio perdido em seu esplêndido isolamento".[29]

27. Ibid., p. 343, d'après T. Klaniczay, op. cit., pp. 216-219. Ver-se-á, em contraponto a essa análise, ao bel "Eloge de la dissimulation" de Rosario Villari, *Les Dossiers du Grihl*, février 2009. Ver igualmente os maravilhosos desenvolvimentos de Saverio Ansaldi, *Spinoza et le baroque: Infini, désir, multitude*. Paris: Kimé, 2001, cap. 2 "La grande machine du monde: Gracian et la représentation baroque de la crise", pp. 53-79.

28. Ibid., p. 345.

29. Tibor Klaniczay, op. cit., pp. 220-221 (citado em Gilles Deleuze, *Le Pli*, op. cit., p. 91).

É ao maneirismo ainda que se deverá uma prática inédita das danças barrocas e a invenção de cenografias da *finta* singularmente complexas e codificadas.

Certamente estas danças eram feitas, por assim dizer, constitutivamente de parada e de dissimulação, já que provinham no mais das vezes de danças camponesas ou populares preexistentes e só foram introduzidas nas cortes e salões da Europa ocidental mais tarde, nos séculos xvi e xvii. A *branle* e a *alemanda*, a *bourrée*, a *giga* "vinda da Escócia e da Irlanda onde era associada a algumas canções bufonas e danças grotescas", o *rigaudon* ou o *passe-pied* vindo da roça bretã, a *sarabanda* de origem ibérica e descrita por Cervantes como uma "pantomima licenciosa" não puderam seduzir a aristocracia depois a burguesia sem que estas não tomassem o cuidado de "disfarçar bem suas origens e dissimular as atitudes suscetíveis de chocar a delicadeza do belo mundo".[30] Mas segundo Klaniczay os maneiristas frequentavam muito pouco as cortes e os salões: "Definir-se-iam, sobretudo, por seu pertencimento a uma elite culta, formada na escola humanista da Renascença. O maneirismo estaria confinado nessa minoria, contrariamente ao barroco heroico, combativo, propagandista."[31] Também não dançavam a *courrante*, a alemanda ou a pavana sem introduzir nelas interpretações complexas se engenhando "pra romper o passo, fixar na pose o equívoco do gesto, especular sobre a figura traçada pelo caminhar do dançarino, e pra ressaltar a vaidade das maneiras" enquanto a figura musical explodia no cenário da ornamentação, seguindo um novo regime de percepção dos "objetos" como encadeamento regulado de uma multiplicidade de acontecimentos ou de *aspectos*. Seja o caso da courrante, formada sobre a base de uma sequência não interrompida de dois passos simples (o pé esquerdo avança, alcançado pelo pé direito; depois o direito avança, alcançado pelo esquerdo) e um passo duplo (o pé esquerdo para a frente, o di-

30. Evelyn Sznycer, op. cit., pp. 326-327.
31. Tibor Klaniczay, op. cit., p. 219.

reito passa diante do esquerdo, depois o esquerdo é quem passa diante do direito), a sequência seguinte começando com o pé direito. Sobre esse modelo simples, todas variações tornavam-se possíveis ao curso da execução, multiplicando os signos ambíguos, os suspenses equívocos, a interrupção das sequências por poses, reverências ou outras maneiras, em favor das mudanças de ritmos e das escansões entre os movimentos de uma mesma dança ou entre as diferentes danças de uma mesma *suíte*. Por um lado, estes encadeamentos respondiam de uma maneira geral a um princípio de alternância *grave-alegre*, que correspondia no mais das vezes à passagem de uma estrutura binária para uma estrutura ternária, "seja o contraste entre a forma que pesa e posa, e a forma que se esvai".[32] Segundo a acentuação de um ou outro *tempo*, a courrante tomava o aspecto animado da giga ou da gaillarde, a passo saltado, ao ritmo inconstante, à medida imprecisa, ou, ao contrário, um aspecto mais lento e grave, à maneira da pavana ou da alemanda, enquanto os pés no chão adotavam o ritmo regular de uma medida bem marcada. Por outro lado, os movimentos no interior de uma mesma dança eram comumente executados *a tempo*, retomados após um *ralenti*, cada movimento sendo enquadrado por uma medida cortada repartida entre sua primeira e sua última medida, de modo que cada movimento terminasse por "um suspense que pairava no *ralenti* até se resolver numa primeira medida, fosse do movimento recomeçado ou do seguinte", enquanto sobre a pista os passos lentamente deslizados desenhavam no chão diversas figuras, cifras ou letras cujos traçados eram copilados em tratados para servir de matéria à especulação. Danças anagramáticas, criptográficas ou "orquestrográficas",[33] dissimulando a figura atrás de um número infinito de aspectos, maneiras ou elementos de ornamentação: é nessa arte da finta codificada que "os esquizofrênicos ainda têm muito

---

32. Evelyn Sznycer, op. cit., pp. 341-342 nota 55. Sobre essa tensão entre afundamento e ascensão, na pintura e arquitetura barrocas, ver Gilles Deleuze, *Le Pli*, op. cit., cap. 3.
33. De acordo com o título de um famoso tratado do gênero, *Orchéosographie* (1588), do cônego Thoinot Arbeau (anagramme de Jehan Tabourot).

o que aprender com os maneiristas, espíritos cáusticos, pacientes, atentos aos sinais, ágeis para a parada mas prontos a se fender, ferozes face aos misteriosos, capazes de propor o enigma ou de elucidá-lo. Mestres da perspectiva, souberam pontilhar o traçado do virtual, centrar sobre o ponto de fuga o campo de percepção, deformar apenas o bastante para desmascarar e trazer o inaudível aos ouvidos tapeados. Não recuaram às portas do labirinto".[34]

> É mais cômodo dançar que estapear psiquiatras, terapeutas e acólitos; mas dançar, nas condições que se descreveu, é melhor que um tapa, pois é uma dupla humilhação: a primeira se deve ao efeito caricatural produzido pelo barroco, e que toca a sociedade por meio de seus representantes no hospital; a segunda porque estes não se dão conta desse efeito. Aqui os psicoterapeutas se deixam tapear pelos loucos, como antanho os barrocos pelos maneiristas. O equívoco, a caricatura, o travesti, o humor, certa maneira de interpretar a comédia, de surpreender a dissimulação das penas com ares de narcisismo são ainda, quando se está encurralado num mundo imbecil, meios, com os quais nada se arrisca, de se aliar àqueles para quem não se dissimula.[35]

Observar-se-á que Deleuze não se embaraça lá essas coisas com uma distinção precisa entre estas duas maneiras de reagir à crise humanista renascente, e à sua onda de choque nas combinações de racionalismo radical e de garantias teológicas características do pensamento clássico: entre os maneiristas que "viveram a tormenta e a mediocridade ligadas de harmonia e de grandeza", e tentaram fazer face a isso se dissimulando sob as "cores divertidas das belas-artes e das belas-letras", e os barrocos que buscaram "afastar a crise moral e cultural com a humilhação e a hipocrisia". Mas pode-se também considerar que em Leibniz, Deleuze encontrou o momento preciso em que, entre pensamento barroco e estilo maneirista, a dobra que os separa não deixa de fazê-los deslizar um no outro, por transição insensível. De um lado a hipocrisia barroca, do outro a audácia maneirista, de um lado, o uso defensivo da finta e da fachada, do outro seu uso ofensivo desarmando

34. Evelyne Sznycer, op. cit., p. 341.
35. Ibid., pp. 344-345.

os poderes do mundo, de um lado a finta hipócrita, do outro a finta hipercrítica: todos os aspectos opostos que Deleuze encontra em Leibniz, ator de uma finta superior, à maneira deste pensador maneirista, dúplice e ambíguo, que Nietzsche supunha já ser:

> Leibniz é mais interessante que Kant, como tipo do alemão: bonachão, cheio de nobres palavras, malaco, dócil, maleável, mediador (entre o cristianismo e a filosofia mecanicista), com seus a partes de audácias enormes, resguardado sob uma máscara e cortesmente importuno, modesto em aparência... Leibniz é perigoso, em bom alemão que precisa de fachadas e de filosofias de fachadas, mas temerário e em si misterioso ao extremo.[36]

Essa duplicidade do "maneirismo barroco" leibniziano, que utiliza todos os recursos de um pensamento barroco a serviço do maneirismo, e que insemina virtualidades críticas do maneirismo no pensamento barroco, longe de enfraquecer o esclarecimento que o ensaio de Evelyne Sznycer produz sobre o leibnizianismo clínico de Deleuze, acusa um surpreendente realce, que conjuga as fontes renascentes do pensamento deleuziano da imanência,[37]

---

36. Nietzsche, *Par-delà bien et mal*, VIII, § 244, citado em Gilles Deleuze, *Le Pli*, op. cit., p. 46, onde Deleuze comenta: "É uma tensão quase esquizofrênica. Leibniz avança sobre os traços barrocos. [...] A peruca de corte é uma fachada, uma entrada, como o voto de nada chocar nos sentimentos estabelecidos, e a arte de apresentar seu sistema de tal ou tal ponto de vista, em tal ou tal espelho, seguindo a suposta inteligência de um correspondente ou de um contraditor que bate à porta, enquanto o próprio Sistema está no alto, girando sobre si, não perdendo absolutamente nada aos compromissos do baixo do qual guarda o segredo, tomando, ao contrário, 'o melhor dos partidos' para se aprofundar ou fazer uma dobra a mais, na peça com portas fechadas e com janelas muradas em que Leibniz se fecha dizendo: Tudo é 'sempre a mesma coisa com graus de perfeição semelhantes'."

37. Sublinhemos que é, não por Nietzsche ou Spinoza, mas através dos trabalhos de seu mestre, Maurice de Gandillac, sobre o neoplatonismo renascente, sobre o pensamento de Nicolas de Cues e de Giordanno Bruno, que Deleuze vem a formular, nos anos 1960 os riscos de um pensamento de imanência e as vias históricas e intelectuais nas margens da teologia racional. É ao mesmo tempo a fonte da reflexão deleuziana sobre o *pli*, a qual testemunha a importância na conceitualidade neoplatônica da *complicatio*, do *implicatio* e do *explicatio*, tanto em *Différence et répétition* quanto em *Spinoza et le problème de l'expression*: ver cap. XI: "L'immanence et les éléments historiques de l'expression"; cf. Gilles Deleuze, "Les plages d'immanence", in Annie Cazenave, Jean-François Lyotard (dir.), *Mélange offert à Maurice Gandillac*. Paris: PUF, 1985, pp. 79-81; e Gilles Deleuze, *Le Pli*, op. cit., pp. 33-34.

e a tese última de uma atualidade neoleibniziana e neobarroca, que poderá ainda e tanto melhor escrever seu programa e seus desafios na linguagem de Leibniz, conforme ela for reconduzida ao diagnóstico político-clínico de um mundo contemporâneo eminentemente esquizofrênico. De fato, a análise de Sznycer não explicita somente a maneira com que Deleuze reinveste a concepção freudiana do delírio para estatuir sobre a enunciação filosófica leibniziana, em seu aspecto processual e genético em que a "dobra levada ao infinito" constitui, como se sublinhou, o procedimento operatório. Ela esclarece a importância do motivo do maneirismo, que surgira certamente cedo na obra de Deleuze (explicitamente a partir de *Kafka: por uma literatura menor*, mas já se viam certos traços nos textos de 1967-1969 sobre a perversão,[38] e desde *Proust e os signos*, a favor dos signos mundanos que esvaziavam os salões das forças históricas que atravessam a sociedade desde o caso Dreyfus até à Grande Guerra[39]), e que encontrará muitas ocorrências notáveis nos textos que logo o antecedem (*Cinema*) e contemporâneos da *Dobra* ("Beckett, o

---

38. Deleuze introduziu essa noção de maneirismo em *Kafka: por uma literature menor*, noção sobre a qual sua atenção fora atraída pelo uso que Serge Daney fizera noutra parte. Fora a falta do termo, esse conceito de maneirismo já está esboçado nas primeiras páginas do platô "Três novas ou 'qualé a do é'?", com relação à questão das posturas, como forma de expressão corporal de uma relação temporal (ver Gilles Deleuze e Félix Guattari, *Mille plateaux*. Paris: Minuit, 1980, p. 237). Mas já *Lógica do sentido* conduz toda uma teorização do sujeito do acontecimento como ator ou como "mimo", que será reinvestido nas análises dos personagens do neorrealismo italiano e da Nouvelle Vague, que parecem às margens do que lhes acontece, estranhamente distantes ou indiferentes àquilo que, no entanto, bate doído. (Gilles Deleuze, *Cinéma 1: L'image-mouvement*. Paris: Minuit 1983, pp. 286-289). Em 1969, é um referente teatral que, como em *Diferença e repetição*, é privilegiado (remeteremos ao grande trabalho realizado atualmente por Flore Garcin-Marrou que abre de par em par a questão teatral em Deleuze e Guattari); deixa lugar, com a análise da imagem cinematográfica, à construção de um conceito "autômato" psíquico e espiritual que permitirá a Deleuze remanejar sua noção de mimo ao contato com aquela de maneirismo forjada por Daney: cf. Gilles Deleuze, *Pourparlers*. Paris: Minuit, 1990, pp. 107-109 e Gilles Deleuze, *Le Pli*, op. cit., pp. 70-76, 93-94, em que a referência à noção de autometismo mental de Clérambault é explícita.

39. Gilles Deleuze, *Proust et les signes*, 1964, 2 ed. Paris: PUF, 1998, pp. 101-102.

esgotado", e, sobretudo "Bartleby ou a fórmula"), mas que não se vê em canto nenhum a não ser nessa última obra seus desafios metodológicos e filosóficos tão claramente desenvolvidos.

O primeiro dentre eles: a dupla estratégia do maneirismo, estilística e esquizofrênica, permite a Deleuze reutilizar, mas de maneira inédita, a relação que tinha inventado desde os anos 1960 entre clínica, filosofia e arte, e que o coloca logo de cara em benefício da figura nietzschiana do filosofo-artista "médico da civilização", depois o colocando concretamente em prática, primeiro no campo literário, em *Apresentação de Sacher-Masoch* e os apêndices à *Lógica do sentido*, com Guattari em *Kafka: por uma literatura menor*, e *in fine* em *Crítica e clínica*, mas também indiretamente nas obras sobre o cinema e sobre Francis Bacon.[40] Adiantei na soleira deste ensaio que o programa de tal "filosofia clínica" definia uma prática teórica tanto mais determinante para o trabalho de Deleuze conforme não figurasse paradoxalmente *em ninguém,* mas sempre como em instância indireta, de interseção ou de transação, representando as exigências da arte da clínica, representando o acolhimento da criatividade do sintoma na produção da arte, – a *sintomatologia* designando esse "ponto neutro, um ponto zero, em que os artistas e os filósofos e os médicos e os doentes podem se encontrar".[41] Pois em *A Dobra,* esse programa é retomado, mas à custa de um deslocamento do ponto neutro. Quer se trate de Masoch, Proust, Lewis Caroll ou Kafka, era até então uma "máquina de expressão" literária que cada

---

40. Sobre essa problematização da operação filosófica como intercessora entre a clínica e a arte, apresentada uma primeira vez no quadro de uma reflexão sobre a contribuição da literatura à sintomatologia das perversões (Sacher-Masoch, mas também Lewis Carroll, Pierre Klossowski, Michel Tournier...), ver supra 1º parte. Para uma perspectiva filosófico-clínica de *Francis-Bacon: Lógica da sensação,* o trabalho de Jean-Christophe Goddard sobre o que ele chama "estação histérica" é exemplar; ver em particular *Violence et subjectivité.* Paris: Vrin, 2010.
41. Gilles Deleuze, "Mystique et masochisme" (1967), reedição *L'île déserte et autres textes.* Paris: Minuit, 2002, p. 183 ("Enquanto a etiologia e a terapêutica são partes integrantes da medicina, a sintomatologia faz apelo a uma espécie de ponto neutro, de ponto-limite, premedical ou submedical, pertencendo tanto à arte quanto à medicina: trata-se de estabelecer um 'quadro'...").

vez realizava a sintomatologia, da qual o filósofo se apropriava para pô-la a serviço de uma crítica da razão clínica, psiquiátrica ou psicanalítica. Era justamente isso o que permitia à filosofia clínica se distanciar, tanto de uma epistemologia dos saberes médicos, quanto de uma "aplicação" destes saberes às obras de arte, para considerar, ao contrário, o que o escritor "traz ele próprio, enquanto criador, para a clínica" quando abre o trabalho sintomatologista às dimensões socio-históricas, culturais, políticas e econômicas dos modos de subjetivação.[42] O centro de gravidade do operador sintomatologista era essencialmente conduzido por estes grandes escritores, considerados não como doentes, até mesmo sublimes, na neurose, psicose ou perversão dos quais se buscaria "um segredo em sua obra, a cifra de sua obra", mas, ao contrário, como "médicos bastante especiais" estabelecendo com sua obra o quadro a cada vez singular dos sintomas de um mundo, e não a vinheta clínica de suas afecções subjetivas privadas. Isso não se dá mais n'*A Dobra*, em que o operador sintomatologista encontra-se deportado *sobre o ato filosófico como tal*. Não é mais conduzido diretamente por uma obra artística singular, mas por uma *forma de expressão* ("o barroco"), que coube, segundo Deleuze, a Leibniz produzir o conceito, e que só se torna indexável na dispersão das obras e dos traços plásticos indiretamente, *sob a condição* dessa criação conceitual.[43] O livro de Deleuze, *A Dobra*, é precisamente o espaço em que se opera essa co-constituição de um duplo conjunto de atos conceituais e de gestos plásticos, de operações do procedimento filosófico e dos signos sensíveis da arte: e *esta co-constituição é a própria atividade sintomatológica*. Estas são as operações conceituais que constituem em *sintomas* os signos sensíveis confiados pelas obras; estes sintomas por sua

---

42. Ibid., pp. 184-185.

43. "No entanto é estranho negar a existência do Barroco como se nega os sacis ou a anta auriverde. Pois nesse caso o conceito está pronto, enquanto no caso do Barroco trata-se de saber se se pode inventar um conceito capaz (ou não) de lhe dar existência. [...] É moleza tornar o Barroco inexistente, basta não propor o conceito. É o caso até mesmo de se perguntar se Leibniz é o filósofo do barroco por excelência, ou se forma um conceito capaz de fazer existir o barroco em si mesmo." (Gilles Deleuze, *Le Pli*, op. cit., p. 47.)

vez distinguem no processo do pensamento leibniziano o devir-
-filosófico de uma psicose "leibnista"; nesse próprio devir "o barroco" expõe e nomeia o quadro *sui generis* de uma psicose cujo
procedimento sintomático é um gesto indissociavelmente clínico,
especulativo e estilístico (a dobra). Nesse circuito de conjunto, é,
apesar disso, o processo de pensamento que, forjando o conceito
de barroco, extrai de uma multiplicidade de obras e de gestos
plásticos seus signos, e aí constituem o processo no miolo do
qual estes signos fazem sintomas, cria o conceito clínico de uma
psicose leibnista.

Em segundo lugar, *A Dobra* não marca o reinvestimento desse
lugar teórico-prático que Deleuze chamava o "ponto zero" da
sintomatologia, sem tocar ao mesmo tempo o *conteúdo* de uma
sintomatologia leibnista. Só resta ficar chocado com a insistência do motivo maneirista no que o próprio Deleuze não parou
de diagnosticar de *nosso* mundo, não certamente identificando-o
ao mundo barroco, nem exigindo uma fidelidade escolar à filosofia leibniziana, mas sintomatologizando em nosso mundo outro
"destino" da crise para a qual o mundo barroco tinha tentado uma
primeira saída. Atravessando toda a obra de Deleuze, a galeria das
figuras maneiristas é inumerável, passando pelos mundanos dos
salões proustianos, os perversos klossowiskianos e seus "corpos-
-linguagem" todos suspenses equívocos e posturas solecistas, as
variações da "função K" através de todas as táticas kafkianas da
distância e do humor, as criaturas "esgotadas" de Beckett, os fal-
sários de melleville aos quais fará eco em *A Dobra* o Balthazar
do romance de Maurice Leblanc, pilantra esquizofrenizando o
cálculo cosmológico do Deus leibniziano, enfim, para encerrar, a
silhueta frágil e solitária de Bartleby, o homem sem preferência
para se orientar nas disjunções dos possíveis, sem requisitos que
o façam aderir a um mundo, que "só pode sobreviver rodopiando
num suspenso que mantém o mundo à distância",[44] só podendo
tirar de seu próprio fundo esvaziado sua modesta fórmula, tinta

44. Gilles Deleuze, *Critique et clinique*, op. cit., p. 92.

de preciosidade e solenidade, e que, no entanto, arregaça tudo. Tudo se passa como se, através dessas figuras tão diversas, se refizesse o diagnóstico de Serge Daney que acabava por se juntar a Deleuze em *A imagem-movimento* e *A imagem-tempo*: não a "perda de realidade", mas uma *perda de mundo*, a efração das "imagens--ações" que agenciavam nossa crença no mundo, que talhavam nele como tantas outras "ilusões necessárias à vida" das situações transformáveis, das percepções capazes de apreendê-las, e das ações aptas a nelas intervir. Binswagner e Maldiney reduziam o maneirismo esquizofrênico a uma identificação que consistia em "fazer-se ator de seu próprio personagem, indentificado ele próprio com esse ator". Mas que personagem, e que ator? Os grandes maneiristas de uma sintomatologia cinematográfica de nosso mundo serão, tal como os personagens do neorrealismo e da Nouvelle Vague, mônadas com esquemas sensório-motores arrombados, cuja percepção é cortada de seu prolongamento prático, "a ação, do fio que a unisse a uma situação", e "a afecção, da aderência ou do pertencimento aos personagens". Também parecem à margem do que lhes acontece, estranhamente distantes ou indiferentes àquilo que, no entanto, bate doído,[45] religados entre si e ao mundo por meio de interferências fracas ou inexistentes, à maneira das "crianças de 68" às quais Deleuze e Guattari pintam o retrato no mesmo momento.[46] Essa estranheza ao que lhes acontece, uma apreensão clara, no entanto, das forças políticas e econômicas que os seviciam, o sentido de uma realidade dispersiva sem "interação real", a inadaptação das percepções, das afecções e ações para com a situação atual, que faz com que a

45. Gilles Deleuze, *Cinéma 1: L'image-mouvement*, op. cit., pp. 286-289; *Cinéma 2: L'image--temps*, op. cit., p. 31 e seguintes.
46. "A situação lá deles não é brilhante. Não são quadros jovens. São bizarramente indiferentes e, no entanto, muito ligados. Deixaram de ser exigentes, ou narcísicos, mas sabem que nada responde atualmente à sua subjetividade, à sua capacidade de energia. Sabem que todas as reformas atuais vão antes contra eles. Decidiram conduzir seu próprio negócio, tanto quanto possam. Mantêm uma abertura, um possível..." (Gilles Deleuze e Félix Guattari, "Mai 68 n'a pas eu lieu" [1984], reedição *Deux régimes de fous*. Paris: Minuit, 2003, pp. 216-217.)

sua "não é brilhante"...: tantos sintomas equívocos de formas de subjetividade em crise, e, no entanto, assinalando a maneira com que essa subjetividade consegue, do próprio miolo dessa situação crítica, manter a abertura de possíveis lá onde a estrutura do mundo não garante mais nenhuma condição objetiva de "possibilização", e quando até mesmo essa abertura só insiste – porque "deixaram de ser exigentes, ou narcísicos" – aquém de qualquer exigência determinada.

Mais geralmente, entre todos os caracteres que extrai Deleuze para qualificar a crise da imagem-movimento, e da imagem-ação, sequer uma alusão à "perda de mundo" à qual a psicose leibnista tinha tentado uma saída, e através do desmoronamento desta mesma saída, e a emergência de um destino propriamente esquizofrênico. De primeiro, observa Deleuze, "a imagem não remete mais a uma situação globalizante ou sintética, mas dispersiva. Os personagens são múltiplos, com interferências fracas, e tornam-se principais ou voltam a ser secundários [...] já que pegam tudo na mesma realidade que os dispersa".[47] De onde a ascensão de todo um cinema de *posturas*, que fará com que Serge Daney diga que "um cineasta só é importante na medida em que estuda, de filme em filme, certo *estado* do corpo humano", por exemplo, que os *Straub*filmes "ficarão como documentários sobre duas ou três posições do corpo: estar sentado, se curvar sobre um livro, andar. Já é muito".[48] Assim ainda em Rivette, em "*L'Amour fou*", "os comportamentos substituem posturas asilares por atos explosivos, que quebram as ações dos personagens do mesmo modo que a peça que eles ensaiam", ou em "*Les carabiniers*" de Godard, "toda uma escalada de distúrbios sensoriais e motores, à pena indicados conforme a necessidade, movimentos que fazem falso, ligeira distorção das perspectivas, lentação do tempo, alteração dos gestos".[49] O *gestus* brechtiano vem a ser maneirismo. Em segundo lugar, o que estala e se quebra, é "a linha ou a fibra do

---

47. Gilles Deleuze, *Cinéma 1: L'image-mouvement*, op. cit., p. 279.
48. Serge Daney, *La Rampe*. Paris: Gallimard/Cahiers du Cinéma, 1986, pp. 150-151.
49. Gilles Deleuze, *L'image-mouvement*, op. cit., p. 287.

universo que prolongava os acontecimentos uns nos outros, ou assegurava o reordenamento das porções do espaço".[50] O que se esquiza é a curva infinita e infinitamente convergente da cosmologia leibnista que assegurava a série contínua dos predicados ou eventos de mundo, e a inclusão dessa continuidade nos sujeitos- -mônadas. Quando "não há mais vetor ou linha de universo que prolongue e reorganize os acontecimentos",[51] então:

> [...] a elipse deixa de ser um modo de narrativa, uma maneira com a qual se vai de uma ação a uma situação parcialmente desvelada: pertence à própria situação, e a realidade é tanto lacunar quanto dispersiva. Os encadeamentos, as continuidades ou as ligações são deliberadamente fracas [...]. Quanto mais o acontecimento tarda e se perde nos tempos mortos, mais rápido está lá, mas não pertence àquele a quem acontece (até mesmo a morte...). E existem íntimas relações entre esses aspectos do acontecimento: o dispersivo, o direto enquanto se faz, e o não pertencente.[52]

Em terceiro lugar, "o que substituiu a ação ou a situação sensório- -motora, foi o passeio, a volta, o vai e vem contínuo". Assim como a linha se torna livremente ativa como puro encadeamento de inflexões, o passeio "é separado da estrutura ativa e afetiva que a sustentava, a dirigia, lhe dava as direções, mesmo que vagas",[53] ou como em Rohmer, "as errâncias tornadas analíticas, instrumentos de uma análise da alma". Se nos perguntamos enfim, em quarto lugar, o que mantém um conjunto nesse mundo sem totalidade nem encadeamento, "a resposta é simples: o que faz o conjunto são os *clichês* e nada mais. Nada além de clichês, clichê por tudo quanto é lado...".[54] Não é o maneirismo que se define pelo clichê, como dizia Binswagner; é o mundo que se torna antes de tudo um clichê quando ele próprio se põe a fazer seu cinema, e torna sem graça a paródia sinistra de si mesmo. Daí que o maneirismo será

50. Ibid., pp. 279 e 286. Sobre o motive da linha do universe no cinema de Ozu, e sua leitura leibiniziana, ver *Cinéma 2: L'image-temps*, op. cit., pp. 24-26.
51. Gilles Deleuze, *L'image-mouvement*, op. cit., p. 286.
52. Ibid., p. 279.
53. Ibid., p. 280.
54. Ibid., p. 281.

antes de tudo a maneira incerta, balbuciante ou convulsiva de resistir, apesar dos pesares, a essa escalada dos clichês. Assim em Daniel Schmidt quando inventa "uma lentidão que torna possível o desdobramento dos personagens, como se estivessem ao lado do que dizem e fazem, e escolhessem entre os clichês exteriores aqueles que vão encarnar de dentro, em uma permutabilidade permanente do dentro e do fora..."[55] – interrompendo todos os circuitos de uma nova organização de poder, mobilizando uma potência técnico-social de intoxicação e de controle, passando pela multiplicação das imagens que não fazem mais que resvalar sobre outras imagens:

> a realidade dispersiva e lacunar, o formigamento de personagens com fraca interferência, sua capacidade de virem a ser principais ou de voltarem a ser secundários, os acontecimentos que se impõem aos personagens e que não pertencem àqueles que o sofrem ou os provocam. Ora, o que cimenta tudo isso são os clichês correntes de uma época ou de um momento, *slogans* sonoros e visuais [...]. São essas imagens flutuantes, esses clichês anônimos, que circulam no mundo exterior, mas que também penetram cada um e constituem seu mundo interior, de modo que cada um só possui em si clichês psiquiátricos através dos quais pensa e sente, se pensa e se sente, sendo ele mesmo um clichê entre outros no mundo que o envolve. Clichês físicos, óticos e sonoros, e clichês psíquicos se nutrem mutuamente. Para que as pessoas se suportem, a si mesmas e ao mundo, é preciso que a miséria tenha ganho o interior das consciências, e que o dentro seja como o fora.[56]

É verdade que para esta crise Deleuze poderá invocar muitos fatores disparatados. O importante é que não exprimem mais a unidade de um mundo ou de uma história coletiva, mas se subdeterminam uns aos outros até pôr em causa a própria possibilidade de escrever e de pensar a contemporaneidade sob as categorias de *um mundo* e de *uma história*: a segunda guerra, a recuperação do projeto revolucionário de uma arte das massas para a propaganda e o poder do Estado fascista, a crise econômica do pós-guerra, o declínio da Internacional comunista e o desmoronamento do

55. Ibid., p. 288.
56. Ibid., p. 281.

"sonho americano", "a nova consciência das minorias, a escalada e a inflação das imagens ao mesmo tempo no mundo exterior e na cabeça das pessoas, a influência no cinema dos novos modos de narrativa que a literatura tinha experimentado, a crise de Hollywood e dos antigo gêneros...",[57] e *last but not least,* os desenvolvimentos do "capitalismo avançado" cuja decodificação materialista, de *O Anti-Édipo* a *Mil platôs,* devia aprofundar a intuição formulada por Guattari desde o início dos anos 1960, sugerindo:

> [...] que cabe estabelecer uma espécie de grade de correspondência entre os fenômenos do deslize do sentido nos psicóticos, mais particularmente entre os esquizofrênicos, e os mecanismos de discordância crescente que se instauram em todos os segmentos da sociedade industrial em seu acabamento neocapitalista...".[58]

O programa esquizoanalítico não partirá dessa tese segundo a qual "se a esquizofrenia se mostra como a doença da época atual, não é em função das generalidades concernentes ao nosso modo de vida, mas com relação a mecanismos muito precisos de natureza econômica, social e política", enquanto estes mecanismos precipitam um desmoronamento tendencial dos códigos que supostamente asseguram a distribuição regulada do sentido e do não sentido, do possível e do impossível, da identidade e da alteridade, seguindo uma lógica estrutural da disjunção exclusiva e *significante (ou...ou).*[59] A crítica teórica do estruturalismo poderá a partir daí se fazer em nome de uma razão *real* e não apenas teórica: uma *esquizofrenização efetiva* das estruturas simbólico-imaginárias encarregadas de codificar e de ajustar nossos modos de subjetivação aos mecanismos da reprodução social, convidando desde então a uma crítica efetiva de nossa formação social (revolução). Daí a espantosa unidade-variação que *A Dobra* projeta sobre o próprio pensamento deleuziano: é precisamente porque ele já

---

57. Gilles Deleuze, *Cinéma 1: L'image-mouvement,* op. cit., p. 278.
58. Félix Guattari, "La transversalité" (1964), in *Psychanalyse et transversalité,* 1972, reedição Paris: La Découverte, 2002, p. 75.
59. Gilles Deleuze, *Deux régimes de fous,* op. cit., p. 27.

tinha empreendido desde À *quoi reconnaît-on le structuralisme?* *(1967)*, *Différence et répétition (1968)* e *Logique du sens (1969)*, uma transcrição dos desafios do pensamento estrutural em um dispositivo conceitual firmemente ancorado na filosofia de Leibniz – recorrendo ao cálculo diferencial, à noção álgebro-topológica de singularidade, aos conceitos de eventos ideais e de série... –, que Deleuze poderá, já em *Logique du sens*, com uma radicalidade toda nova em *O Anti-Édipo*, enfim em *A Dobra* que dentre tantos aspectos não prolonga menos um nem outro, fazer voltar essa conceitualidade contra "o estruturalismo", e mais profundamente (pois se tratava de algo muitíssimo diferente de uma operação puramente teorética), repensar nessa mesma conceitualidade leibniziana as operações (reais) de esquizofrenização das estruturas (reais) às quais nosso mundo dedicaria nossas linhas de singularização subjetiva. De modo que em *A Dobra* duas proposições se correspondem e se encadeiam uma à outra: o mundo contemporâneo pode ainda se colocar no pensamento leibniziano, lembrando um neoleibnizianismo que é um neobarroco: o maneirismo marca, *na* sintomatologia leibnista, um ponto de bifurcação entre o destino propriamente psicótico da crise do humanismo renascente, e a razão teológico-filosófica clássica que tinha fincado no seu chão suas pretensões e seus poderes, e um destino esquizofrênico dessa crise, no qual continua a se motivar a tarefa esquizoanalítica da própria filosofia.

* * *

Substituindo o leibnizianismo barroco nas contradições históricas de seu tempo, fazendo dele o sintoma das "solicitações incompatíveis de um ideal composto de harmonia e de uma realidade dilacerada pela miséria e pela violência" (Sznycer), e ao mesmo tempo uma tentativa de atenuar tal situação de crise histórica, espiritual, política e moral, o maneirismo faz com que se compreenda, em vez disso, porque a saída psicótica à essa crise objetiva e subjetiva – acontece a Deleuze distinguir de outra saída, a segunda, a neurótica kantiana[60] –, pode se aprofundar no discernimento de um *terceiro* destino da crise: uma saída propriamente esquizofrênica, cujos termos já colocara a monodologia leibniziana, mesmo se esta não seguisse dela os mesmos passos. De uma maneira tanto mais significativa quanto menos se intitulasse representante de Leibniz, Jaspers escrevia sobre Strindberg:

> O que aflora, não passa de mero formalismo, dúvida, luta, asserções fanáticas e, nascida de tudo isso, uma contínua instabilidade das opiniões. Strindberg duvidava e desmarcava a relatividade das opiniões, mas não era para delas tirar deduções, para tudo examinar, para chegar a uma realização de sua personalidade, subordinada à ideia de um todo espiritual; não era para negar incessantemente o que tinha afirmado na véspera, para proceder a uma perpétua reclassificação de todas as possibilidades. Sua vida interior não sugere uma totalidade humana, mas um conglomerado de pontos de vista alternadamente defendidos com paixão.[61]

Os deslizes de sentido esquizofrênicos encontram nessa perpétua reclassificação de todas as possibilidades sua formulação neoleibniziana, indissociavelmente econômica, cosmológica, teológica e subjetiva.

---

60. Gilles Deleuze, *Le Pli*, op. cit., pp. 90-91. A direção geral dessa leitura de Kant como última tentativa – a neurótica – de amenizar o desmoronamento das garantias teológicas da identidade do mundo e do eu é fixada em *Nietzsche et la philosophie*. Paris: PUF, 1962. Deleuze a retomará ao longo de toda sua obra, por exemplo em *Présentation de Sacher--Masoch*. Paris: Editions de Minuit, 1967; *Logique du sens*. Paris: Editions de Minuit, 1969; e *Kafka: pour une littérature mineure*. Paris: Editions de Minuit, 1975. Poder-se-á confrontar a tese deleuziana com a leitura filosófico-clínica proposta por Jean-Christophe Goddard dos *Rêves d'un visionnaire*: "Métaphysique et schizophrénie (sur Kant et Swedenborg)" in *Les Carnets du Centre de Philosophie du Droit*, Université Catholique de Louvain, n. 75, 1999 ("os Sonhos de um visionário motivam a tese de um enraizamento patológico da metafísica recorrendo essencialmente à noção de "mundo próprio". Por isso se indica, pela primeira vez na obra de Kant, o grande desenho da filosofia crítica: fazer de modo que os filósofos 'habitem no mesmo momento um mundo comum'..."").

61. Karl Jaspers, *Strindberg et Van Gogh. Swedenborg: Hölderlin* (1922), trad. fr. Helène Naef. Paris: Minuit, 1953, p. 125; ver igualmente p. 234 e seguintes. ("Aí está o drama de nossa situação, nos sentirmos abalados até no fundamento do ser [...]. Toda nossa civilização, no ponto a que chegou, abriu espantosamente nossa alma às coisas que lhe são mais estranhas...").

A quem pergunta: crês em Deus? Devemos responder de uma maneira estritamente kantiana ou schreberiana: seguramente, mas apenas como o mestre do silogismo disjuntivo, como o princípio *a priori* desse silogismo (Deus definido como *Omnitudo realitatis* do qual todas as realidades derivadas saem por divisão).

Mas que se evoque Schreber, Kant, ou até mesmo Artaud ou Klossowski,[62] é a teocosmologia leibniziana que dá a formulação de base. Mais que isso, é ela quem permite diferenciar os usos da inscrição divina e da determinação cosmológica do sujeito: seu uso psicótico do próprio leibnismo barroco, seu uso neurótico kantiano, seu uso esquizofrênico klossowskiano, neobarroco e maneirista.

O que há de psicótico em Leibniz é essa paixão pela disjunção da qual Freud ressaltaria a importância no processo do delírio. "O divino de Schreber é inseparável das disjunções nas quais ele próprio se divide: impérios anteriores, impérios posteriores; impérios posteriores de um Deus superior, e de um Deus inferior...".[63] No cálculo cosmológico do Deus leibnista, as disjunções já tendem a se tornar ilimitadas, proliferando em séries de eventos infinitos, se ramificando em um número de séries alternativas, como na grande narrativa barroca da *Teodiceia*. Apenas, *quanto ao próprio sujeito*, o uso dessas disjunções permanece exclusiva e limitativa, já que só serão inclusas em seu conceito ou sua mônada os eventos selecionados por disjunção que podem se encadear seguindo uma ordem contínua (mesmo se a lei ou o princípio dessa ordem, aí, não está inclusa), apenas serão aí inclusas as séries de

---

62. Sobre a perversão klossowskiana da definição kantiana de Deus, ver "Pierre Klossowski et les corpslangages" in *Logique du sens*. Paris: Minuit, 1969; e Gilles Deleuze e *Félix Guatarri*, *L'Anti-Œdipe*, op. cit., p. 92 ("o Deus esquizofrênico tem tão pouco a ver com o Deus da religião, mesmo se ocupando de um silogismo comum. Em *le Baphomet*, Klossowski opunha a Deus como mestre das exclusões e limitações na realidade que dele deriva, um anticristo, princípio das modificações determinando, ao contrário, a passagem de um sujeito por todos os predicados possíveis. Eu sou Deus eu não sou Deus, eu sou Deus eu sou Homem [...] uma disjunção inclusiva que opera a síntese que deriva de um termo ao outro segundo a distância...").

63. Gilles Deleuze e *Félix Guatarri,*, *L'Anti-Œdipe*, op. cit., pp. 19-20; e Sigmund Freud, *Cinq psychanalyse*, op. cit., p. 297.

eventos *convergentes* que tramam a identidade do mundo e fundam no sujeito a identidade de um "ser-para-o-mundo" (mesmo se a natureza dessa convergência nos permaneça obscura). É que o divino do leibnismo limita por exclusão, não são tais ou tais eventos, mas somente a passagem à existência, por sua inclusão no sujeito que lhes daria uma atualidade, dos eventos incompossíveis com *esse* mundo. É essa mesma condição de exclusão dos mundos incompossíveis que funda ao mesmo tempo a continuidade ideal de tudo que acontece (no mundo) e o primado do *presente vivo* (para o sujeito).[64] Se as ações e percepções estão sempre no presente na psicose leibnista, se o próprio presente é sempre aquele de uma percepção ou de uma ação se atualizando, é porque os predicados correspondentes, eventos ideais envolvidos na noção do sujeito, se encadeiam segundo uma *ordem* de sua série, e segundo uma *convergência* de todas as séries cosmológicas como princípio de continuidade dos predicados-eventos. A identidade do mundo escolhida por Deus só é a resultante.

Mas a partir daí, "basta" que essa condição de convergência caia para que a dupla identidade do mundo e do sujeito vacile, que a condição de clausura rache, que a disjunção se torne *ao mesmo tempo inclusiva e ilimitada*, e que o processo de pensamento leibnista se torne aquele mesmo que descrevia em *O Anti-Édipo* o processo de registro do desejo esquizofrênico. Da síntese disjuntiva, não basta dizer que ela é ilimitada (no cálculo cosmológico de Deus como síntese de registro) *depois* limitada (pela exclusão dos mundos incompossíveis) *para finalmente* ser inclusa (incluindo *um* mundo no sujeito). Ela se torna *simultaneamente afirmativa, ilimitativa e inclusiva*: ela é afirmada incluindo no sujeito sua própria ilimitação.[65] Não se pode mais a partir daí se contentar em dizer "Deus é/está sempre e por tudo quanto é canto", Ele que "passa por todos os estados da mônada, por menores que sejam, de tal modo que Ele coincide com ela no momento da ação 'sem

64. Gilles Deleuze, *Le Pli*, op. cit., pp. 94-99.
65. Gilles Deleuze e *Félix Guatarri*, *L'Anti-Œdipe*, op. cit., pp. 90.

nenhum distanciamento' ", assim como Ele coincide "ao mesmo tempo com todas as passagens que se sucedem na ordem do tempo, com todos os presentes vivos que compõem o mundo" (gozo divino).[66] A esquizofrenização de Deus libera, ao contrário, uma energia de gozo do próprio sujeito, como "passagem de um sujeito por todos os predicados possíveis", mesmo incompossíveis.[67] Ou uma utilização esquizofrênica de Deus em que os imcompossíveis não são mais repartidos entre séries divergentes, as séries divergentes não são mais distribuídas em tantos mundos alternativos distintos, a infinidade dos mundos incompossíveis com o nosso não são mais excluídos da existência, mas todos afirmados como os imcompossíveis *de* nosso mundo, dividindo os próprios sujeitos apanhados no devir dessas disjunções tornadas inclusas. O Deus leibnista cria um mundo no qual Adão é pecador, onde a virgem pare pela imaculada concepção, e onde Molloy deve renunciar a "recriar tudo isso no mais-que-perfeito" para consentir falar d'"aquele que me deu à luz, pelo olho do cu se não me falha a memória", excluindo *ipso facto* da existência os outros mundos possíveis onde, na vizinhança das mesmas singularidades, Adão não pecou, Jesus Cristo nasceu duma boceta, e onde Molloy ganha o repouso para falar de sua bicicleta e a secreta volúpia de buzinar.[68]

> Ora o esquizofrênico se impacienta e pede que o deixe tranquilo. Ora ele entra no jogo, junta-se novamente a ele, sob o risco de reintroduzir suas determinações no modelo que se lhe propõe e que é preciso explodir de dentro para fora (sim, é minha mãe, mas minha mãe, é justamente a Virgem). [...] O esquizo dispõe de modos de determinação que lhe são próprias, porque dispõe antes de tudo de um código de registro particular que não coincide com o código social ou não coincide com ele para fazer dele a paródia. O código delirante, ou desejante, apresenta uma extraordinária fluidez. Dir-se-ia que o esquizofrênico passa de um código pro outro, que *embaralha todos os códigos*, num deslizar rápido, segundo as questões que lhe são postas, cada dia dando uma ex-

66. Gilles Deleuze, *Le Pli*, op. cit. pp. 98-99.
67. Gilles Deleuze e *Félix Guatarri, L'Anti-Œdipe*, op. cit., pp. 92.
68. Samuel Beckett, *Molloy*. Paris: Minuit, 1951, pp. 19-20.

plicação diferente, não invocando a mesma genealogia, não registrando da mesma maneira o mesmo evento [reintroduzindo por tudo quanto é canto disjunções que os códigos sociocosmológicos eram feitos para excluir].[69]

Reencontramos assim nossa estratégia maneirista com a qual "o esquizofrênico, possuidor do capital mais magro e mais emocionante, como as propriedades de Malone, escreve em seu corpo a litania das disjunções, e se constrói um mundo de paradas em que a mais ínfima permutação supostamente responde à nova situação ou ao interpelador indiscreto". Apenas a *distância*, da qual vimos como o processo de pensamento do delírio leibnista a "teorizava", nesse meio-tempo mudou de visual. Ela não distribui mais posições exclusivas, como de um lado a outro da distância indecomponível entre dois pontos de vista para sujeitos discernabilizados. Ela própria se torna o ato de uma deriva transcosmológica, cujo trajeto intensivo é a própria subjetivação como devir *transposicional*.

> O esquizofrênico está morto *ou* vivo, não os dois ao mesmo tempo, mas cada um dos dois ao termo de uma distância que sobrevoa deslizando. É filho ou pai, não um e o outro, mas um no extremo do outro como as duas extremidades de um bastão em um espaço indecomponível. Tal é o sentido das disjunções em que Becket inscreve seus personagens e os eventos que lhes acontece: *tudo se divide, mas em si mesmos*. Mesmo as distâncias são positivas, ao mesmo tempo em que as disjunções inclusivas. [...] Seria desconhecer inteiramente essa ordem de pensamento fazer como se o esquizofrênico substituísse às disjunções vagas sínteses de identificação das contraditórias, como o último dos filósofos hegelianos. [...] ele está e permanece na disjunção: não suprime a disjunção identificando as contraditórias por aprofundamento, afirma-a, pelo contrário, por sobrevoo de uma distância indivisível. Não é simplesmente bissexuado, nem entre os dois, nem intersexuado, mas trans-sexuado. É trans-vimorto, trans-paifilho. Não identifica dois contrários ao mesmo, mas afirma sua distância como aquilo que os relaciona um ao outro enquanto diferentes.[70]

69. Gilles Deleuze *e Félix Guatarri, L'Anti-Œdipe*, op. cit., pp. 20-22.
70. Ibid., p. 91.

Em suma, o espaço ideal das relações entre pontos de vista subsiste tal como o reconstrói o delírio leibnista; só que o próprio sujeito não se define mais pelo ponto de vista individual que vem ocupar sob uma condição de identidade do mundo através de todos os pontos de vista que o exprimem, mas pela distância que religa disjuntivamente os próprios pontos de vista. Os pontos de vista ou "posições diferenciais subsistem perfeitamente", só que:

> [...] elas são ocupadas por um sujeito sem rosto e transposicional. Schreber é homem e mulher, pai-mãe e filho, morto e vivo: quer dizer, está por todo lado onde há singularidade, em todas as séries e em todos os ramais marcados de um ponto singular, porque ele próprio é essa distância que o transforma em mulher, que no final das contas já é mãe de uma humanidade nova e pode enfim morrer.[71]

As mônadas ficam *para o mundo*, o problema é sempre saber como habitar um mundo, nele viver e nele morrer (*Malone morre* e sua disjunção inclusa). Mas este não pode mais ser incluso sem que o sejam as incompatibilidades que o encerram. As disjunções não são mais repartidas distributivamente entre diferentes mundos possíveis, segundo um critério de compossibilidade ou de convergência de "tudo isso que acontece". Não é mais *um* mundo que está incluso no sujeito, que assegura a identidade do sujeito pela convergência das séries eventuais que atravessa, e que vê sua própria identidade garantida pela exclusão dos outros mundos incompossíveis. São as próprias disjunções que estão inclusas, e as incompossibilidades que esquartejam "o" próprio mundo. A condição de *clausura* inventada pela solução psicótica à crise dá lugar a uma condição de *fissura* que desfaz a dupla identidade do Eu e do Mundo. Também é necessário concluir do leibnizianismo que a partir de outros Deleuze tinha falado sobre o platonismo: já é em Leibniz que se enunciam os desafios, e até mesmo as condições de uma inversão do leibnizianismo. Da condição de clausura monodológica à condição de fissura esquizofrênica, da disjunção exclusiva dos mundos incompossíveis à disjunção in-

71. Ibid.

clusiva dos mundos incompossíveis no "o nosso", da inclusão do mundo criado no sujeito ao devir metamórfico através das séries divergentes tal como "a passagem de um sujeito por todos os predicados possíveis", enfim, da psicose leibnista à esquizofrenia "neobarroca", é justo a filosofia leibniziana que nos dá ainda a linguagem na qual se pode pensar sua posteridade, neomonado-lógica e esquizoanalítica.

Dados Internacionais de Catalogação na Publicação (CIP) de acordo com ISBD

S563d   Sibertin-Blanc, Guillaume

        Direito de sequência esquizoanalítica: contra-antropologia e descolonização do inconsciente / Guillaume Sibertin-Blanc ; traduzido por Takashi Wakamatsu. – São Paulo : n-1 edições, 2022.
        348 p. ; 14cm x 21cm.

        Inclui índice.
        ISBN: 978-65-81097-37-0

        1. Psicanálise. 2. Esquizoanálise. 3. Guattari. 4. Perspectivismo. 5. Esquizofrenia. I. Wakamatsu, Takashi. II. Título.

2022-3573
                                          CDD 150.195
                                          CDU 159.964.2

Elaborado por Vagner Rodolfo da Silva - CRB-8/9410

Índice para catálogo sistemático:

1. Psicanálise 150.195
2. Psicanálise 159.964.2

n-1

O livro como imagem do mundo é de toda maneira uma ideia insípida. Na verdade não basta dizer Viva o múltiplo, grito de resto difícil de emitir. Nenhuma habilidade tipográfica, lexical ou mesmo sintática será suficiente para fazê-lo ouvir. É preciso fazer o múltiplo, não acrescentando sempre uma dimensão superior, mas, ao contrário, da maneira mais simples, com força de sobriedade, no nível das dimensões de que se dispõe, sempre n-1 (é somente assim que o uno faz parte do múltiplo, estando sempre subtraído dele). Subtrair o único da multiplicidade a ser constituída; escrever a n-1.

Gilles Deleuze e Félix Guattari

n-1edicoes.org

v. e4c0d98